轨道交通装备制造业职业技能鉴定指导丛书

长度计量工

中国北车股份有限公司　编写

中国铁道出版社

2015年·北京

图书在版编目(CIP)数据

长度计量工/中国北车股份有限公司编写．—北京：
中国铁道出版社，2015.5
（轨道交通装备制造业职业技能鉴定指导丛书）
ISBN 978-7-113-20251-4

Ⅰ．①长… Ⅱ．①中… Ⅲ．①长度计量－职业技能－
鉴定－自学参考资料 Ⅳ．①TB921

中国版本图书馆 CIP 数据核字(2015)第 070686 号

书　名：轨道交通装备制造业职业技能鉴定指导丛书
　　　　长度计量工
作　者：中国北车股份有限公司

策　划：江新锡　钱士明　徐　艳
责任编辑：徐　艳　　编辑部电话：010-51873193
封面设计：郑春鹏
责任校对：王　杰
责任印制：郭向伟

出版发行：中国铁道出版社（100054，北京市西城区右安门西街 8 号）
网　址：http://www.tdpress.com
印　刷：北京市昌平开拓印刷厂
版　次：2015 年 5 月第 1 版　2015 年 5 月第 1 次印刷
开　本：787 mm×1 092 mm　1/16　印张：14　字数：349 千
书　号：ISBN 978-7-113-20251-4
定　价：44.00 元

序

在党中央、国务院的正确决策和大力支持下，中国高铁事业迅猛发展。中国已成为全球高铁技术最全、集成能力最强、运营里程最长、运行速度最高的国家。高铁已成为中国外交的新名片，成为中国高端装备“走出国门”的排头兵。

中国北车作为高铁事业的积极参与者和主要推动者，在大力推动产品、技术创新的同时，始终站在人才队伍建设的重要战略高度，把高技能人才作为创新资源的重要组成部分，不断加大培养力度。广大技术工人立足本职岗位，用自己的聪明才智，为中国高铁事业的创新、发展做出了重要贡献，被李克强同志亲切地赞誉为“中国第一代高铁工人”。如今在这支近 5 万人的队伍中，持证率已超过 96%，高技能人才占比已超过 60%，3 人荣获“中华技能大奖”，24 人荣获国务院“政府特殊津贴”，44 人荣获“全国技术能手”称号。

高技能人才队伍的发展，得益于国家的政策环境，得益于企业的发展，也得益于扎实的基础工作。自 2002 年起，中国北车作为国家首批职业技能鉴定试点企业，积极开展工作，编制鉴定教材，在构建企业技能人才评价体系、推动企业高技能人才队伍建设方面取得明显成效。为适应国家职业技能鉴定工作的不断深入，以及中国高端装备制造技术的快速发展，我们又组织修订、开发了覆盖所有职业(工种)的新教材。

在这次教材修订、开发中，编者们基于对多年鉴定工作规律的认识，提出了“核心技能要素”等概念，创造性地开发了《职业技能鉴定技能操作考核框架》。该《框架》作为技能人才评价的新标尺，填补了以往鉴定实操考试中缺乏命题水平评估标准的空白，很好地统一了不同鉴定机构的鉴定标准，大大提高了职业技能鉴定的公信力，具有广泛的适用性。

相信《轨道交通装备制造业职业技能鉴定指导丛书》的出版发行，对于促进我国职业技能鉴定工作的发展，对于推动高技能人才队伍的建设，对于振兴中国高端装备制造业，必将发挥积极的作用。

中国北车股份有限公司总裁：

2015.2.7

前　言

鉴定教材是职业技能鉴定工作的重要基础。2002年，经原劳动保障部批准，中国北车成为国家职业技能鉴定首批试点中央企业，开始全面开展职业技能鉴定工作。2003年，根据《国家职业标准》要求，并结合自身实际，组织开发了《职业技能鉴定指导丛书》，共涉及车工等52个职业(工种)的初、中、高3个等级。多年来，这些教材为不断提升技能人才素质、适应企业转型升级、实施“三步走”发展战略的需要发挥了重要作用。

随着企业的快速发展和国家职业技能鉴定工作的不断深入，特别是以高速动车组为代表的世界一流产品制造技术的快步发展，现有的职业技能鉴定教材在内容、标准等诸多方面，已明显不适应企业构建新型技能人才评价体系的要求。为此，公司决定修订、开发《轨道交通装备制造业职业技能鉴定指导丛书》(以下简称《丛书》)。

本《丛书》的修订、开发，始终围绕促进实现中国北车“三步走”发展战略、打造世界一流企业的目标，努力遵循“执行国家标准与体现企业实际需要相结合、继承和发展相结合、坚持质量第一、坚持岗位个性服从于职业共性”四项工作原则，以提高中国北车技术工人队伍整体素质为目的，以主要和关键技术职业为重点，依据《国家职业标准》对知识、技能的各项要求，力求通过自主开发、借鉴吸收、创新发展，进一步推动企业职业技能鉴定教材建设，确保职业技能鉴定工作更好地满足企业发展对高技能人才队伍建设工作的迫切需要。

本《丛书》修订、开发中，认真总结和梳理了过去12年企业鉴定工作的经验以及对鉴定工作规律的认识，本着“紧密结合企业工作实际，完整贯彻落实《国家职业标准》，切实提高职业技能鉴定工作质量”的基本理念，在技能操作考核方面提出了“核心技能要素”和“完整落实《国家职业标准》”两个概念，并探索、开发出了中国北车《职业技能鉴定技能操作考核框架》；对于暂无《国家职业标准》、又无相关行业职业标准的40个职业，按照国家有关《技术规程》开发了《中国北车职业标准》。经2014年技师、高级技师技能鉴定实作考试中27个职业的试用表明：该《框架》既完整反映了《国家职业标准》对理论和技能两方面的要求，又适应了企业生产和技术工人队伍建设的需要，突破了以往技能鉴定实作考核中试卷的难度与完整性评估的“瓶颈”，统一了不同产品、不同技术含量企业的鉴定标准，提高了鉴定考核的技术含量，保证了职业技能鉴定的公平性，提高了职业技能鉴定工作质量和管理水平，将成为职业技能鉴定工作、进而成为生产操作者技能素质评价的新标尺。

本《丛书》共涉及98个职业(工种)，覆盖了中国北车开展职业技能鉴定的所有职业(工种)。《丛书》中每一职业(工种)又分为初、中、高3个技能等级，并按职业技能鉴定理论、技能考试的内容和形式编写。其中：理论知识部分包括知识要求练习题与答案；技能操作部分包括《技能考核框架》和《样题与分析》。本《丛书》按职业(工种)分册，并计划第一批出版74个职业(工种)。

本《丛书》在修订、开发中，仍侧重于相关理论知识和技能要求的应知应会，若要更全面、系统地掌握《国家职业标准》规定的理论与技能要求，还可参考其他相关教材。

本《丛书》在修订、开发中得到了所属企业各级领导、技术专家、技能专家和培训、鉴定工作人员的大力支持；人力资源和社会保障部职业能力建设司和职业技能鉴定中心、中国铁道出版社等有关部门也给予了热情关怀和帮助，我们在此一并表示衷心感谢。

本《丛书》之《长度计量工》由天津机辆轨道交通装备有限责任公司《长度计量工》项目组编写。主编王林泉；主审沙秀梅，副主审张红、张廷；参编人员王占奎、周颖、商建伟。

由于时间及水平所限，本《丛书》难免有错、漏之处，敬请读者批评指正。

中国北车职业技能鉴定教材修订、开发编审委员会

二〇一四年十二月二十二日

目　录

长度计量工(职业道德)习题

一、填 空 题

1. 中国北车的团队建设目标是(　　)

2. 职业道德建设是公民(　　)的落脚点之一。

3. 如果全社会职业道德水准(　　),市场经济就难以发展。

4. 职业道德建设是发展市场经济的一个(　　)条件。

5. 企业员工要自觉维护国家的法律、法规和各项行政规章,遵守市民守则和有关规定,用法律规范自己的行为,不做任何(　　)的事。

6. 爱岗敬业就要恪尽职守,脚踏实地,兢兢业业,精益求精,干一行,爱一行(　　)。

7. 企业员工要熟知本岗位安全职责和(　　)规程。

8. 企业员工要积极开展质量攻关活动,提高产品质量和用户满意度,避免(　　)发生。

9. 提高职业修养要做到:正直做人,坚持真理,讲正气,办事公道,处理问题要(　　)合乎政策,结论公允。

10. 职业道德是人们在一定的职业活动中所遵守的(　　)的总和。

11. (　　)是社会主义职业道德的基础和核心。

12. 人才合理流动与忠于职守、爱岗敬业的根本目的是(　　)。

13. 市场经济是法制经济,也是德治经济、信用经济,它要靠法制去规范,也要靠(　　)良知去自律。

14. 文明生产是指在遵章守纪的基础上去创造(　　)而又有序的生产环境。

15. 遵守法律、执行制度、严格程序、规范操作是(　　)。

16. 中国北车的核心价值观是:诚信为本、创新为魂、(　　)、勇于进取。

17. 计量检修工应具有高尚的职业道德和高超的(　　),才能做好计量检修工作。

18. 诚实守信,做老实人、说老实话、办老实事,用诚实(　　)获取合法利益。

19. 奉献社会,有社会(　　)感,为国家发展尽一份心,出一份力。

20. 公民道德建设是一个复杂的社会系统工程,要靠教育,也要靠(　　)、政策和规章制度。

二、单项选择题

1. 关于道德,准确的说法是(　　)。

(A)道德就是做好人好事

(B)做事符合他人利益就是有道德

(C)道德是处理人与人、人与社会、人与自然之间关系的特殊行为规范

(D)道德因人、因时而异,没有确定的标准

2. 与法律相比，道德(　　)。

(A)产生的时间晚　　(B)适用范围更广

(C)内容上显得十分笼统　　(D)评价标准难以确定

3. 关于道德与法律，正确的说法是(　　)。

(A)在法律健全完善的社会，不需要道德

(B)由于道德不具备法律那样的强制性，所以道德的社会功用不如法律

(C)在人类历史上，道德与法律同时产生

(D)在一定条件下，道德与法律能够相互作用、相互转化

4. 关于职业道德，正确的说法是(　　)。

(A)职业道德有助于增强企业凝聚力，但无助于促进企业技术进步

(B)职业道德有助于提高劳动生产率，但无助于降低生产成本

(C)职业道德有利于提高员工职业技能，增强企业竞争力

(D)职业道德只是有助于提高产品质量，但无助于提高企业信誉和形象

5. 我国社会主义道德建设的原则是(　　)。

(A)集体主义　　(B)人道主义　　(C)功利主义　　(D)合理利己主义

6. 我国社会主义道德建设的核心是(　　)。

(A)诚实守信　　(B)办事公道　　(C)为人民服务　　(D)艰苦奋斗

7.《公民道德建设实施纲要》指出我国职业道德建设规范是(　　)。

(A)求真务实、开拓创新、艰苦奋斗、服务人民、促进发展

(B)爱岗敬业、诚实守信、办事公道、服务群众、奉献社会

(C)以人为本、解放思想、实事求是、与时俱进、促进和谐

(D)文明礼貌、勤俭节约、团结互助、遵纪守法、开拓创新

8. 关于道德评价，正确的说法是(　　)。

(A)每个人都能对他人进行道德评价，但不能做自我道德评价

(B)道德评价是一种纯粹的主观判断，没有客观依据和标准

(C)领导的道德评价具有权威性

(D)对一种行为进行道德评价，关键看其是否符合社会道德规范

9. 下列关于职业道德的说法中，正确的是(　　)。

(A)职业道德与人格高低无关

(B)职业道德的养成只能靠社会强制规定

(C)职业道德从一个侧面反映人的道德素质

(D)职业道德素质的提高与从业人员的个人利益无关

10.《公民道德建设实施纲要》中明确提出并大力提倡的职业道德的五个要求是(　　)。

(A)爱国守法、明礼诚信、团结友善、勤俭自强、敬业奉献

(B)爱岗敬业、诚实守信、办事公道、服务群众、奉献社会

(C)尊老爱幼、反对迷信、不随地吐痰、不乱扔垃圾

(D)爱祖国、爱人民、爱劳动、爱科学、爱社会主义

11. 职业道德建设的核心是(　　)。

(A)服务群众　　(B)爱岗敬业　　(C)办事公道　　(D)奉献社会

12. 从我国历史和国情出发,社会主义职业道德建设要坚持的最根本的原则是(　　)。

(A)人道主义　(B)爱国主义　(C)社会主义　(D)集体主义

13. 在职业活动中,主张个人利益高于他人利益、集体利益和国家利益的思想属于(　　)。

(A)极端个人主义　(B)自由主义　(C)享乐主义　(D)拜金主义

14. 职业道德的"五个要求"既包含基础性的要求,也有较高的要求。其中最基本的要求是(　　)。

(A)爱岗敬业　(B)诚实守信　(C)服务群众　(D)办事公道

15. 在职业活动中,有的从业人员将享乐与劳动、奉献、创造对立起来,甚至为了追求个人享乐,不惜损害他人和社会利益。这些人所持的理念属于(　　)。

(A)极端个人主义的价值观　(B)拜金主义的价值观

(C)享乐主义的价值观　(D)小团体主义的价值观

16. 关于职业活动中的"忠诚"原则的说法,不正确的是(　　)。

(A)无论我们在哪一个行业,从事怎样的工作,忠诚都是有具体规定的

(B)忠诚包括承担风险,包括从业者对其职责本身所拥有的一切责任

(C)忠诚意味着必须服从上级的命令

(D)忠诚是通过圆满完成自己的职责,来体现对最高经营责任人的忠诚

17. 古人所谓的"鞠躬尽瘁,死而后已",就是要求从业者在职业活动中做到(　　)。

(A)忠诚　(B)审慎　(C)勤勉　(D)民主

18. 职业化包括三个层面内容,其核心层是(　　)。

(A)职业化素养　(B)职业化技能　(C)职业化行为规范　(D)职业道德

19. 下列关于职业化的说法中,不正确的是(　　)。

(A)职业化也称为"专业化",是一种自律性的工作态度

(B)职业化的核心层是职业化技能

(C)职业化要求从业人员在道德、态度、知识等方面都符合职业规范和标准

(D)职业化中包含积极的职业精神,也是一种管理成果

20. 职业化是职业人在现代职场应具备的基本素质和工作要求,其核心是(　　)。

(A)对职业道德和职业才能的重视　(B)职业化技能的培训

(C)职业化行为规范的遵守　(D)职业道德的培养和内化

21. 在会计岗位上拥有会计上岗证,体现了职业化技能被认可,属于职业技能认证中的(　　)。

(A)职业资质认证　(B)资格认证　(C)社会认证　(D)职业责任

22. 按照既定的行为规范开展工作,体现了职业化三层次内容中的(　　)。

(A)职业化素养　(B)职业化技能

(C)职业化行为规范　(D)职业道德

23."不想当将军的士兵不是好士兵",这句话体现了职业道德的(　　)准则。

(A)忠诚　(B)诚信　(C)敬业　(D)追求卓越

24. 下列关于德才兼备的说法不正确的是(　　)。

(A)按照职业道德的准则行动,是德才兼备的一个基本尺度

(B)德才兼备的人应当对职业有热情,参与服从各种规章制度

(C)德才兼备的才能包括专业和素质两个主要方面

(D)德才兼备中才能具有决定性的作用

25. 下列关于职业技能的说法中,正确的是(　　)。

(A)掌握一定的职业技能,也就是有了较高的文化知识水平

(B)掌握一定的职业技能,就一定能履行好职业责任

(C)掌握一定的职业技能,有助于从业人员提高就业竞争力

(D)掌握一定的职业技能,就意味着有较高的职业道德素质

26. 下列关于职业技能构成要素之间的关系,正确的说法是(　　)。

(A)职业知识是关键,职业技术是基础,职业能力是保证

(B)职业知识是保证,职业技术是基础,职业能力是关键

(C)职业知识是基础,职业技术是保证,职业能力是关键

(D)职业知识是基础,职业技术是关键,职业能力是保证

27. 职业技能总是与特定的职业和岗位相联系,是从业人员履行特定职业责任所必备的业务素质。这说明了职业技能的(　　)特点。

(A)差异性　　(B)层次性　　(C)专业性　　(D)个性化

28. 个人要取得事业成功,实现自我价值,关键是(　　)。

(A)运气好　　(B)人际关系好

(C)掌握一门实用技术　　(D)德才兼备

29. 下列说法正确的是(　　)。

(A)职业道德素质差的人,也可能具有较高的职业技能,因此职业技能与职业道德没有什么关系

(B)相对于职业技能,职业道德居次要地位

(C)一个人事业要获得成功,关键是职业技能

(D)职业道德对职业技能的提高具有促进作用

30. 下列关于职业道德与职业技能关系的说法,不正确的是(　　)。

(A)职业道德对职业技能具有统领作用

(B)职业道德对职业技能有重要的辅助作用

(C)职业道德对职业技能的发挥具有支撑作用

(D)职业道德对职业技能的提高具有促进作用

31. "才者,德之资也;德者,才之帅也"。下列对这句话理解正确的是(　　)。

(A)有德就有才

(B)才是才,德是德,二者没有什么关系

(C)有才就有德

(D)才与德关系密切,在二者关系中,德占主导地位

32. 在现代工业社会,要建立内在自我激励机制促进绩效,关键不是职工满意不满意,而是他们的工作责任心。这句话表明(　　)。

(A)物质利益的改善与提升对提高员工的工作效率没有什么帮助

(B)有了良好的职业道德,员工的职业技能就能有效地发挥出来

(C)职业技能的提高对员工的工作效率没有直接的帮助

(D)企业的管理关键在于做好员工的思想政治工作

33. 现在,越来越多的企业在选人时更加看重其道德品质。这表明(　　)。

(A)这些企业原有员工的职业道德品质不高

(B)职业道德品质高的人,其职业技能水平也越高

(C)职业道德品质高的员工更有助于企业增强持久竞争力

(D)对这些企业来说,员工职业技能水平问题已经得到较好的解决

34. 要想立足社会并成就一番事业,从业人员除了要刻苦学习现代专业知识和技能外,还需要(　　)。

(A)搞好人际关系　　(B)得到领导的赏识

(C)加强职业道德修养　　(D)建立自己的小集团

35. 下列关于职业道德修养说法正确的是(　　)。

(A)职业道德修养是国家和社会的强制规定,个人必须服从

(B)职业道德修养是从业人员获得成功的唯一途径

(C)职业道德修养是从业人员的立身之本、成功之源

(D)职业道德修养对一个从业人员的职业生涯影响不大

36. 齐家、治国、平天下的先决条件是(　　)。

(A)修身　　(B)自励　　(C)节俭　　(D)诚信

37. 下列选项中,(　　)是做人的起码要求,也是个人道德修养境界和社会道德风貌的表现。

(A)保护环境　　(B)文明礼让　　(C)勤俭持家　　(D)邻里团结

38. 下列选项中对"慎独"理解不正确的是(　　)。

(A)君子在个人闲居独处的时候,言行也要谨慎不苟

(B)一个人需要在独立工作或独处、无人监督时,仍然自觉、严格地要求自己

(C)"慎独"强调道德修养必须达到在无人监督时,仍能严格按照道德规范的要求做事

(D)"慎独"对一般人而言是为了博得众人的好感或拥护

39. 下列选项中,(　　)是指从业人员在职业活动中对事物进行善恶判断所引起的情绪体验。

(A)职业道德认识　　(B)职业道德意志

(C)职业道德情感　　(D)职业道德信念

40. 下列选项中,(　　)是指从业人员在职业活动中,为了履行职业道德义务,克服障碍,坚持或改变职业道德行为的一种精神力量。

(A)职业道德情感　　(B)职业道德意志

(C)职业道德理想　　(D)职业道德认知

41. 在无人监督的情况下,仍能坚持道德观念去做事的行为被称之为(　　)。

(A)勤奋　　(B)审慎　　(C)自立　　(D)慎独

42. 下列关于市场经济的说法,不正确的是(　　)。

(A)市场经济是道德经济　　(B)市场经济是信用经济

(C)市场经济是法制经济　　(D)市场经济是自然经济

43. 下列选项中,(   )既是一种职业精神,又是职业活动的灵魂,还是从业人员的安身立命之本。

(A)敬业 (B)节约 (C)纪律 (D)公道

44. 下列关于敬业精神的说法不正确的是(   )。

(A)在职业活动中,敬业是人们对从业人员的最根本、最核心的要求

(B)敬业是职业活动的灵魂,是从业人员的安身立命之本

(C)敬业是一个人做好工作、取得事业成功的保证

(D)对从业人员来说,敬业一般意味着将会失去很多工作和生活的乐趣

45. 现实生活中,一些人不断地从一家公司"跳槽"到另一家公司,虽然这种现象在一定意义上有利于人才的流动,但是同时在一定意义上也说明这些从业人员缺乏(   )。

(A)感恩意识 (B)奉献精神 (C)理想信念 (D)敬业精神

46. 关于跳槽现象,正确的看法是(   )。

(A)择业自由是人的基本权利,应该鼓励跳槽

(B)跳槽对每个人的发展既有积极意义,也有不利的影响,应慎重

(C)跳槽有利而无弊,能够开阔从业者的视野,增长才干

(D)跳槽完全是个人的事,国家企业无权干涉

47. 下列认识中可取的是(   )。

(A)要树立干一行、爱一行、专一行的思想

(B)我是一块砖,任凭领导搬

(C)谁也不知将来会怎样,因此要多转行,多受锻炼

(D)由于找工作不容易,所以干一行就要干到底

48. 下列关于职业选择的说法中,正确的是(   )。

(A)职业选择是个人的私事,与职业道德没有任何关系

(B)倡导职业选择自由与提倡"干一行、爱一行、专一行"相矛盾

(C)倡导职业选择自由意识容易激化社会矛盾

(D)今天工作不努力,明天努力找工作

49. 李某工作很出色,但他经常迟到早退。一段时间里,老板看在他工作出色的份上,没有责怪他。有一次,老板与他约好去客户那里签合同,老板千叮咛万嘱咐,要他不要迟到,可最终,李某还是迟到了半个小时。等李某和老板一起驱车到达客户那儿时,客户已经走人,出席另一个会议了。李某因为迟到,使公司失去了已经到手的好项目,给公司造成了很大损失。老板一气之下,把李某辞退了。对以上案例反映出来的问题,你认同下列的说法是(   )。

(A)李某的老板不懂得珍惜人才,不体恤下属

(B)作为一名优秀员工,要求在有能力的前提下,还要具有良好的敬业精神

(C)那个客户没有等待,又去出席其他会议,表明他缺乏修养

(D)李某有优秀的工作能力,即使离开了这里,在其他的企业也会得到重用

50. 企业在确定聘任人员时,为了避免以后的风险,一般坚持的原则是(   )。

(A)员工的才能第一位 (B)员工的学历第一位

(C)员工的社会背景第一位 (D)有才无德者要慎用

51. 职业道德不仅是从业人员在职业活动中的行为标准和要求,而且是本行业对社会所

承担的(　　)和义务。

(A)道德责任　(B)产品质量　(C)社会责任　(D)服务责任

52. 职业道德是安全文化的深层次内容,对安全生产具有重要的(　　)作用。

(A)思想保证　(B)组织保证　(C)监督保证　(D)制度保证

53. 先进的(　　)要求职工具有较高的文化和技术素质,掌握较高的职业技能。

(A)管理思路　(B)技术装备　(C)经营理念　(D)机构体系

54. 职业道德是一种(　　)的约束机制。

(A)强制性　(B)非强制性　(C)随意性　(D)自发性

55. 现实生活中,一些人不断地从一家公司"跳槽"到另一家公司。虽然这种现象在一定意义上有利于人才的流动,但它同时也说明这些从业人员缺乏(　　)。

(A)工作技能　(B)强烈的职业责任感

(C)光明磊落的态度　(D)坚持真理的品质

三、多项选择题

1. 下列反映职业道德具体功能的是(　　)。

(A)整合功能　(B)导向功能　(C)规范功能　(D)协调功能

2. 职业道德的特征包括(　　)。

(A)鲜明的行业性　(B)利益相关性

(C)表现形式的多样性　(D)应用效果上的不确定性

3. 企业职工与领导之间建立和谐关系,不合宜的观念和做法是(　　)。

(A)双方是相互补偿的关系,要以互助互利推动和谐关系的建立

(B)领导处于强势地位,职工处于被管制地位,各安其位才能建立和谐

(C)由于职工与领导在人格上不平等,只有认同不平等,才能维持和谐

(D)员工要坚持原则,敢于当面指陈领导的错误,以正义促和谐

4. 西方发达国家职业道德精华包括(　　)。

(A)社会责任至上　(B)敬业　(C)诚信　(D)创新

5. 社会主义职业道德的特征有(　　)。

(A)继承性和创造性相统一　(B)阶级性和人民性相统一

(C)先进性和广泛性相统一　(D)强制性和被动性相统一

6. 下列选项中,反映中国传统职业道德精华的内容是(　　)。

(A)公忠为国的社会责任感　(B)恪尽职守的敬业精神

(C)自强不息的拼搏精神　(D)诚实守信的基本要求

7. 党的十六届六中全会上,我们党提出建设社会主义核心价值体系,其基本内容包括(　　)。

(A)马克思主义指导思想

(B)中国特色社会主义共同理想

(C)以爱国主义为核心的民族精神和以改革创新为核心的时代精神

(D)社会主义荣辱观

8.《公民道德建设实施纲要》中强调,要(　　)。

(A)把道德特别是职业道德作为岗前培训的重要内容

(B)把遵守职业道德的情况作为考核、奖惩的重要指标

(C)鼓励从业人员具有鲜明的个性特征

(D)把道德特别是职业道德作为岗位培训的重要内容

9. 在职业道德建设中,要坚持集体主义原则,抵制各种形式的个人主义。个人主义错误思想主要表现为(　　)。

(A)极端个人主义　(B)享乐主义　(C)拜金主义　(D)本本主义

10. 下列关于处理集体利益和个人利益的关系的说法中,正确的选项有(　　)。

(A)个人利益与集体利益的冲突,具体表现在眼前利益与长远利益、局部利益与整体利益的冲突上

(B)在解决集体利益和个人利益的矛盾冲突时,要设法兼顾各方面的利益

(C)在集体利益和个人利益发生冲突时,要突出强调个人利益

(D)在无法兼顾集体利益和个人利益的情况下,个人利益要服从集体利益,甚至做出必要的牺牲

11. 作为职业道德基本原则的集体主义,有着深刻的内涵。下列关于集体主义内涵的说法正确的是(　　)。

(A)坚持集体利益和个人利益的统一

(B)坚持维护集体利益的原则

(C)集体利益通过对个人利益的满足来实现

(D)坚持集体主义原则,就是要坚决反对个人利益

12."如果集体的成员把集体的前景看作个人的前景,集体愈大,个人也就愈美,愈高尚。"下列选项中正确理解这句话含义的是(　　)。

(A)坚持集体利益与个人利益的统一

(B)正确处理集体利益和个人利益的关系

(C)有了集体利益就有个人利益,所以不用谈个人利益

(D)维护集体利益

13. 对职业活动内在的道德准则中"勤勉"原则的理解,下列选项中正确的有(　　)。

(A)要求从业者在规定的时间范围内,集中精力做好事情

(B)要求从业者采取积极主动方式开展工作

(C)要求从业者在工作上善始善终,不能虎头蛇尾

(D)要求从业者按照计划开展工作,不能随意地把问题往后拖延

14. 对职业活动内在的道德准则"忠诚"的理解,下列选项中正确的有(　　)。

(A)忠诚对于不同行业的从业人员是有具体规定的

(B)忠诚要求从业者了解自己的职责范围并理解所承担的责任

(C)忠诚包括承担风险,不把道德风险进行转嫁

(D)忠诚要求从业者履行职责时不能带有私心或者以权谋私

15. 对职业活动内在的道德准则"审慎"的理解,下列选项中正确的有(　　)。

(A)审慎要求从业者选择最佳的手段实现职责最优化结果,努力规避风险

(B)审慎要求从业者在决策前充分调研,准备各种可能的替代方案,择优选择

(C)从业者要遵守审慎准则,避免过于审慎从而走向保守或者优柔寡断

(D)审慎要求从业者在职业活动中要相信自己的主观判断,有魄力

16. 职业化也称为“专业化”,它包含的内容有(　　)。

(A)职业化素养　　(B)职业化行为规范

(C)职业化技能　　(D)职业理想

17. 下列关于自主与协作之间关系的说法,错误的是(　　)。

(A)协作工作与自主工作存在发生冲突的可能性

(B)自主与协作发生冲突时,从业人员要坚持自主,维护自身工作的利益

(C)自主与协作是职业道德的要求,两者的统一是团队精神的体现

(D)坚持团队精神意味着当自主与协作发生冲突时,放弃自主,配合团队

18. 职业化行为规范是职业化在行为标准方面的体现,它包括的内容有(　　)。

(A)职业思想　　(B)职业语言　　(C)职业动作　　(D)职业理想

19. 职业技能的认证内容包括(　　)。

(A)职业资质　　(B)资格认证　　(C)社会认证　　(D)单位嘉奖

20. 关于职业化的职业观的要求,下列选项中理解正确的有(　　)。

(A)尊重自己所从事的职业并愿意付出,是现代职业观念的基本价值尺度

(B)树立正确的职业观念,要求从业人员承担责任

(C)即使职业并不让人满意,也要严格按照职业化的要求开展工作

(D)从业者要满足“在其位谋其政”的原则,在工作职责范围内负责到底

21. 对职业道德准则“追求卓越”的理解,下列选项中正确的有(　　)。

(A)从业者要积极进取,追求更高的个人职业境界和职业成就

(B)要求从业者用心用力做好自己的事情,在工作时间内专注于履行职责

(C)从业者在工作中要追求尽善尽美,努力改进,达到超乎预期的好效果

(D)要求从业者在工作过程中勇于承担各种风险

22. 下列选项中,关于职业化管理的理解正确的有(　　)。

(A)职业化管理是使从业者在职业道德上符合要求,在文化上符合企业规范

(B)职业化管理包括方法的标准化和规范化

(C)职业化管理是使工作流程和产品质量标准化,工作状态规范化、制度化

(D)自我职业化和职业化管理是实现职业化的两个方面

23. 职业化管理是一种建立在职业道德和职业精神基础上的法治,这个法制化的管理制度包括(　　)。

(A)战略管理和决策管理　　(B)职业文化

(C)科学的生产流程和产品开发流程　　(D)评价体系和纠错系统

24. 职业技能包含的要素有(　　)。

(A)职业知识　　(B)职业责任　　(C)职业能力　　(D)职业技术

25. 职业技能的特点包括(　　)。

(A)时代性　　(B)专业性　　(C)层次性　　(D)综合性

26. 下列说法正确的是(　　)。

(A)拥有足够的掌握一定职业技能的员工是企业开展生产经营活动的前提和保证

(B)对于一个企业来说,提高员工的职业技能水平比提高其职业道德素质更重要
(C)对于一个高科技企业来说,关键是拥有领先的技术,而不是员工的职业道德素质
(D)拥有一大批高素质的员工有助于提高企业的核心竞争力

27. 珠江三角洲曾经出现比较严重的“技工荒”,让不少企业吃了不少苦头,这表明(　　)。
(A)企业应当高度重视员工的职业技能培训工作
(B)员工技能素质关系到企业的核心竞争力
(C)技能素质在员工的综合素质中应该是第一位的
(D)技术人才在企业的发展中具有不可替代的作用

28. 一个人要取得事业成功,就必须(　　)。
(A)不断提高其职业技能　(B)不断提高职业道德素质
(C)不断学习科学文化知识　(D)不断地跳槽,去更好的单位发展

29. 对于从业人员来说,说法正确的是(　　)。
(A)职业技能是就业的保障　(B)职业技能高,综合素质就高
(C)职业技能是实现自身价值的重要手段　(D)职业技能有助于增强竞争力

30. 职业技能的有效发挥需要职业道德保障,这是因为(　　)。
(A)职业道德对职业技能具有统领作用
(B)职业道德对职业技能的发挥有支撑作用
(C)有了良好的职业道德,就一定有较高的职业技能
(D)职业道德对职业技能的提高具有促进作用

31. 在职业道德与职业技能的关系中,职业道德居主导地位,这是因为(　　)。
(A)职业道德是职业技能有效发挥的重要条件
(B)职业道德对职业技能的运用起着激励和规范作用
(C)职业道德对职业技能的提高具有促进作用
(D)对于一个人来说,有才无德往往比有德无才对社会的危害更大

32. 提高职业道德以提升职业技能,应做到(　　)。
(A)脚踏实地　(B)多做好人好事　(C)与时俱进　(D)勇于进取

33. 在实际工作中,从业人员要做到勇于进取,就必须(　　)。
(A)树立远大的奋斗目标　(B)自信坚定,持之以恒
(C)勇于创新　(D)追求更多的财富

34. 在实际工作中,从业人员要做到与时俱进就应当(　　)。
(A)立足时代,充分认识职业技能加快发展更新的特点
(B)立足国际,充分认识我国总体职业技能水平与西方发达国家的差距
(C)立足未来,践行终身学习的理念
(D)不服输,不甘人后

35. 职业道德乃是从业人员的(　　)。
(A)立身之本　(B)成功之源
(C)嘴上谈资　(D)立足职场的唯一要素

36. 一个人职业生活是否顺利,能否胜任工作岗位要求和发挥应有的作用,取决

于(　　)。

(A)个人专业知识与技能的掌握程度　　(B)个人的职业道德素质

(C)对待工作的态度和责任心　　(D)个人的交际能力

37. 修养是指人们为了在(　　)方面达到一定的水平，所进行自我教育、自我提高的活动过程。

(A)理论　　(B)知识　　(C)艺术　　(D)思想道德

38. 良好的职业道德品质，不是天生的。从业人员需要在日常学习、工作和生活中按照职业道德规范的要求，不断地进行(　　)。

(A)自我教育　　(B)自我改造　　(C)自我磨炼　　(D)自我完善

39. 下列关于加强职业道德修养有利于个人职业生涯的拓展的说法，正确的是(　　)。

(A)就业方式的转变对员工的职业道德修养提出了更高的要求

(B)职业道德修养可以为一个人的成功提供社会资源

(C)职业道德修养是一个人职业规划的重要组成部分

(D)良好的职业道德修养能帮助从业者渡过难关，走向辉煌

40. 下列说法中，说明了加强职业道德修养对个人成长成才重要性的是(　　)。

(A)加强职业道德修养有利于从业人员尽快"社会化"

(B)加强职业道德修养有利于从业者给领导留下良好形象

(C)加强职业道德是从业者自我实现的重要保证

(D)加强职业道德能帮助从业者迅速提升职位

41. 从宏观上讲，下列关于职业道德修养重要性的说法，正确的是(　　)。

(A)职业道德修养有利于职业生涯的拓展

(B)职业道德修养有利于职业境界的提高

(C)职业道德修养有利于个人成长成才

(D)职业道德修养有利于个人职位的提升

42. 职业道德修养包括(　　)。

(A)职业道德理论知识修养　　(B)职业道德情感修养

(C)职业道德意志修养　　(D)职业道德态度修养

43. 热爱祖国要求人们(　　)。

(A)自觉认同、维护国家、民族的利益

(B)要重大局、重整体

(C)正确处理个人与集体、国家、民族的关系

(D)树立在特殊情况下甘于为了国家利益牺牲个人利益的职业态度

44. 文明礼让主要表现在(　　)。

(A)仪容端庄　　(B)待人和气　　(C)举止文明　　(D)恭谦礼让

45. 在日常生活中，要做到文明礼让，应该(　　)。

(A)提倡讲礼貌、重礼节、懂礼仪

(B)注意仪表端庄，举止文明得体，待人主动热情

(C)要懂得谦让，学会宽容

(D)即使别人侵犯了自己的人格，也不能表现出不满

46. 下列说法中,可以被借鉴去提升从业人员的职业道德修养的是(　　)。

(A)君子慎独　　(B)己所不欲,勿施于人

(C)勿以恶小而为之,勿以善小而不为　　(D)吾日三省吾身

47. 中华民族在长达数千年的历史发展中,形成了源远流长的优良传统道德,主要有(　　)。

(A)仁爱　　(B)恪守诚信　　(C)慎独　　(D)内省

48. 从业人员加强职业道德修养,需要(　　)。

(A)端正职业态度　　(B)要注重历练自己的职业意志

(C)要强化职业情感　　(D)努力搞好人际关系

49. 市场经济条件下,对职业人员提出的道德要求有(　　)。

(A)诚实守信　　(B)公平竞争　　(C)团队精神　　(D)遵纪守法

50. 爱岗敬业的具体要求是(　　)。

(A)树立职业理想　　(B)强化职业责任

(C)提高职业技能　　(D)抓住择业机遇

51. 职工个体形象和企业整体形象的关系是(　　)。

(A)企业的整体形象是由职工的个体形象组成的

(B)个体形象是整体形象的一部分

(C)职工个体形象与企业整体形象没有关系

(D)没有个体形象就没有整体形象

52. 市场经济是(　　)。

(A)高度发达的商品经济　　(B)信用经济

(C)是计划经济的重要组成部分　　(D)法制经济

53. 维护企业信誉必须做到(　　)。

(A)树立产品质量意识　　(B)重视服务质量,树立服务意识

(C)妥善处理顾客对企业的投诉　　(D)保守企业一切秘密

54. 企业文化的功能有(　　)。

(A)激励功能　　(B)自律功能　　(C)导向功能　　(D)整合功能

55. 职业纪律具有的特点包括(　　)。

(A)明确的规定性　　(B)一定的强制性　　(C)自觉制性　　(D)松散性

四、判 断 题

1. 为人民服务是对先进分子和共产党人的道德要求,而不宜作为对一般群众和私营业主的道德要求。(　　)

2. 在社会主义市场经济条件下,为人民服务的精神已经过时。(　　)

3. 一切工作热情都是由个人利益驱动的。(　　)

4.“干一行,爱一行”只能在计划经济条件下提倡,而在社会主义市场经济条件下不宜提倡。(　　)

5. 服务群众只是对领导、领导机关和公务员的要求。(　　)

6. 爱岗敬业,立足岗位成才,奉献社会,实现人生价值。(　　)

7. 社会主义社会没有必要讲职业道德。(　)

8. 诚实守信,做老实人、说老实话、办老实事,用诚实劳动获取合法利益。(　)

9. 我国社会主义道德建设的核心是诚实守信、办事公道、为人民服务、艰苦奋斗。(　　)

10. 一切工作热情都是由个人利益驱动。(　)

11. 国家依法鼓励和保护的企业和个人的利益,必须是人们通过合法经营和诚实劳动获得的正当经济利益。(　　)

12. 认真学习工艺操作规程,做到按规程要求操作,严肃工艺纪律,严格管理,精心操作,积极开展质量攻关活动,提高产品质量和用户满意度,避免质量事故发生。(　)

13. 奉献社会是职业道德中的最高境界。(　)

14. 遵守劳动纪律,听从生产指挥,必须一丝不苟,不折不扣,不能抱侥幸心理。(　)

15. 一个人总有个性,进入职业场所也要保持。(　)

16. 一个人职业道德素质的好坏,直接关系到他所从事的事业的成败。(　)

17. 克服行业不正之风只是各级领导和"窗口中"行业人员的事。(　　)

18. 在当前的职业劳动中,要靠本事吃饭,有能力就行,道德没有用处。(　　)

19. 我们社会所提倡的职业理想是,放眼社会利益,努力做好本职工作,全心全意为人服务。(　　)

20. 提高职业技能是个无止境的过程。(　　)

21. 职业道德的积善与日常生活的积善无关。(　　)

22. 职业道德建设是社会主义精神文明建设的一个"窗口"。(　　)

23. 为人民服务是对先进分子和共产党人的道德要求,而不宜作为对一般群众和私营业主的道德要求。(　　)

24. 在社会主义市场经济条件下,为人民服务的精神已经过时。(　　)

25. 一切工作热情都是由个人利益驱动的。(　　)

26. 甘于奉献,服从整体,顾全大局,先人后己,不计较个人得失,为企业发展尽心出力,积极进取,自强不息,不怕困难,百折不挠,敢于胜利。(　　)

27. 法律对道德建设的支持作用表现在两个方面:"规定"和"惩戒",即通过立法手段选择进而推动一定道德的普及,通过法律惩治严重的不道德行为。(　　)

28. 劳动者在劳动过程中必须严格遵守操作规程,对违章指挥、强令冒险作业有权拒绝执行。(　　)

29. 抓好职业道德建设,与改善社会风气没有密切的关系。(　　)

30. 职业道德也是一种职业竞争力。(　　)

31. 热爱祖国,有强烈的民族自尊心和自豪感,始终自觉维护国家的尊严和民族的利益是爱岗敬业的基本要求之一。(　　)

32. 热爱学习,注重自身知识结构的完善与提高,养成学习习惯,学会学习方法,坚持广泛涉猎知识,扩大知识面,是提高职业技能的基本要求之一。(　　)

33. 坚持理论联系实际不能提高自己的职业技能。(　　)

34. 企业员工要:讲求仪表,着装整洁,体态端正,举止大方,言语文明,待人接物得体树立企业形象。(　　)

35. 让个人利益服从集体利益就是否定个人利益。(　　)

36. 忠于职守的含义包括必要时应以身殉职。(   )

37. 市场经济条件下,首先是讲经济效益,其次才是精工细作。(   )

38. 质量与信誉不可分割。(   )

39. 将专业技术理论转化为技能技巧的关键在于凭经验办事。(   )

40. 敬业是爱岗的前提,爱岗是敬业的升华。(   )

41. 厂规、厂纪与国家法律不相符时,职工应首先遵守国家法律。(   )

42. 道德建设属于物质文明建设范畴。(   )

43. 做一个称职的劳动者,必须遵守职业道德,职业道德也是社会主义道德体系的重要组成部分。职业道德建设是公民道德建设的落脚点之一。加强职业道德建设是发展市场经济的一个重要条件。(   )

44. 办事公道,坚持公平、公正、公开原则,秉公办事,处理问题出以公心,合乎政策,结论公允。主持公道,伸张正义,保护弱者,清正廉洁,克已奉公,反对以权谋私、行贿受贿。(   )

长度计量工(职业道德)答案

一、填 空 题

1. 实力、活力、凝聚力 2. 道德建设 3. 低下 4. 重要
5. 违法 6. 干好一行 7. 安全操作 8. 质量事故
9. 出以公正 10. 行为规范 11. 爱岗敬业 12. 一致的
13. 道德 14. 整洁、安全、舒适、优美 15. 职业纪律 16. 崇尚行动
17. 基本保证 18. 劳动 19. 责任 20. 法律

二、单项选择题

1. C 2. B 3. D 4. C 5. A 6. C 7. B 8. D 9. C
10. B 11. A 12. D 13. A 14. A 15. C 16. C 17. C 18. A
19. B 20. A 21. B 22. C 23. D 24. D 25. C 26. C 27. C
28. D 29. D 30. B 31. D 32. D 33. C 34. C 35. C 36. A
37. B 38. D 39. C 40. B 41. D 42. D 43. A 44. D 45. D
46. B 47. A 48. D 49. B 50. D 51. A 52. A 53. B 54. B
55. B

三、多项选择题

1. ABC 2. ABC 3. ABCD 4. ABCD 5. ABC 6. ABCD 7. ABCD
8. ABD 9. ABC 10. ABD 11. ABC 12. ABD 13. ABCD 14. ABCD
15. ABC 16. ABC 17. BD 18. ABC 19. ABC 20. ABCD 21. AC
22. ABCD 23. ABCD 24. ACD 25. ABCD 26. AD 27. ABD 28. ABC
29. ACD 30. ABD 31. ABCD 32. ACD 33. ABC 34. ABC 35. AB
36. ABC 37. ABCD 38. ABCD 39. ABCD 40. AC 41. ABC 42. ABCD
43. ABCD 44. ABCD 45. ABC 46. ABCD 47. ABCD 48. ABC 49. ABCD
50. ABC 51. ABC 52. ABC 53. ABC 54. ABCD 55. ABC

四、判 断 题

1. × 2. × 3. × 4. × 5. × 6. √ 7. × 8. √ 9. √
10. × 11. √ 12. √ 13. √ 14. √ 15. × 16. √ 17. × 18. ×
19. √ 20. √ 21. × 22. √ 23. × 24. × 25. × 26. √ 27. √
28. √ 29. × 30. √ 31. × 32. √ 33. √ 34. × 35. √ 36. ×
37. √ 38. × 39. √ 40. × 41. × 42. × 43. × 44. √

长度计量工(初级工)习题

一、填 空 题

1. 我国《计量法》规定,国家采用国际单位制。(　　)计量单位和国家选定的其他计量单位,为国家法定计量单位。

2. 我国《计量法》规定,国务院计量行政部门负责建立各种(　　)器具,作为统一全国量值的最高依据。

3. 1983 年 10 月,十七届计量大会通过米的新定义为:光在真空中(　　)秒内所进行的距离。

4. 直线度的被测要素包括平面上的(　　)、面与面的交线、回转体(圆柱、圆锥等)的素线、棱线及轴线等。

5. 阿贝原则是指测量轴线在(　　)上。根据这一原则,游标卡尺不符合。

6. 在量块使用的时候,根据中心长度测量的极限误差和允许的极限偏差之间的关系,3 等量块有时可用 0 级量块代用,4 等量块有时可用(　　)级量块代用。

7. 我国表面粗糙度标准中规定采用(　　)作为评定表面粗糙度参数数值的基准线。

8. 光学计的结构原理,是光学自准直原理和(　　)正切原理的结合。

9. 常用的长度计量器具中,符合阿贝原理的有(　　),测深千分尺,立、卧式测长仪,阿贝线纹比长仪。

10. 千分表的传动放大机构,通常有两种:一种是(　　)传动放大机构,另一种是杠杆和齿轮传动放大机构。

11. 千分尺的测量下限调整至正确后,微分筒锥面的端面与毫米刻线的相对位置,离线不大于 0.1 mm 或压线不大于(　　)。

12. 用平面平晶或平行平晶检定外径千分尺测量面的平面度和(　　)。

13. 在工厂长度计量中最常见的计量器具是千分尺、卡尺、(　　)三大类。

14. 不论杠杆式百分表还是杠杆式千分表,其示值变动性的检定,均应将表安装在具有筋型工作台的支架上,用(　　)进行检定。

15. 不论游标卡尺还是数显卡尺,其示值误差均用(　　)检定,对一示值检定时,量块分别放在卡尺量爪工作面的里端和外端两位置上进行。

16. 游标卡尺的主要修理项目有:(1)外观;(2)(　　);(3)测量面磨损;(4)测量平面度和平行度;(5)示值误差;(6)内测量爪;(7)测深部分等修理。

17. 量块在(　　)或使用时,它的各项技术指标都是以 20℃为标准温度的测量结果为标准。

18. 游标卡尺的读数原理是:利用游标卡尺的游标刻线间距与主尺刻线间距差形成游标分度值,测量时在主尺上读取(　　),在游标上读取小数值。

19. 外经千分尺的工作原理是:利用等进螺旋原理将丝杠的角度旋转运动转变为测量杆的直线位移。当丝杠相对于螺母转动时,(　　)和丝杆的旋转角度成正比。

20. 量具检修的主要任务,就是准确地找出(　　),然后用修理方法恢复原有的准确度。

21. 在检修过程中,应遵循以(　　)为主,以修为辅,先粗后精、由表及里的原则。

22. 修复卡尺时,应先修(　　),再修磨测量面。

23. 修复千分尺时,先消除测杆径向摆动,再修(　　),以保证其平行性。

24. 修理百分表时,先修复(　　),再经过修理使示值误差合格。

25. 基本尺寸是设计时所给定的尺寸。尺寸公差是允许尺寸的(　　)。

26. 一对渐开线齿轮啮合时,啮合点沿着两基圆的内公切线移动,称这条线为(　　)。

27. 齿轮的分度圆直径等于(　　)和齿数的乘积。

28. 电线的电阻与电线的长度成(　　),与电线的横截面成反比。

29. 调质是将钢进行(　　)后再进行高温回火,以获得回火索氏体组合的综合热处理工艺。

30. 由两种或两种以上的(　　)组成的具有金属特性的物质称为合金。

31. 我国《计量法》立法的宗旨是为了加强计量监督管理,保障国家单位制的统一和(　　),有利于生产、贸易和科学技术的发展,适应社会主义现代化建设的需要,维护国家、人民的利益。

32. 计量检定人员是指经(　　),持有计量检定证件从事计量检定的人员。

33. 我国《计量法》规定,为社会提供认证数据的产品质量检验机构,必须经省级以上人民政府计量行政部门对其计量(　　)和测试的能力考核合格。

34. 检定合格印应(　　),残缺磨损的检定合格印应立即停止使用。

35. 在国际单位制的基本单位中,长度计量的基本单位名称是(　　),计量单位的符号是 m。

36. 我国法定计量单位是以(　　)单位为基础,同时选用了一些非国际单位制的单位构成。

37. 国际上规定的表示倍数和分数单位的 16 个词头,称为(　　)词头。

38.《计量法》第三条中规定,国家法定计量单位的(　　)、符号由国务院公布。

39. 计量检定机构可分为(　　)和一般计量检定机构两种。

40. 强制检定的(　　)和强制检定的工作计量器具统称为强制检定的计量器具。

41. 测量值为 9 998,修正值为 3,则真值为 10 001,测量误差为(　　)。

42. 将 2.71828 修约到小数后一位是(　　)。

43. 误差分析中,考虑误差来源要求(　　)、不重复。

44. 对于相同的被测量,绝对误差可以评定不同的测量方法的测量精度高低,对于不同的被测量,采用(　　)来确定不同测量方法测量精度高低较好。

45. 量块长度的主单位是米,确定整套量块级别时,应按(　　)确定。

46. 检定平尺支承应在距两端(　　)处,其目的是使平尺变形最小。

47. 游标卡尺读数原理是利用(　　)与游标刻线间距差来进行小数读数。

48. 检定游标卡尺时,尺框移动应平稳、灵活,当其移到主尺任一位置,用手轻微摆动下量爪时,尺框和主尺之间不应有(　　)。

49. 测微量具的读数机构由(　　)和微分筒组成。

50. 使用中标称尺寸为 3 mm 或小于 3 mm 量块测量面研合性检定时,测量面单面和(　　)都应能够研合。

51. 钢质量块测量面表面硬度应不低于 HRC63 或 HV (　　)。

52. 量块是长度计量中应用(　　)的一种实物基准。

53. 对计量单位符号,国际计量大会有(　　)的规定,我国原则上采用了这些符号称国际符号。

54. 误差的两种基本表现形式是绝对误差和(　　)。

55. 按精度区分,测量可分等精度测量和(　　)。

56. "米"的定义是(　　)在真空中 1/2997924588 秒时间间隔所通过的距离。

57. 对新制的(　　)级角度块要求检定研合性,要求能够与 2 级平晶研合性。

58. 检定证书证明(　　)的标记。

59. 国际单位制质量的基本计量名称是公斤(千克),计量单位符号是(　　)。

60. 触针式表面粗糙度轮廓仪以带有导头的传感器在被测表面上滑行时,触针是相对于导头运动的。当传感器上不装导头而依附于某一参考基面运行上时,传感器的运行轨道取决于(　　)的形式。

61. 轮廓最大高度 R_y 是在取样长度内轮廓(　　)与轮廓谷底线之间的距离。

62. 轮廓支承长度的定义是:在取样长度内,一平行于中线的线与轮廓相截所得到的各段(　　)之和。

63. 阿贝原则是指测量轴线在(　　)上。根据这一原则,判别万能测量显微镜不符合阿贝原则。

64. 量具修理中研磨粉粒度在(　　)μm 下。

65. 工具显微镜是一种多用途的光学机械式两座标测量仪器,对于零件形状以直角坐标或极坐标方法测量,对于直径或圆锥度用(　　)法测量。

66. 线纹尺安装时因不符合(　　)原则而产生的误差为正弦(一次)误差。

67. 白塞尔支撑点之间的距离为 0.55938L,L 是(　　)的长度。

68. 线纹尺检定中,往往要采用几种测量方式,其目的是为了消除测量中的(　　)误差,而多次测量的目的是为了减少随机(偶然)误差。

69. 研合性是指量块与量块互相(　　)使其合为一体的特性。

70. 修正值为消除(　　),用代数法加到测量结果上的值。

71. 稳定度是在规定工作条件内,(　　)某些性能随时间保持不变的能力。

72. 不论何种量仪,均规定了示值误差这一技术要求。示值误差是以(　　)和被测量的真值之间的差值确定。

73. 接触式干涉仪的工作台是可换的,通常备有三种,其中一种为筋形工作台,另两种为球筋工作台平面工作台。筋形工作台的平面度用槽平晶和(　　)检定。

74. 立式光学计的可升降的工作台,其升降范围应不小于 3 mm;具有凸轮升降机构的光管升降范围应不小于(　　)。

75. 对于轻型和简易型工作台的投影仪,检定时的室温必须保证在(20±5)℃;对于重型工作台的投影仪,检定时的室温必须保证在(　　)。

76. 分度值相邻两剖线所代表的(　　)之差。

77. 可见辐射的波长范围是 380 nm～(　　)。

78. 辐射通量的主单位是瓦特,流明是(　　)的单位。

79. 红外辐射的波长范围在(　　)～10^6 nm。

80. 可见辐射的波长范围为(　　)nm～780 nm。

81. 国际单位制具有专门名称的导出单位中,光照度的单位名称是勒[克斯],其单位符号为(　　)。

82. 国标照明委员(CIE)推荐的色匹配函数有 2°视场和(　　)视场两种。

83. 用来定量表示两个颜色差异的量叫(　　)。

84. 反射标准色板是用来测量颜色,反射标准色板的检定周期为(　　)。

85. 检定标准色板必须具备的设备条件是(　　)和标准白板。

86. 可见光的波长范围为 380～780 (　　),其单位名称是纳米。

87. 不论检定哪种量具,对室温均有要求。如果室温偏离标准温度 20 ℃时,会引起系统误差;当室温时高时低时,则引起(　　)误差。

88. 千分尺的结构,主要由测微头、测砧、测力装置、弓形架以及(　　)等组成。

89. 千分尺的刻线宽度为(　　),同一把千分尺上刻线宽度差不大于 0.03 mm。

90. 齿轮径向跳动检查仪可分为立式和(　　)两种型式。

91. 六十进制是我国选定的非国际单位制单位,它把一整周分为(　　)或 1296000″。

92. 弧度与六十制是我国法定计量单位规定的平面角单位,其间的关系是:1 rad=(　　)或 648 000/π(206 265″)。

93. 我国生产的角度块有两种形状,三角形的角度块每块有 1 个工作角,四边形的角度块每块有(　　)个工作角。

94. 长度单位米是基本物理量,其符号是(　　)。

95. 在(　　)中光速值为 299 792 458 m/s。

96. 新制量块的测量面和非测量面,不应有划痕、碰伤和(　　)。

97. 高度游标卡尺的的主要修理项目有:(1)(　　);(2)划线量爪;(3)测高量爪;(4)零值的调整等修理。

98. 测量量块长度时,室内温度应稳定、(　　)和接近 20 ℃。

99. 为使测量结果准确可靠,测量中考虑最小变形原则时,应着重注意(　　)引起的变形、自重变形、热变形。

100. 根据形位公差的符号,可以知道对应形位公差的名称。例如"⊥"表示(　　),"⌭"表示圆柱度。

101. 在维护良好的情况下,计量器具检定周期长短的确定,主要是根据其(　　)及其使用频繁程度。

102. 测量是将被测量数值和测量单位进行(　　)以确定其实际值的操作过程。

103. 新国标将螺纹精度分为(　　)、中等、粗糙三种。

104. 1959 年国务院发布《关于统一计量制度的命令》,确定米制为我国的基本计量制度以来,全国推广米制,改革(　　)、限制英制和废除旧杂制的工作,取得了显著成绩。

105. 国际单位制的国际通用符号是(　　),它是由国际计量大会规定的,来源于法文。

106. 对计量单位的符号,国际计量大会有(　　)规定。我国原则上采用了这些符号,称国际符号。

107. 千分尺的主要修理项目有:(1)外观;(2)各部相互作用;(3)(　　);(4)测量面平行度;(5)压线和离线;(6)示值误差;(7)校对量杆等修理。

108. 在国际单位制的基本单位中,时间的计量单位名称是秒,计量单位的符号是(　　)。

109. 在国际单位制的基本单位中,电流的计量单位名称是安[培],计量单位的符号是(　　)。

110. 在国际单位的基本单位中,热力学温度的计量单位名称是(　　),计量单位符号是 K。

111. 在国际单位制的基本单位中,物质的量的计量单位名称是(　　),计量单位的符号是 mol。

112. 在国际单位制的基本单位中,发光强度的计量单位名称是(　　),计量单位的符号是 cd。

113. 在国际单位制的辅助单位中,平面角的计量单位名称是(　　),计量单位的符号是 rad。

114. 在国际单位制的辅助单位中,立体角的计量单位名称是(　　),计量单位的符号是 sr。

115. 在国际单位制具有专门名称的导出单位中,频率的计量单位名称是赫[兹],计量单位的符号是(　　)。

116. 在国际单位制具有专门名称的导出单位中力(包括重力)的计量单位名称是牛[顿],计量单位的符号是(　　)。

117. 在国际单位制具有专门名称的导出单位中,能(功、热)的计量单位名称是焦[耳],计量单位的符号是(　　)。

118. 我国《计量法》规定,国务院(　　)对全国计量工作实施统一监督管理。县级以上地方人民政府计量行政部门对本行政区域内的计量工作实施监督管理。

119. 我国《计量法》规定,国务院计量行政部门负责建立各种计量基准器具,作为(　　)的最高依据。

120. 我国《计量法》规定,县级以上地方人民政府计量行政部门根据本地区的需要,建立社会公用,计量标准器具,经(　　)政府计量行政部们主持考核合格后使用。

121. 我国《计量法》规定,计量检定必须按照国家计量检定系统表进行。计量检定必须执行(　　)。

122. 我国《计量法》规定,计量检定工作应当按照经济合理的原则,(　　)进行。

123. 我国《计量法》规定,制造计量器具的企业、事业单位,必须取得《制造计量器具许可证》。修理计量器具的企业、事业单位须取得(　　)。

124. 我国《计量法》规定,制造计量器具的企业、事业单位生产本单位未生产过的计量器具(　　),必须经省级以上人民政府计量行政部门对其样品的计量性能考核合格,方可投入生产。

125. 我国《计量法》规定,未经国务院计量行政部门批准,不得制造、销售和进口国务院规定废除的非法定计量单位的计量器具和国务院(　　)其他计量器具。

126. 我国《计量法》规定,制造、修理计量器具的企业、事业单位必须对制造、修理的计量器具进行检定,保证产品(　　),并对合格产品出具产品合格证。县级以上人民政计量行政部门应当对制造、修理的计量器具的质量进行监督检查。

127. 我国《计量法》规定,进口的计量器具,必须经省级以上人民政府计量行政部门(　　),方可销售。

128. 我国《计量法》规定,使用计量器具不得破坏其准确度,损害(　　)的利益。

129. 我国《计量法》规定,个体工商户可以制造、修理(　　)计量器具。个体工商户制造、修理计量器具的范围和管理办法由国务院计量行政部门制定。

130. 某测量值为 2000,真值为 1997,则测量误差为(　　),修正值为−3。

131. 测量值为 9998,修正值为 3,则真值为(　　),测量误差为−3。

132. 对正态分布、极限误差取为三倍标准差的置信概率为 0.9973,取为二倍标准差的置信概率为(　　)(取 4 位有效数字)。

133. 某仪表量程 0～10,于示值 5 处计量检得值为 4.995,则示值引用误差为(　　),示值相对误差为 0.1%。

134. 精度 0.5 级量程 0～10 的计量仪表,其允许最大示值误差为 0.05,量程 0～50 的计量仪表,其允许最大示值误差为(　　)。

135. 对分布密度对称的误差,误差小于其期望的概率为 0.5,误差大于其期望的概率为(　　)。

136. $x^2(v)$的期望是 v,方差是(　　)。

137. $x^2(v)$的标准差是(2v)1/2,变异系数是(　　)。

138. $t(v)$的标准差是[$v/(v-2)$]1/2,条件为(　　)。

139. 通常用的测量范围为(0～1)mm 千分表,其整个工作行程范围内的值误差不超过 5 μm,回程误差不超过(　　)。

140. 测量范围至 500mm 的千分尺,其测力为(6～10)N,微分筒锥面的棱边上边缘至固定套管刻线面的距离不大于(　　)。

141. 分度值为 2′、测量范围为 0°～320°的万能角度尺,期限刻线宽度为(0.08～0.15)mm,同一个万能角度尺的刻线宽度差不大于(　　)。

142. 万能角度尺的示值误差不超过(　　),光学角度规的示值误差不超过±5′。

143. 千分表的传动放大机构通常有两种,一种是齿条和齿轮传动放大机构,另一种是(　　)传动放大机构。

144. 检定游标卡尺或游标卡尺的游标刻线面的棱边至主尺刻线面的距离,是为了控制(　　)。检定千分尺微分筒锥面的端面至固定套管毫米刻线右边缘的相对位置,是为了防止读错数。

145. 齿轮渐开线是一直线沿(　　)作无滑动的纯滚动,该直线上一点的运动轨迹成为渐开线。

146. 量值传递通过检定,将国家基准所(　　)的计量单位量值通过标准逐级传递到工作用的计量器具,以保证对被传对象所测得的量值的准确和一致。

147. 稳定性是在规定工作条件内,(　　)某些性能随时间保持不变的能力。

148. 间接测量是直接(　　)与被测的量之间有已知函数关系从而得到该被测量值的

测量。

149. 测量误差是测量结果与被(　　)之间的差。

150. 相对误差是测量的绝对误差与(　　)之比。

151. 测试具有(　　)性质的测量。

152. 测量力是测量过程中计量器具与(　　)之间的接触力。

153. 量的真值是一个量在被观测时,该值本身所具有的真实(　　)。

154. 测得值从计量器具直接反映或经过必要的(　　)而得出的量值。

155. 实际值满足规定准确度的用来代替(　　)使用的量值。

156. 粗大(　　),超出在规定条件下预期的误差。

157. 绝对值(　　)考虑正负号的误差值。

158. 器具误差计量器具本身(　　)。

159. 检定条件:在检定规程中所用的(　　)、检定设备和环境条件所作的规定。

160. 测量结果由测量(　　)到的被测量值。

161. 量程测量范围上限值和(　　)限值。

162. 刻度在计量器具上指示不同(　　)的刻线标记的组合。

二、单项选择题

1. 游标卡尺示值误差受检点为 41.2 mm,采用每套为 83 块标准系列的量块来组合时,应选择的量块尺寸为(　　)。

(A)40+1.2=41.2　　(B)30+10+1.2=41.2

(C)30+4+6+1.2=41.2　　(D)20+20+1.2=41.2

2. GB 1031—83 附录 B 推荐的评定长度为取样长度的(　　)。

(A)3 倍　　(B)4 倍　　(C)5 倍　　(D)2 倍

3. 卧式光学计的测帽,有球面的,有平面的,还有窄平面的。其中窄平面的测帽是用于测量(　　)。

(A)平端面零件的长度　　(B)球端面量杆的尺寸

(C)圆柱体的直径　　(D)椭圆体的直径

4. 长度的基本单位“米”是(　　)。

(A)实物基准　　(B)既是实物基准,又是自然基准

(C)自然基准　　(D)抽象标准

5. 测量范围为 50～75 mm 的千分尺,其量程为(　　)mm。

(A)25　　(B)50　　(C)75　　(D)100

6. 百分表的精度等级共分为(　　)。

(A)0 级和 1 级　　(B)1 级和 2 级　　(C)0 级　　(D)0 级、1 级和 2 级

7. 圆柱角尺的精度等级分为(　　)。

(A)2 级　　(B)0 级、1 级　　(C)00 级、1 级、2 级　　(D)00 级、0 级

8. 平面度误差是指包容实际表面,且距离为(　　)的平行平面间的距离。

(A)最大　　(B)最小　　(C)给定　　(D)任意

9. 内螺纹的牙是指(　　)。

(A)螺纹凸起部分的顶端(即小径处) (B)螺纹最大直径(外径处)
(C)理论基本三角形的顶尖处 (D)理论梯形顶点处

10. 表面粗糙度参数的数值是在( )和实际表面相交所得的轮廓线上评定的。
(A)法向截面 (B)切向截面 (C)等距截面 (D)峰截面

11. 齿轮的分度圆直径是指( )齿间处的假想圆柱体的直径。
(A)等于 (B)大于 (C)小于 (D)大于小于均可

12. 用平晶以技术光波干涉法检定一量具工作面平面时,出现的干涉条纹或干涉环,其中涉及的原理是( )。
(A)球面干涉 (B)等倾干涉 (C)等厚干涉 (D)光干涉

13. 我国法定计量单位制中,规定平面角的表示方法是( )。
(A)度、分、秒六十进制
(B)SI 单位制中的辅助单位
(C)度、分、秒六十进制与 SI 单位制中的辅导单位并用
(D)辅助单位

14. 在零级平板上检定水平仪零位调转 180°的目的是为了( )。
(A)减少检定误差 (B)消除平板倾斜的影响
(C)防止产生粗大误差 (D)提高平板测量精度

15. 按用途分类的标准量具通常包括( )。
(A)微分量具和表类量具 (B)量块、平晶、多面棱体
(C)螺纹量具和齿轮量具 (D)测量样板

16. 量块表面粗糙度测量,对其非测量面的粗糙度可采用样板比较法,或光切显微镜测量;对其测量面的粗糙度应采用( )仪器测量。
(A)比较样块 (B)光切显微镜 (C)干涉显微镜 (D)接触法

17. 在量值传递过程中,必须遵循检定状态与使用状态一致的原则,如果不一致,将会产生( )。
(A)系统误差 (B)随机误差 (C)粗差 (D)粗大误差

18. 有定中心支架的内径百分表,其示值误差在测头压缩方向上检定时,受检点的间隔为( )。
(A)0.05 mm (B)0.10 mm (C)0.20 mm (D)0.30 mm

19. 分度值为 0.02 mm/m 框式水平仪,其下面为基面的零位误差不超过( )。
(A)分度值的 1/2 (B)分度值的 1/3 (C)分度值的 1/4 (D)分度值的 1/5

20. 百分表测量受径向力对示值影响的检定所使用的检定器具是( )。
(A)径向力工具 (B)尺寸为 10 mm 五等量块
(C)半径为 10 mm 半圆柱侧块 (D)尺寸为 20 mm 量块

21. 不论百分表还是千分表,其大指针的末端应盖住表盘刻线长度的( )。
(A)20%～80% (B)30%～70% (C)30%～80% (D)40%～50%

22. 为满足千分尺示值误差的检定,所用量块的准确度为( )。
(A)5 等或 2 级 (B)4 等或 1 级
(C)4 等或 1 级和 5 等或 2 级 (D)6 等

23. 用刀口尺(样板直尺)检定工作的平面度时,通常以光隙法进行,当采用此方法检定时,其间隙一般不大于(　　)。

(A)0.010 mm　(B)0.005 mm　(C)0.003 mm　(D)0.100 mm

24. 游标深度尺的刻线宽度大小,对读数正确性有一定影响,对于分度值 0.05 mm 游标深度尺来说,其刻线宽度为(　　)。

(A)0.08～0.12 mm　(B)0.08～0.20 mm

(C)0.08～0.15 mm　(D)0.08～0.25 mm

25. 用止螺纹塞规检内螺纹是(　　)。

(A)绝对测量　(B)比较测量　(C)单项测量　(D)综合测量

26. 用过螺纹塞规检内螺纹是(　　)。

(A)绝对测量　(B)比较测量　(C)单项测量　(D)综合测量

27. 微观不平度十点高度 R_z 的定义:在取样长度内 5 个最大的轮廓峰高的平均值与(　　)的平均值之和。

(A)5 个最小的轮廓峰高　(B)5 个最小的轮廓谷深

(C)5 个最大的轮廓谷深　(D)5 个最大的轮廓峰高

28. 在一个测量区段上包括几个取样长度时,对几个取样长度上的测量结果应取(　　)作为该测量位置的表面粗糙度参数值。

(A)其中最大的一个数值　(B)平均值

(C)其中任意一个数值　(D)其中最小的一个数值

29. 在评定平面度误差的各种方法中,(　　)评定所得的结果是最小的。

(A)三点法　(B)对角线法　(C)最小包容区域法　(D)十字线法

30. 当在平板压砂时,(　　)所引起的作用更大些,用这种弱酸会腐蚀和破坏金属极薄的表面,以便于将平板工作表面压进新砂粒。

(A)硬脂　(B)煤油　(C)研磨粉　(D)氧化铬

31. 破坏计量器具准确度包括为牟取非法得益(　　)。

(A)使用不合格的计量器具　(B)使计量器具失灵

(C)通过作弊故意使计量器具失准　(D)改变计量器具刻度值

32. 某一量具工作面的平面度,若在白光情况下用平晶以技术光波干涉法检定时,受检工作面的平面度一般不大于(　　)。

(A)0.001 mm　(B)0.002 mm　(C)0.003 mm　(D)0.004 mm

33. 在测长机上测量长度长于 100 mm 量块的长度时,左右两测帽与量块保持接触后操纵工作台的调整机构可使量块作倾转或摆动,与此同时,在仪器的指示系统可以看到示值变化,最后的取值应在示值变化中取其(　　)

(A)最大值　(B)最小值

(C)最大和最小两者的平均值　(D)最大值与平均值之和

34. 在机械制图中的主视图是(　　)正对着物体观察所得到的图形。

(A)由上向下　(B)由左向右　(C)由前向后　(D)由左向左

35. 三等标准金属线纹尺检定周期为(　　)。

(A)半年　(B)一年　(C)两年　(D)三年

36. 在测长机上测量量块时,测长机两端的测帽应选(　　)。

(A)狭平面的　(B)球面的　(C)小圆平面的　(D)大平面的

37. 长边尺寸为 1 000 mm 的直角尺,其工作面的平面度或直线度的检定通常采用的检定方法是(　　)。

(A)用刀口尺以光隙法检定　(B)用平晶以技术光波干涉分段检定

(C)用准直仪以节距法检定　(D)用光学法检定

38. 光学仪器中的反射镜用以调节干涉条纹的方向和(　　)。

(A)距离　(B)间距　(C)数值　(D)长度

39. 游标卡尺的刻度,当分度值为 i、模数为 $r=2$ 时,则主尺的刻线间距 a 和副尺刻线间距 b 的关系为(　　)。

(A)$c=ra$　(B)$a=rb-i$　(C)$b=ra-i$　(D)$a=rb$

40. 在机械制图中图样中标准的尺寸,以(　　)为单位时,不需要标准计量单位的代号或名称。

(A)m　(B)cm　(C)mm　(D)dm

41. 按我国法定计量单位的使用规则 15 ℃应读成(　　)。

(A)15 度　(B)摄氏 15 度　(C)15 摄氏度　(D)摄氏度 15 度

42. 使用不合格计量器具或者破坏计量器具准确度和伪造数据,给国家和消费者造成损失的,责令其赔偿损失,没收计量器具和全部违法所得,可并处(　　)以下的罚款。

(A)5 000 元　(B)3 000 元　(C)2 000 元　(D)1 000 元

43. 测长仪在示值误差检定之前,必须借助尾管上两上径向调整螺丝来调整球面测帽至正确状态,欲知是否达到正确状态,则看仪器的示值是否出现(　　)。

(A)最小值　(B)最大值

(C)一方位为最小值,另一方位为最大值　(D)额定值

44. 下列仪器与量具中符合阿贝原则的是(　　)。

(A)游标卡尺　(B)千分尺　(C)工具显微镜　(D)高度尺

45. 用等厚干涉法检定平晶平面度时,在整个视场中干涉条纹的条数以调整到(　　)为最宜。

(A)干涉条纹尽量少　(B)2 条或 4 条

(C)3 条或 5 条　(D)4 条或 6 条

46. 表面粗糙度比较样块的新国标规定了(　　)。

(A)平均值的公差　(B)控制均匀性的标准偏差

(C)平均值公差和标准偏差两项指标　(D)评定数值

47. 量块组合时一般应按所需尺寸的(　　)位数起。

(A)最小　(B)最大　(C)中间　(D)前三分之一

48. 三角形的角度块具有一个工作角,那么四边形的角度块有(　　)。

(A)2 个工作角　(B)3 个工作角　(C)4 个工作角　(D)1 个工作角

49. 深度游标卡尺尺身和尺框测量面的平面度用一级刀口尺以光隙法检定时应在被检测量面的长短边及(　　)方向上进行。

(A)轴向　(B)径向　(C)对角线　(D)测量面

50. 1级千分尺测量面的平面度应不大于(　　)mm。

(A)0.001　(B)0.002　(C)0.003　(D)0.005

51. 计量的(约定)真值减去测量结果是(　　)。

(A)计量误差　(B)修正值　(C)系统误差　(D)随机误差

52. 当计量结果服从正态分布时,算术平均值小于总体平均值的概率是(　　)。

(A)68.3%　(B)50%　(C)31.7%　(D)20%

53. 已知某仪器最大允许误差为3(概率0.9973),则其B类不确定度表征值为(　　)。

(A)1　(B)2　(C)3　(D)0.5

54. 某运动员在100 m赛跑中取得的成绩,用法定计量单位符号正确的表示是(　　)。

(A)9s8　(B)9″8　(C)9.8s　(D)9s8

55. 平面角单位"角秒"的法定计量单位符号是(　　)。

(A)″　(B)s　(C)sec　(D)miao

56. 按我国法定计量单位使用方法规定,计量单位符号ms是(　　)。

(A)速度计量单位符号　(B)时间计量单位符号

(C)角度计量单位符号　(D)长度计量单位符号

57. 柯氏干涉仪两束光产生干涉时,干涉条纹的定位面是在(　　)。

(A)参考镜面上　(B)补偿镜面上

(C)在量块和与量块相研合平晶的测量面上　(D)量块上

58. 光学计的准直目镜属于(　　)。

(A)高斯式目镜　(B)阿贝式目镜

(C)双分划板式目镜　(D)阿基米德螺线式目镜

59. 对于端铣、粗刨等微观不平度间距较大的加工表面,应选择(　　)取样长度值。

(A)国标所列的标准值(推荐值)　(B)比推荐值较大一些的

(C)比推荐值较大一些的　(D)任意

60. 两相邻轮廓最高点之间的轮廓部分称作(　　)。

(A)轮廓的单峰　(B)轮廓的单谷　(C)轮廓谷　(D)轮廓峰

61. 游标高度卡尺的用途,除测量高度外,还用于划线,划线的量爪,其刃口厚度为(　　)。

(A)(0.15±0.05)mm　(B)(0.10±0.05)mm

(C)(0.20±0.05)mm　(D)(0.30±0.05)mm

62. 我国渐开线圆柱齿轮国家标准的名称是(　　)。

(A)平行轴渐开线圆柱齿轮精度　(B)渐开线圆柱齿轮精度

(C)渐开线圆柱齿轮传动公差　(D)渐开线螺旋齿轮精度

63. 不论检定游标卡尺,还是检定游标高度尺游标深度尺的示值误差,均采用3级量块,该量块的中心长度L(单位,mm)偏差不超过(　　)。

(A)$\pm(0.5+5\times10-3L)\mu m$　(B)$\pm(1.0+5\times10-3L)\mu m$

(C)$\pm(1.5+5\times10-3L)\mu m$　(D)$\pm(2.0+5\times10-3L)\mu m$

64. 千分尺校对用的量杆,其两端平工作面的平行度符合要求,而长度尺寸超过了要求时,可按实际尺寸使用。其实际尺寸是(　　)。

(A)一面上各点中的一点至另一面的最大垂直距离(即最大尺寸)

(B)一面上的中心点至另一面的最小垂直距离

(C)一面上的中心点至另一面的垂直距离(即中心长度)

(D)一面上各点中的任意一点至另一面的最小垂直距离

65. 在评定直线度误差,要求所得结果为最小时,则应该用(　　)来评定。

(A)最小二乘法　　(B)最小条件法　　(C)两端点连线法　　(D)平均值法

66. 千分尺的工作面及校对用量杆工作面。其表面粗糙度 R_a 不大于(　　)。

(A)0.04 μm　　(B)0.05 μm　　(C)0.063 μm　　(D)0.075 μm

67. 用研磨面平尺检定长度小于 175 mm 样板直尺(刀口尺),在观察工作棱边(即刀口)与平尺之间透光间隙的大小时,合格者应是(　　)。

(A)透光间隙不超过被检长度的 1/4　　(B)不透过目力可见的光隙

(C)透光间隙不超过被检长度的 1/3　　(D)透光间隙不超过被检长度的 3/4

68. 对计量违法行为具有现场处罚权的是(　　)。

(A)计量检定人员　　(B)计量监督人员

(C)计量管理人员　　(D)计量审核人员

69. 进口计量器具,必须经(　　)检定合格后,方可销售。

(A)省级以上人民政府计量行政部门　　(B)县级以上人民政府计量行政部门

(C)国务院计量行政部门　　(D)国际计量审核部门

70. 未经(　　)批准,不得制造、销售和进口国务院规定废除的非法定计量器具和国务院禁止使用的其他计量器具。

(A)国务院计量行政部门　　(B)省级以上人民政府计量行政部门

(C)县级以上人民政府计量行政部门　　(D)企业自身计量行政部门

71. 制造计量器具的企业、事业单位生产本单位未生产过的计量器具新产品,必须经(　　)对其样品的计量性能考核合格,方可投入生产。

(A)有关人民政府计量行政部门　　(B)省级以上人民政府计量行政部门

(C)县级以上人民政府计量行政部门　　(D)企业自身计量行政部门

72. 制造、修理计量器具的个体工商户,必须向(　　)申请考核。考核合格的,发给"制造计量器具许可证"或"修理计量计量器具许可证"之后,方可向当地工商行政管理部门申请办理营业执照。

(A)国务院计量行政部门

(B)当地省级以上人民政府计量行政部门

(C)当地县(市)级以上人民政府计量行政部门

(D)任一计量行政部门

73. 为社会提供公正数据的产品质量检验机构,必须经(　　)对其计量检定、测试的能力和可靠性考核合格。

(A)有关人民政府计量行政部门　　(B)省级以上人民政府计量行政部门

(C)县级以上人民政府计量行政部门　　(D)国务院计量行政部门

74. 企业、事业单位建立的各项最高计量标准,须经(　　)主持考核合格后,才能在本单位内部展开检定。

(A)国务院计量行政部门　(B)省级人民政府计量行政部门
(C)有关人民政府计量行政部门　(D)企业自身计量行政部门

75. 强制检定的计量器具是指(　　)。
(A)强制检定的计量标准
(B)强制检定的工作计量标准
(C)强制检定的计量标准和强制检定的工作计量标准
(D)《计量法》中规定强制检定的所有计量器具

76. 强制检定的计量标准是指(　　)。
(A)社会公用计量标准,部门和企业单位使用的最高计量标准
(B)社会公用计量标准
(C)部门和企业、事业单位使用的最高计量标准
(D)《计量法》中规定强制检定的所有计量标准

77. 计量器具新产品定型鉴定由(　　)进行。
(A)国务院计量行政部门授权的技术机构　(B)省级法定计量检定机构
(C)县级法定计量检定机构　(D)企业自身计量检定机构

78. 利用自准直光学量仪,可以测量反射镜对光轴(　　)的微小偏转。
(A)垂直方位　(B)水平方位　(C)前后位置　(D)左右位置

79. 对社会上实施计量监督具有公证作用的计量标准是(　　)。
(A)部门建立的最高计量标准　(B)社会公用计量标准
(C)企业和事业单位建立的最高计量标准　(D)国家最高计量标准

80. 正态分布的标准差为 1.0,则其或然误差为(　　)。
(A)0.68　(B)0.67　(C)0.80　(D)0.90

81. 数据舍入的舍入误差服从的分布为(　　)。
(A)正态　(B)均匀　(C)反正弦　(D)线性

82. 偏心引起的角度误差服从的分布为(　　)。
(A)正态　(B)均匀　(C)反正弦　(D)线性

83. 使用千分尺测量工件时,由于千分尺的零位误差而引起的误差为(　　)。
(A)系统误差　(B)随机误差　(C)粗大误差　(D)偶然误差

84. GB 1031 推荐在常用的参数值范围内(R_a 为 0.025～6.3 μm,R_z 为 0.100～25 μm),优先选用参数(　　)。
(A)R_a　(B)R_z　(C)R_y　(D)R_t

85. 百分表的构造,由测量杆的直线位移变为指针的角位移,实现它的传动放大机构的是(　　)。
(A)齿轮和齿轮　(B)杠杆和齿轮　(C)齿条和齿轮　(D)齿条和杠杆

86. 千分尺的两个工作面,如果其中一个工作面与测量轴线垂直,那么工作面的平行度用平行平晶检定时,所需平行平晶的块数为(　　)。
(A)4 块　(B)1 块　(C)2 块　(D)3 块

87. 千分尺的准确度分为(　　)。
(A)0 级和 1 级　(B)1 级和 2 级　(C)0 级、1 级和 2 级　(D)0 级和 2 级

88. 用平面平晶检查平面度时,若出现 3 条直的、互相平行而等间隔的干涉条纹,则其平面度为(　　)。

(A)0.9 μm　(B)0　(C)1.8 μm　(D)0.6 μm

89. 选择测量仪器时,应使(　　)。

(A)仪器的分度值小于被测件加工公差

(B)仪器的准确度优于被测件公差值

(C)仪器的准确度优于被测件公差的 1/3

(D)仪器的准确度优于被测件公差的 1/2

90. 量块工作面的硬度不应低于(　　)。

(A)HRC58　(B)HRC60　(C)HRC64　(D)HRC67

91. 被测件表面上不含有表面波纹度和其他形状误差时,用触针式轮廓仪测量表面粗糙度,若依次选取 0.25 mm、0.8 mm 和 2.5 mm 几种不同的截止波长值分别进行测量,其粗糙度测得结果(　　)。

(A)依次增大　(B)依次减小　(C)基本上没有变化　(D)不确定

92. 电轮廓仪是根据(　　)原理制成的。

(A)针描　(B)光切　(C)干涉　(D)衍射

93. 在量具修理中(　　)是用得最多的一种精加工方法。

(A)研磨　(B)抛光　(C)压光　(D)磨削

94. 研磨器的平面性和平行性如超要求应修理。手工修理时,研磨器在平板上应(　　)进行研磨。

(A)一面转动一面移动并不断调换转动方向　(B)不断移动

(C)不断转动　(D)固定

95. 锥度量规通常有四种测量方法,其中测量精度最高的是(　　)。

(A)用正弦法测量　(B)在万能工具显微镜上用测量刀测量

(C)在工具显微镜上用影像法测量　(D)印模法测量

96. 在外螺纹中径测量方法中,测量精度最高的方法是(　　)。

(A)螺纹千分尺法　(B)三针法　(C)轴切法　(D)投影法

97. 图样上的可见轮廓线用(　　)表示。

(A)粗实线　(B)细实线　(C)点划线　(D)虚线

98. 用于测量孔的直径的千分尺,其中示值误差最小的千分尺是(　　)。

(A)内径千分尺　(B)内测千分尺

(C)孔径千分尺　(D)内径数显千分尺

99. 1、2、3 级量块,可分别代替(　　)等量块使用。

(A)1、2、3　(B)3、4、5　(C)4、5、6　(D)2、3、4

100. 形位公差的公差带限制实际尺寸或实际位置的(　　)。

(A)变动量　(B)公差　(C)变动区域　(D)偏差

101. 通过光心的任意一条直线都叫做透镜的(　　)。

(A)光轴　(B)主轴　(C)副轴　(D)基准

102. 分度值为 0.02 mm 游标卡尺和数显卡尺,其外测量爪工作面的表面粗糙度 R_a 不大于(　)。

(A)0.32 μm　(B)0.16 μm　(C)0.63 μm　(D)0.48 μm

103. 千分尺的测微螺杆,其轴向窜动量和径向摆动量应不大于(　　)。

(A)0.005 mm　(B)0.010 mm　(C)0.020 mm　(D)0.030 mm

104. 一级百分表在任意 0.1 mm 范围内的示值误差不超过(　　)。

(A)5 μm　(B)7 μm　(C)8 μm　(D)6 μm

105. 使用中及修理后的公法线千分尺,如不符合 JJG82 规程的技术要求,但未超过要求的(　　)倍时,允许继续使用,并应在证书上加以注明。

(A)1.5　(B)2　(C)1　(D)3

106. 一级百分表,其示值变动性应不超过(　　)。

(A)0.5 μm　(B)0.3 μm　(C)0.1 μm　(D)1.0 μm

107. 若用平晶检测被测件,测量面上的干涉条纹为圆形时,其测量面的凹凸情况可以这样进行判定:在平晶中央加压,若干涉条纹向内跑,则说明测量面中间是(　　)。

(A)平　(B)凸　(C)凹　(D)不确定

108. 机械制图位置公差,同轴度的公差代号是(　　)。

(A)O　(B)|O|　(C)◎　(D)Φ

109. 用研磨平尺检定大于 175 mm 的样板直尺的直线度时,由透光法所能看到的容许光隙的长度不应超过被检样板直尺长度的(　　)。

(A)三分之一　(B)四分之一　(C)五分之一　(D)六分之一

110. 在公差带图中,一般靠近零线的偏差为(　　)。

(A)上偏差　(B)下偏差　(C)极限偏差　(D)基本偏差

111. 按我国法定计量单位使用方法规定,3 cm^2应读成(　　)。

(A)3 平方厘米　(B)3 厘米平方　(C)平方 3 厘米　(D)3 厘方

112. 整套量块检定完毕,每个量块都应单独定级,整套量块的级别是按这一套中(　　)来确定的。

(A)级别最高的那一块

(B)级别最低的那一块

(C)去掉一个最高级,去掉一个最低级,取其余各级别的平均值

(D)平均级别

113. 某一使用中的量块,用 3 等的方法测得其各项技术指标全部符合 3 等量的要求,唯有长度为 6.00003 mm,这一量块应是(　　)。

(A)2 等 0 级　(B)3 等 0 级　(C)3 等 1 级　(D)2 等 1 级

114. 法定计量单位中,国家选定的非国际单位的质量单位名称是(　　)。

(A)公吨　(B)米制吨　(C)吨　(D)市斤

115. 国际单位质量的单位符号是(　　)。

(A)kg　(B)t　(C)Ib　(D)g

116. 乡镇企业建立本单位各项最高计量标准,须向(　　)申请考核。

(A)当地省级人民政府计量行政部门　(B)当地县级人民政府计量行政部门

(C)国务院计量行政部门　(D)任一计量行政部门

117. 量具按其用途分为(　　)。

(A)计量型、精度型和测量型　(B)万能量具、标准量具和专用量具
(C)角度量具、游标量具　(D)长度量具、角度量具

118. 标准量具包括多面棱体和(　　)等。

(A)百分表、千分表　(B)千分尺、测微计　(C)量块、平晶　(D)光栅

119. 光电显微镜升降导轨与工作台面的垂直度,在升降 10 mm 范围内应小于(　　)。

(A)0.5′　(B)1′　(C)2′　(D)5′

120. 接触式干涉仪,其光波干涉原理是(　　)。

(A)等倾干涉　(B)球面干涉　(C)等厚干涉　(D)平面干涉

121. 测长机分米刻度示值误差用量块检定时,对 L 尺寸的量块须借助架支承,其支承点离量块工作面的距离为(　　)。

(A)0.2203L　(B)0.2113L　(C)0.2232L　(D)0.2212L

122. 对万能工具显微镜或大型工具显微镜的主显微镜光轴、顶针和立柱回转轴线相对位置用十字线心轴检定,使立柱向左和向右摆动,出现十字线心轴的十字线象随着向左向右偏移,引起这一现象的原因是(　　)。

(A)立柱回转轴线低于顶针轴线　(B)顶针轴线低于立柱回转轴线
(C)主显微镜光轴不通过立柱回转轴线　(D)顶针轴线高于立柱回转轴线

123. 使用实行强制检定的计量标准的单位和个人,应当向(　　)申请周期检定。

(A)省级人民政府计量行政部门
(B)县级以上人民政府计量行政部门
(C)主持考核该项计量标准的有关人民政府计量行政部门
(D)国务院计量行政部门

124. 计量检定遵循的原则是(　　)。

(A)统一准确　(B)经济合理、就地就近
(C)严格执行计量检定规程　(D)建立最高标准

125. 用来测量导轨在垂直平面内直线度误差的水平仪,其量程最大的是(　　)。

(A)框式水平仪　(B)条形水平仪
(C)框式水平仪和条形水平仪　(D)光学合像水平仪

126. 光学分度头的主轴锥孔轴线对基座工作台面的平行度,对于 2″光学分度头来说,在 1 000 mm 长度上不大于(　　)。

(A)0.003 mm　(B)0.005 mm　(C)0.010 mm　(D)0.012 mm

127. 量块长度的主单位是米,在 1983 年 10 月 17 届国际计量大会通过的新的米定义是(　　)。

(A)过巴黎地球子午线长的四千万分之一的长度
(B)截面为 3.5 mm×25 mm 铂杆两端面之间距离的长度
(C)截面为 X 形铂铱合金尺中性面上两垂直于尺轴的刻线之间距离的长度
(D)光在真空中在 299 792 458 分之一秒时间间隔内所行进距离的长度

128. 属于强制检定工作计量器具的范围包括(　　)。

(A)用于贸易结算、安全防护、医疗卫生环境监测四方面的计量器具

(B)列入国家公布的强制检定目录的计量器具

(C)用于贸易结算、安全防护、医疗卫生

(D)环境监测方面列入国家强制检定目录的工作计量器具

129. 在曲柄摇杆机构中，只有当机架为主动件时，(　　)在运动中才会出现“死点”位置。

(A)连杆　(B)机架　(C)曲柄　(D)螺杆

130. (　　)从动杆的行程不能太大。

(A)盘形凸轮机构　(B)移动凸轮机构　(C)圆形凸轮　(D)曲柄

131. (　　)对于较复杂的凸轮轮廓曲线，也能准确地获得所需要的运动规律。

(A)尖顶式从动杆　(B)滚子式从动杆　(C)平底式从动杆　(D)平面从动杆

132. (　　)可使从动杆得到较大的行程。

(A)盘形凸轮机构　(B)移动凸轮机构　(C)圆形凸轮机构　(D)椭圆凸轮机构

133. 光学合像水平仪与框式水平仪比较，突出的特点是(　　)。

(A)通用性好　(B)精度低　(C)测量范围大　(D)专用性好

134. 测量法中，支撑工型平尺的两个支撑点距两端的距离为平尺全长的(　　)处。

(A)1/3　(B)1/4　(C)1/2　(D)2/9

135. 光学合像水平仪与框式水平仪比较，突出的特点是(　　)。

(A)通用性好　(B)精度低　(C)测量范围大　(D)专用性好

136. 测量法中，支撑工型平尺的两个支撑点距两端的距离为平尺全长的(　　)处。

(A)1/3　(B)1/4　(C)2/9　(D)1/2

137. 尺寸偏差是(　　)。

(A)算术值　(B)绝对值　(C)代差差　(D)代差和

138. 下极限尺寸减其公称尺寸所得的代数差叫(　　)。

(A)上极限偏差　(B)下极限偏差　(C)实际偏差　(D)基本偏差

139. 尺寸公差是(　　)。

(A)绝对值　(B)正值　(C)负值　(D)正负值

140. 基本偏差为 a～h 的轴与 H 孔可构成(　　)配合。

(A)间隙　(B)过渡　(C)过盈　(D)过渡或过盈

141. 在基本偏差中(　　)为完全对称差。

(A)H 和 h　(B)JS 和 js 过渡　(C)G 和 g　(D)K 和 k

142. 位置度公差属于(　　)。

(A)形状公差　(B)位置公差　(C)方向公差　(D)跳动公差

143. 现行国家标准中共有(　　)个标准公差等级。

(A)15　(B)18　(C)20　(D)25

144. 千分表的齿轮式传动系统，采用(　　)三级传动机构。

(A)液压系统　(B)传动系统　(C)齿轮　(D)齿条

145. 千分表测头测量面的表面粗糙度，按不同材质分，钢为 R_a(　　)、硬质合金为 R_a0.2 μm、宝石为 R_a0.05 μm。

(A)0.1 μm　(B)0.2 μm　(C)0.3 μm　(D)0.4 μm

146. 数控式指示表检定仪采用(　　)，进给过程是通过计算机控制，实现检定工作的自动进给,并自动对数据进行处理。

(A)齿轮　(B)螺杆副　(C)计算机　(D)凸轮

147. 百分表的示值变动性要求,0 级不的超过 3 μm,1 级不的超过(　　)。

(A)3 μm　(B)5 μm　(C)6 μm　(D)4 μm

148. 指示表检定仪用(　　)进给,手工记录的方式,工作效率较低,但指示表检定仪价格相对较低,所以在实际检定指示表被广泛采用。

(A)机械　(B)手工　(C)记录　(D)自动记录

149. 百分表的修理过程,按表体、传动系统和读数系统依次进行,检修的原则以(　　),若无必要则不应拆卸。

(A)调整为主和拆修为辅　(B)拆修为主

(C)调整为辅　(D)拆修为主和调整为辅

150. 百分表按其结构及拆装大致分为前开式、后开式、(　　)。

(A)中开式　(B)里开式　(C)外开式　(D)敞开式

151. 杠杆表的结构通常有两个特点,一是(　　)测头可在垂直平面作 180°转动,二是测头通过换向机构能在正、反 180°方向进行测量。

(A)半圆形测头　(B)圆柱形测头　(C)球形测头　(D)开口形测头

152. 杠杆百分表示值误差任意段的示值误差,是指在量程内(　　)检定时,各受检点的误差读数中最大值与最小值之差。

(A)正向　(B)反向　(C)单向　(D)正、反向

153. 杠杆表测杆失灵主要因素分析示测杆卡滞、轴孔间配合、(　　)。

(A)指针偏位　(B)表蒙破碎

(C)测量球头磨损　(D)表后盖紧固螺钉松动

154. 杠杆表齿轮局部缺损在同一齿轮廓上,经常使用的啮合部位磨损较多主要会造成以下现象:(　　)产生跳针,产生齿轮与其他零件的碰损,联轴齿轮松动使指针不稳,造成示值变动性误差测。

(A)轴向窜动　(B)径向窜动　(C)表头窜动　(D)测头窜动

155. 杠杆百分表示值误差超差的主要原因,杠杆传动比误差呈线性变化,反映在(　　)和传动比的变化上。

(A)齿轮和齿条的间隙超差　(B)测头的磨损

(C)齿条的磨损　(D)齿轮的磨损

156. 带表卡尺工作原理是通过被测尺寸引起尺框相应尺寸的直线位移,经指示表与齿条和齿轮啮合传动和放大,转变成指针在分度盘上的(　　),这时指示表读出的小数加尺框前端的毫米整数,即为被检工件测量结果所得的数值。

(A)直线位移　(B)角位移　(C)整数位移　(D)小数位移

157. 带表卡尺的扭簧式游丝有(　　)规格钢丝直径。

(A)ϕ0.1 mm、ϕ0.15 mm　(B)ϕ0.2 mm、ϕ0.25 mm

(C)ϕ0.3 mm、ϕ0.4 mm　(D)ϕ0.35 mm、ϕ0.45 mm

158. 带表卡尺示值误差有超差现象,当出现正值时,说明(　　)。

(A)齿条缺齿　(B)齿轮磨损　(C)螺钉略有松动　(D)齿条略倾斜

159. 带表卡尺示值误差有超差现象，当出现负值时，可凋整尺身与齿条的啮合面(　　)。

(A)略上移　(B)略下移　(C)略往左侧移　(D)略往在侧移

160. 计数千分尺示直观读数减小了误判，但在千分尺弓架内安装了计数装置，使弓架的(　　)，在使用检定时不能用力过猛和过急，否则极易使计数装置损坏，千分尺弓架变形。

(A)刚性降低　(B)刚性增大　(C)不变形　(D)强度有所提高

161. 计数千分尺是利用(　　)原理，将测微螺杆的两测量面分隔的距离，以机械传动和数字显示的方法读数，从而得到出被测的工件尺寸。

(A)齿轮啮合　(B)杠杆　(C)螺旋　(D)凸轮

162. 微米千分尺分度值的提高，仅仅是依靠其(　　)的配合精度与读数的细分。

(A)结构　(B)理沦　(C)外形　(D)测量

163. 百分表以齿轮传动，其读数部分为圆形的分度盘，(　　)可以作多圈数的回转。

(A)读数窗口　(B)指针　(C)计数器　(D)拨叉

164. 百分表可做成多种(　　)，如常用测力环上使的测力计、测量材料厚度的测厚仪、测量橡胶硬度的橡胶硬度计等。

(A)仪表　(B)机器　(C)专用量仪　(D)装置

165. 百分表测头的修理如下：测头球体的接触点磨损，修理时先用(　　)修整球体的圆弧面，然后用研磨膏进行打磨抛光。

(A)锤击　(B)金刚石锉刀和油石修

(C)研磨膏　(D)抛光剂

166. 使用千分尺测量工件时，由于千分尺的零位误差而引起的误差为(　　)。

(A)系统误差　(B)偶然误差　(C)粗大误差　(D)机械空程误差

167. 测量平面度误差需要(　　)可调千斤顶建立测量基面。

(A)2 个　(B)3 个　(C)4 个　(D)5 个

168. 立式光学计示值误差用量块检定时，需要借用玛瑙工作台或三珠工作台进行，其目的是(　　)。

(A)防止量块工作面被损伤出　(B)消除量块弯曲影响

(C)便于操作提高效率　(D)消除热变形

169. 在工具显微镜上用影像法测量下列工件的尺寸，(　　)需要严格调整仪器光圈。

(A)薄曲率半径样板　(B)塞规外径

(C)螺纹塞规螺距　(D)螺纹锥度塞规大径

170. 齿厚游标卡尺的综合误差不超过(　　)。

(A)±0.01 mm　(B)±0.02 mm　(C)±0.03 mm　(D)±0.04 mm

171. 检定正弦尺工作台面的平面度误差时，用(　　)级刀口尺检定。

(A)0　(B)1　(C)2　(D)1 级 2 级均可

172. 刮制方箱需用着色法检定接触斑点，1 级、2 级方箱在任意边长 25 mm 正方形内不少于(　　)点。

(A)25　(B)20　(C)15　(D)40

173. 干涉显微镜的横向分辨能力主要取决于(　　)。

(A)物镜的数值孔径　(B)目镜的放大倍率

(C)仪器所用光源的型式　　(D)物镜的放大倍率

174. 电轮廓仪是根据(　　)原理制成的。

(A)针描　　(B)光切　　(C)干涉　　(D)波动

175. 齿轮公法线长度变动量主要影响齿轮的(　　)。

(A)传动准确性　　(B)传动平稳性　　(C)承载能力　　(D)径向承载能力

176. 形成渐开线的圆称为(　　)。

(A)基圆　　(B)分度圆　　(C)节圆　　(D)齿顶圆

177. 在量具修理中(　　)是用得最多的一种精加工方法。

(A)研磨　　(B)抛光　　(C)压光　　(D)珩磨

178. 研磨器的平面性和平行性如超要求应修理。手工修理时,研磨器在平板上应(　　)进行研磨。

(A)不断转动　　(B)不断移动

(C)一面转动一面移动并不断调换转动方向　　(D)只是平移运动

179. 锥度量规通常有四种测量方法,其中测量精度最高的是(　　)。

(A)用正弦法测量　　(B)在万能工具显微镜上用测量刀测量

(C)在工具显微镜上用影像法测量　　(D)打表法

180. 形位公差中的圆度公差带是(　　)。

(A)圆　　(B)圆柱体

(C)两同心圆之间的区域　　(D)方柱体

181. 万能工具显微镜的滑板移动的直线度,采用(　　)检定,再用分度值为 0.001 mm 扭簧式测微表和专用平尺检定。

(A)用分度值为 1′的自准直仪检定

(B)用分度值为 0.001 mm 扭簧式测微表和专用平尺检定

(C)用分度值 1′的自准直仪检定

(D)用分度值 0.002/1 000 的水平仪检定

182. 杠杆式百分表示值变动性的检定,是在测杆受力相隔 180°两个方位上进行,每一方位上的检定,应使表的示值(　　)。

(A)大致处于工作行程的中点　　(B)分别在工作行程的始、终 2 点

(C)处于工作行程的始、中、终 3 点　　(D)分别在工作行程的中、终 2 点

183. 对直线度进行评定时,最终仲裁的评定方法是(　　)。

(A)两端点连线法　　(B)最小条件法　　(C)最小二乘法　　(D)最小成方圆

184. 铸铁代号通常采用汉语拼音,灰口铸铁代号是(　　)。

(A)HT20-40　　(B)QT45-5　　(C)KT30-6　　(D)QT30-5

185. 渐开线上任意一点的法线必(　　)基圆。

(A)交于　　(B)垂于　　(C)切于　　(D)相接

186. 普通螺纹 M16×Ph6P2 表示公称直径为 16 mm,导程为 6 mm,螺距为(　　)的三线粗牙普通螺纹。

(A)6 mm　　(B)2 mm　　(C)16 mm　　(D)1 mm

187. 光学计在测量时应利用工作台相对的运动来寻找(　　)。

(A)横向面 (B)转折点 (C)水平线 (D)纵向面

188. 电动测量的工作原理是将(　　)的变化转变为电信号,再经放大或运算处理后,用指示表指示或记录。

(A)测量误差 (B)被测参量 (C)位移量 (D)位移误差

189. 千分尺的测微螺杆,其轴向窜动量和径向摆动量应不大于(　　)。

(A)0.005 mm (B)0.010 mm (C)0.020 mm (D)0.015 mm

190. 一级百分表在任意 0.1 mm 范围内的示值误差不超过(　　)。

(A)5 μm (B)6 μm (C)8 μm (D)7 μm

191. 为满足 0 级千分尺示值误差的检定,所用量块的准确度为(　　)。

(A)5 等或 2 级 (B)4 等或 1 级

(C)4 等或 1 级和 5 等或 2 级 (D)6 等或 2 级

三、多项选择题

1. 测量仪器是(　　)一起用以进行测量的器具。

(A)测量器具 (B)单独地或 (C)连同辅助设备 (D)测量仪器

2. 被测要素是指图样上给出几何公差要求的要素,它按功能关系分为(　　)。

(A)单一要素 (B)基准要素 (C)关联要素 (D)测量要素

3. 含有误差的测量结果,通过对误差(　　)修正,能减小测量误差。

(A)修正值 (B)进行补偿 (C)结果 (D)误差

4. 测量仪器的周期检定或校准是对其稳定性的一种考核,也是科学合理地(　　)的重要依据之一。

(A)确定 (B)检定周期 (C)科学性 (D)依据

5. 检定规程中给出的检定周期是较为宽松的一种期限,使用单位可根据使用(　　)等因素缩小检定周期。

(A)使用频次 (B)与环境 (C)严格的 (D)检定规程执行

6. 计量校准的依据是校准规范、校准方法,可作(　　)。

(A)统一规定 (B)也可自行制定

(C)必须统一规定 (D)不可自行制定

7. 计量校准不具有(　　)的行为。

(A)追溯性 (B)量值传递

(C)有法制性 (D)是企业自愿溯源

8. 计量检定对量器具的特性进行(　　),并需要作出合格与否的结论。

(A)全面的 (B)评定 (C)测量 (D)误差

9. 计量检定应发(　　)。

(A)检定证书 (B)或不合格通知书

(C)检测报告 (D)提供测量方法和手段

10. 计量检定具法制性,是属法制(　　)的执法行为。

(A)严格检定 (B)计量管理 (C)执行 (D)范畴

11. 计量校准发(　　),校准有时也可用校准因数或校准曲线等形式表示校准结果,无严

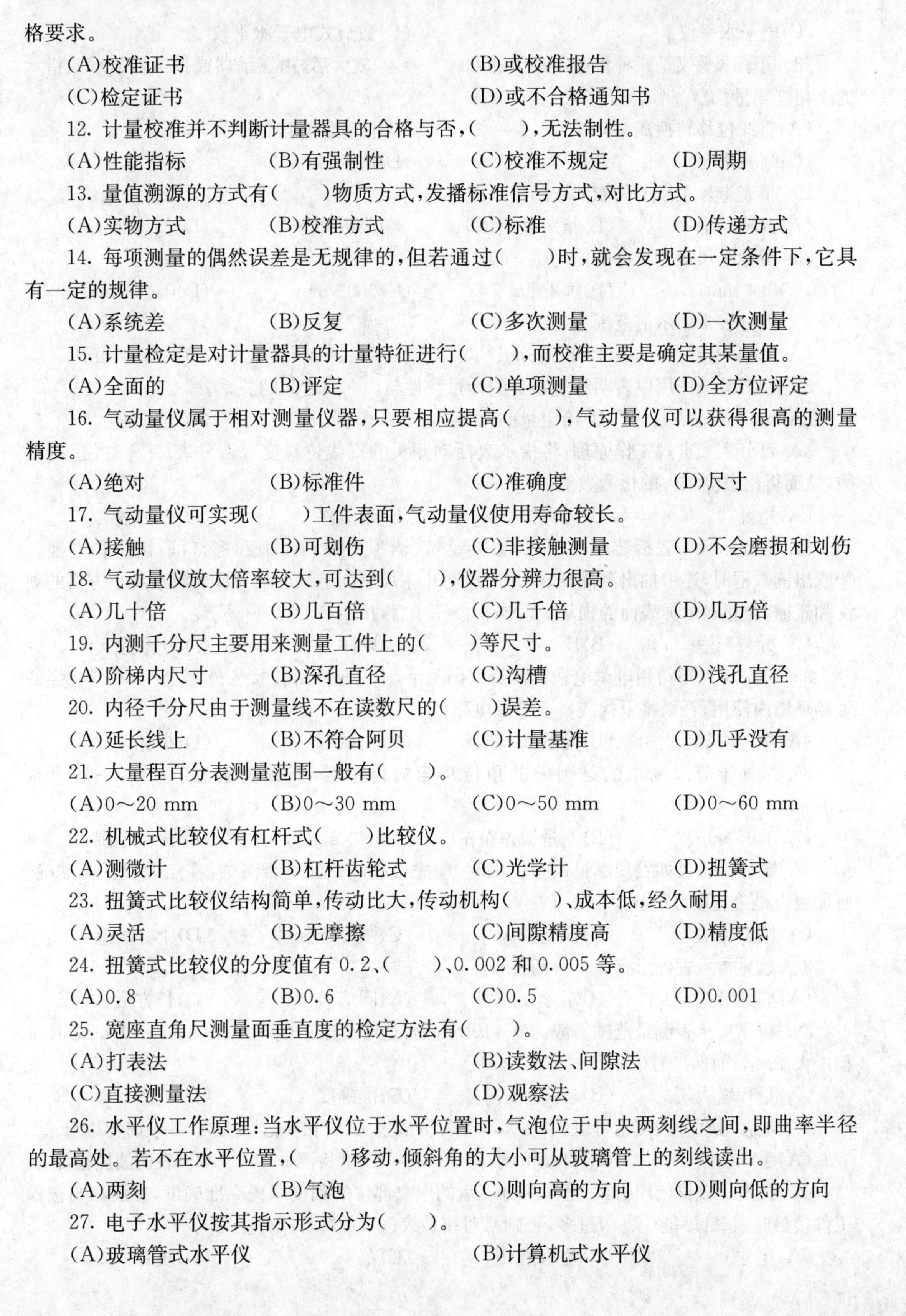

格要求。

(A)校准证书　　(B)或校准报告

(C)检定证书　　(D)或不合格通知书

12. 计量校准并不判断计量器具的合格与否,(　　),无法制性。

(A)性能指标　　(B)有强制性　　(C)校准不规定　　(D)周期

13. 量值溯源的方式有(　　)物质方式,发播标准信号方式,对比方式。

(A)实物方式　　(B)校准方式　　(C)标准　　(D)传递方式

14. 每项测量的偶然误差是无规律的,但若通过(　　)时,就会发现在一定条件下,它具有一定的规律。

(A)系统差　　(B)反复　　(C)多次测量　　(D)一次测量

15. 计量检定是对计量器具的计量特征进行(　　),而校准主要是确定其某量值。

(A)全面的　　(B)评定　　(C)单项测量　　(D)全方位评定

16. 气动量仪属于相对测量仪器,只要相应提高(　　),气动量仪可以获得很高的测量精度。

(A)绝对　　(B)标准件　　(C)准确度　　(D)尺寸

17. 气动量仪可实现(　　)工件表面,气动量仪使用寿命较长。

(A)接触　　(B)可划伤　　(C)非接触测量　　(D)不会磨损和划伤

18. 气动量仪放大倍率较大,可达到(　　),仪器分辨力很高。

(A)几十倍　　(B)几百倍　　(C)几千倍　　(D)几万倍

19. 内测千分尺主要用来测量工件上的(　　)等尺寸。

(A)阶梯内尺寸　　(B)深孔直径　　(C)沟槽　　(D)浅孔直径

20. 内径千分尺由于测量线不在读数尺的(　　)误差。

(A)延长线上　　(B)不符合阿贝　　(C)计量基准　　(D)几乎没有

21. 大量程百分表测量范围一般有(　　)。

(A)0～20 mm　　(B)0～30 mm　　(C)0～50 mm　　(D)0～60 mm

22. 机械式比较仪有杠杆式(　　)比较仪。

(A)测微计　　(B)杠杆齿轮式　　(C)光学计　　(D)扭簧式

23. 扭簧式比较仪结构简单,传动比大,传动机构(　　)、成本低,经久耐用。

(A)灵活　　(B)无摩擦　　(C)间隙精度高　　(D)精度低

24. 扭簧式比较仪的分度值有 0.2、(　　)、0.002 和 0.005 等。

(A)0.8　　(B)0.6　　(C)0.5　　(D)0.001

25. 宽座直角尺测量面垂直度的检定方法有(　　)。

(A)打表法　　(B)读数法、间隙法

(C)直接测量法　　(D)观察法

26. 水平仪工作原理:当水平仪位于水平位置时,气泡位于中央两刻线之间,即曲率半径的最高处。若不在水平位置,(　　)移动,倾斜角的大小可从玻璃管上的刻线读出。

(A)两刻　　(B)气泡　　(C)则向高的方向　　(D)则向低的方向

27. 电子水平仪按其指示形式分为(　　)。

(A)玻璃管式水平仪　　(B)计算机式水平仪

(C)电子水平仪 (D)数显式电子水平仪

28. 电子水平仪是一种将微小角位移由(　　),经放大后,由显示器或指示器显示或指示的小角度测量仪器。

(A)直线位移转换成 (B)传感器转换成
(C)倾斜角度 (D)电信号

29. 带表卡尺主尺上只能读取的整数部分,(　　)。

(A)光栅尺上 (B)指示表上读取 (C)小数部分 (D)整数部分

30. 游标卡尺最常见分度值为(　　)。

(A)0.4 mm (B)0.2 mm (C)0.02 mm (D)0.05 mm

31. 百分表常用示值范围为(　　)。

(A)0～4 mm (B)0～5 mm (C)0～10 mm (D)0～30 mm

32. 溯源等级图用以表明计量器具的计量特性与(　　)之间的关系。

(A)给定误差 (B)给定量的 (C)基准 (D)定位面

33. 百分表式卡规工作原理:将指示表活动测头的直线位移变成百分表(　　)并进行读数,从而得出被测工件的检测数值。

(A)指针 (B)间隙位移 (C)角位移 (D)百分表

34. 数显卡尺一般拆装顺序:①拆去制动钉、测深杆及其压板和螺钉,取出纽扣电池。②取出读数框时,连带抽出测深杆,操作时应防止主尺表面绝缘屏蔽与反射极这些小方格的划伤和碰撞,防止显示屏表面的损坏。③当检修完毕后,按相(　　)进行安装。

(A)拆装顺序 (B)反 (C)顺序 (D)正顺序

35. 数显卡尺不得用电刻笔在其尺身编码刻字,不得输入部位接入外部电压,不得在强的磁场环境内使用,否则将干扰或(　　)及电路。

(A)烧坏内部 (B)元器件 (C)机械部件 (D)损坏

36. 数显千分尺采用的是圆形的角位移容栅传感器,其分度值为(　　),一般可至100 mm。

(A)0.05 mm (B)测量误差范围 (C)0.001 mm (D)测量范围

37. 数显千分尺如发现测量误差较大时,应先检查测量面是否清洁,零点设置是否准确,所加测力是否适度,这对(　　)。

(A)测量方法 (B)误差较大 (C)数显千分尺 (D)十分敏感

38. 数显指示表外形有(　　)两种。

(A)椭圆形 (B)矩形 (C)圆形 (D)长方形

39. 数显指示表测量范围一般为0～10 mm,普通千分表的测量范围仅为0～1 mm,其量程增大10倍,而保持着(　　)。

(A)量程增大 (B)较高 (C)准确度 (D)范围

40. 电接触百分表使用可以(　　),将工件分成过大、合格和过小三类,并及时得以分选。

(A)手动检测 (B)自动检测 (C)圆度检测 (D)表面波度检测

41. 扭簧比较仪使用时,尽量采用分度盘的中央部位的刻度以提高准确度,在测帽与被检工件接触时,指针不能(　　)过多,否则易对扭簧表造成故障和损坏。

(A)尺寸 (B)超示值 (C)范围 (D)短路

42. 杠杆千分尺示值变动性检定时,转动微分筒,使两测量面接触并使指示表的指针分别处于(　　)极限位置,分别紧固螺杆,按动拨叉不少于五次,取其中最大与最小示值之差作为其示值变动性。

(A)基准面上　(B)零位　(C)正、负　(D)五次

43. 杠杆千分尺检定和使用时,先将被测件置于两测量面之间,慢慢转动微分筒,当指针从底部转至分度盘示值刻线时,从测微头将固定套管与微分筒刻线对准,读取测微头的读数整数,再加上指针指示的数值(　　),即为被测件的尺寸。

(A)数值　(B)小数　(C)标准数值　(D)整数

44. 杠杆千分尺其示值范围较小,检测时被测工件尺寸不能超出其示值范围的上限值,以免损坏其(　　)机构的放大系统。

(A)齿条　(B)杠杆　(C)齿轮　(D)凸轮

45. 公法线杠杆千分尺正确对零,以测量下限选取量块。在四个位置分别与测量面接触,得出四个读数的(　　)的算术平均值应与量块的实际值相等,否则应重新调整零位。

(A)最大值　(B)最小值　(C)测量值　(D)测量参数

46. 测微计的工作条件,对(　　)等环境要求较高,适合在实验室使用。

(A)振动　(B)湿度　(C)温度　(D)空气流动

47. 准确性表征的是测量(　　)一致的程度。

(A)方法　(B)结果　(C)与被测量实际值　(D)与真值

48. 量的真值只有通过完善的测量才有可能获得。真值按其本性是一个不确定的,在实际的测量中用(　　)。

(A)测量方法　(B)约定真值　(C)来代替真值　(D)确定

49. 计量的基本特性可归纳为(　　)及法制性。

(A)准确性　(B)一致性　(C)计量器具　(D)可靠性

50. 重复性可以用测量(　　)定量地表示,最常用的是实验标准偏差。

(A)方法　(B)误差　(C)结果　(D)分散性

51. 通过一条具有规定不确定度的间断的比较链,使测量(　　)能够与规定的参考标准,通常是与国家测量标准或国标测量标准联系起来的特性。

(A)方法　(B)或结果　(C)标定的值　(D)或测量标准的值

52. 校准判断测量器具合格与否,但当需要时,可确定测量器具的某一性能是否(　　)的要求。

(A)性能　(B)参数　(C)符合　(D)预期

53. 影响量不是被测量,它是对测量结果有影响的量。影响量来源于环境条件和(　　)。

(A)仪器　(B)人员　(C)计量器具　(D)本身

54. 由一个数乘以测量单位所表示的特定量的(　　)。

(A)测量数据　(B)大小　(C)误差　(D)称为量值

55. 任意一个误差均可分解为(　　)的代数和,而测量结果是真值、系统误差与随机误差三者的代数和。

(A)系统误差　(B)随机误差　(C)粗大误差　(D)测量误差

56. 校准结果既可给出被测量的示值,又可(　　)。

(A)测量　　(B)确定示值的　　(C)正值　　(D)间接值

57. 计量确认一般应包括:首先要进行校准,通过比较是否(　　)使用要求,经必要的调整或修理后再校准加以确认,并附加封印和标记等。

(A)测量　　(B)满足　　(C)误差　　(D)预期

58. 计量是实现单位统一、量值准确(　　)。

(A)数据　　(B)可靠的　　(C)传递　　(D)活动

59. 测量长度的方法可以用(　　)及外径千分尺测量。

(A)钢直尺　　(B)游标卡尺　　(C)正弦规　　(D)角度尺

60. 钢直尺是最常用简单量具之一,可用来测量工件的(　　)。

(A)长度　　(B)宽度　　(C)深度　　(D)高度

61. 游标卡尺可测量工件的内直线尺寸,外直线尺寸(　　),有的还可用来测量槽的深度。

(A)线纹间距　　(B)宽度　　(C)高度　　(D)角度

62. 外径千分尺一般由测微螺杆、固定套筒、(　　)、尺架、测砧、锁紧装置和隔热装置等组成。

(A)微分筒　　(B)测力装置　　(C)套管　　(D)刻度盘

63. 千分尺测微螺杆的螺距一般为 0.5 mm,即当微分筒转一圈,测微螺杆的轴向位移是 0.5 mm。微分筒圆周上刻线有 50 等份,则此千分尺的(　　)mm。

(A)测量值　　(B)是 0.5　　(C)分度值　　(D)是 0.01

64. 常用的外径千分尺的测量范围有(　　)等多种。

(A)0～25 mm　　(B)25～50 mm　　(C)50～75 mm　　(D)300～325 mm

65. 深度游标卡尺主要用于测量零件的深度尺寸或台阶高低和槽的深度,它的读数方法和(　　)完全一样。

(A)游标卡尺　　(B)游标高度尺　　(C)千分尺　　(D)内径千分尺

66. 塞尺又称(　　),用来检验间隙大小和窄槽宽度。

(A)薄片规　　(B)孔用规　　(C)间隙片　　(D)轴用规

67. 测量轴径通常用采用(　　)等进行测量。

(A)游标卡尺　　(B)外径千分尺　　(C)卡规　　(D)百分表

68. 用游标卡尺、(　　)等工具可以对孔径进行测量。

(A)内径千分尺　　(B)角度尺　　(C)外径千分尺　　(D)内径量表

69. 水平仪按形状分为条形水平仪、(　　)。

(A)合象水平仪　　(B)水准仪　　(C)框形水平仪　　(D)经纬仪

70. 常用成套量块的块数有 91 块、(　　)、38 块。

(A)12 块　　(B)83 块　　(C)46 块　　(D)8 块

71. 水平仪一格值分为(　　)、0.03/1000≈6″、0.04/1000≈8″。

(A)0.015/1000≈3″　　(B)0.025/1000≈5″

(C)0.01/1000≈2″　　(D)0.02/1000≈4″

72. 奇数沟千分尺有(　　)、七沟千分尺。

(A)单沟千分尺　　(B)三沟千分尺　　(C)五沟千分尺　　(D)九沟千分尺

73. 检查千分表各部分的相互作用,表圈转动平稳,指针应牢固,测杆总行程应大于测量上限,移动应无(　　),表圈转动及指针转动平稳、可靠。

(A)阻碍　　(B)卡滞　　(C)间隙　　(D)灵活

74. 扭簧比较仪是一种杠杆—扭簧的传动,将测量的(　　)运动转换为指针在表盘上的角位移。

(A)曲线　　(B)直线　　(C)往复　　(D)单向

75. 卡尺类量具有结构简单,使用方便,它可测量零件的(　　)、高度、盲孔、阶梯、凹槽等。

(A)刻线宽度　　(B)圆度　　(C)孔径和圆柱尺寸　　(D)深度

76. 卡尺类从结构型式分有(　　)、数量卡尺、带表卡尺、数显深度卡尺、游标高度卡尺、圆标高度卡尺等。

(A)内经卡规　　(B)游标卡尺　　(C)深度游标卡尺　　(D)外径卡规

77. 杠杆表示值变动性原因也包括有关指针转动、连轴齿轮转动、齿轮在轴孔间的间隙和啮合不佳、测力不稳及其装卡不妥、紧固状态不佳、(　　)。

(A)压板过紧　　(B)游丝变形　　(C)预紧力不足　　(D)螺钉松动

78. 杠杆表数值误差超差的主要原因是,杠杆传动比误差呈线性变化,反应在(　　)和传动比的变化上。

(A)测头　　(B)磨损　　(C)齿轮磨损　　(D)齿条磨损

79. 百分表的示值变动检查方法,在工作行程的(　　)位置分别调整指针对准某一刻线,以较慢和较快的速度移动测量各五次内最大读数和最小读数之差。

(A)上、下　　(B)始　　(C)中　　(D)末

80. 百分表在使用时,测头遭到突然的冲撞,瞬时作用力很大,所以对测杆的(　　)啮合的部位极易损坏,将造成崩齿情况。

(A)测杆　　(B)套筒　　(C)齿条　　(D)齿轮

81. 杠杆指示表的测杆要求,在外力作用下,测杆能在表体轴线方向(　　)平稳转动不少于 90°,在转动后的任意位置作用应平稳可靠。

(A)向上　　(B)向下　　(C)向左　　(D)向右

82. 杠杆百分表检修的过程是先(　　),最后进行装配和校试。

(A)表体部件　　(B)传动部分　　(C)读数部分　　(D)夹持部分

83. 千分表修理原则:先将外观和表体部分加以整修,先外后内,再修传动系统、(　　),示值误差则最后修理。

(A)测力　　(B)示值变动性　　(C)表体　　(D)移动系统

84. 万能角度尺分度值为 2′,(　　),即:游标的分度把主尺 29 格的一段弧长分为 30 格,则主尺的一格和游标的一格之间的差值为 2′。

(A)主尺分度每格 2°　　(B)游标每格为 20′

(C)主尺分度每格 1°　　(D)游标每格为 2′

85. 光滑极限量规是一种控制工件极限尺寸的(　　),具有孔或轴的最大极限尺寸和最小极限尺寸,为标准测量面测量器具。

(A)有刻线　　(B)无刻线　　(C)定值量具　　(D)可直接读数的

86. 外径千分尺测量范围为(　　),两测量面的平行度最大允许误差均为±4 μm。

(A)75～100 mm　(B)0～25 mm　(C)50～75 mm　(D)25～50 mm

87. 数显千分尺测量范围为(　　),两测量面的平行度的最大允许误差均为±2 μm。

(A)0～25 mm　(B)25～50 mm　(C)50～75 mm　(D)75～100 mm

88. 影响千分尺的不确定分量有测微螺杆的螺距误差、分度及刻度线误差、(　　)、测力变化误差及视差等。

(A)人为误差　(B)测量面的平面误差

(C)平行度误差　(D)粗大误差

89. 孔径千分尺是利用螺旋副原理,通过(　　)使三个测量爪做径向位移,使其与被测内孔接触,对内孔尺寸进行读数。

(A)旋转塔形　(B)移动锥形　(C)螺杆　(D)棘轮

90. 杠杆千分尺作比较测量避免了(　　)的影响,提高了测量的准确度。

(A)微分筒示值误差　(B)对测量结果

(C)视差　(D)径向窜动误差

91. 内径百分表由(　　)组成,用以测量孔的直径和孔的形状误差。

(A)百分表　(B)游标卡尺　(C)专用表架　(D)外径尺寸

92. 塞规是孔用根限量规,它的通规是根据孔的(　　)的,止规是按孔的上极限尺寸设计的。

(A)下极限尺寸　(B)确定　(C)绝对误差　(D)相对误差

93. 角度可以采用(　　)进行测量。

(A)万能角度尺　(B)千分尺　(C)游标卡尺　(D)角度样板

94. 锥度可以采用(　　)进行测量。

(A)三坐标测量机　(B)锥度量规　(C)外径千分尺　(D)正弦规

95. 万能角度尺结构主要由(　　)、基尺、锁紧头、角尺和直尺组成。

(A)主尺　(B)游标尺　(C)锥度尺　(D)辅助尺

96. 打表法测量直线度是将被测量零件、百分表、千分表、表架等测量器件以一定方式支承在工作台上,测量时使(　　)产生相对移动,读出数值,从而进行误差测量。

(A)百分表　(B)千分表　(C)游标卡尺　(D)被测工件

97. 用百分表测量圆柱表面素线的直线度误差时,应该以百分表的(　　)之差作为直线度误差,并以各素线直线度误差的最大值作为圆柱面线的直线误差。

(A)最大读数　(B)最小读数　(C)平均值　(D)理论值

98. 三角形螺纹的牙型代号是 M,分为(　　)两类。

(A)梯形　(B)圆弧　(C)粗牙　(D)细牙

99. 三角形螺纹的主要参数包括(　　)及中经、对顶径公差等级等。

(A)5 μm　(B)公称直径　(C)螺距　(D)牙形半角

100. 螺纹的旋向分为(　　)两种,通常对右旋螺纹,可以省略标注,对于左旋螺纹,则需要标左或字母 LH。

(A)左旋　(B)外旋　(C)内旋　(D)右旋

101. 零件的几何参数主要包括(　　)。

(A)尺寸参数 (B)形状参数 (C)位置参数 (D)表面粗糙度数

102. 对成批大量生产的工件,为了提高检测效率,常常使用量规检验,它分为(　　)。

(A)角度规 (B)量规 (C)通规 (D)止规

103. 用百分表测量圆柱表面素线的直线度误差时,应该以百分表读数的(　　)之差作为直线度误差,并以各素线直线度误差的最大值作为圆柱表面素线的直线度误差。

(A)最大读数 (B)平均读数 (C)最小读数 (D)累加数

104. 平行度误差检测前,必须分清楚(　　)的类型,当基准要素或被测要素为轴心线时,均可用心轴模拟。

(A)被测要素 (B)测量要素 (C)基准要素 (D)辅助要素

105. 检测精密的外螺纹往往采用三针法,使用前应确定(　　)。

(A)牙型半角 (B)螺距 (C)量针 (D)公英螺纹

四、判 断 题

1. 在测长机上测量量块长度时测长机两端的测帽应选择为小圆平面的。(　　)

2. 按用途分,标准量具有游标卡尺、千分尺。(　　)

3. 1万吨,10亿公斤,这里的“万”、“亿”是数字不是词头。(　　)

4. 绝对误差和修正值相等。(　　)

5. 进行多次测量的目的是为了消除系统误差。(　　)

6. 长方体量块的截面尺寸,标称尺寸为0.5～10 mm的应是9 mm×30 mm,大于10 mm的应是9 mm×35 mm。(　　)

7. 长度的基本单位“米”是实物基础。(　　)

8. 量块平面平行度偏差定义为量块任意点长度之差绝对值的最大值。(　　)

9. 阿贝原理是指测量轴线在基准轴线上,而游标卡尺不符合这一原则。(　　)

10. 千分尺的准确度分为0级、1级和2级。(　　)

11. 检定游标卡尺外测量面的平面度时对于分度值为0.02 mm的卡尺用1级刀口尺检定。(　　)

12. 分度值为0.05 mm的卡尺,刻线宽度应在0.08～0.15 mm范围内。(　　)

13. 千分尺的工作面及校对用量杆工作面,其表面粗糙度 R_a 不大于0.63 μm。(　　)

14. 量块按测量误差等级分为1～6等,按制造精度分为0～4级。(　　)

15. 零件加工图样上标注了代号√表明该零件表面加工后要求 R_a 参数最大允许值为1.6 μm。(　　)

16. 按用途分标准量具有塞尺、游标卡尺、百分表。(　　)

17. 用双管显微镜主要可测量表面粗糙度 R_a 值。(　　)

18. 平面度属于位置公差,倾斜度属于形状公差。(　　)

19. 刀口尺是样板平尺的一种,可用来检查和检定直线度。刀口尺分为0级和1级两个级别。(　　)

20. 研磨器的平面性和平行性是修复卡尺的测量面的先决条件。使用中的研磨器经常出现中间凹的现象。(　　)

21. 用刀口尺(样板直尺)检定工作面的平面度时,通常以光隙法进行,当采用此法检定

时,其间隙量一般不大于 0.010 mm。( )

22. 百分表的构造,由测量杆的直线位移变为指针的角位移,实现它的传动放大机构是杠杆和齿条。( )

23. 百分表和千分表,其示值变动性应不超过 0.3 分度。( )

24. 法定计量单位中,国家选定的非国际单位制的质量单位名称是吨。( )

25. 用影像法测量几何形状位置可采取多种对准形式,如作单向尺寸测量时用半宽压线法较好。( )

26. 在评定直线度误差,要求所得结果为最小时,则应该用最小二乘法来评定。( )

27. 根据规定,一级铸铁平板的接触点在 25 mm×25 mm 正方形内的最小接触点是 20 点。( )

28. 对直线度进行评定时,最终仲裁的评定方法是最小条件法。( )

29. 内螺纹的牙顶是指螺纹凸起部分的顶端(即小径处)。( )

30. 计量检定人员是指经考核合格,持有计量合格证件,从事计量检定的工作人员。( )

31. 对社会上实施计量监督具有公证作用的计量标准是最高计量标准。( )

32. 在国际单位制导出单位中,能的计量单位名称是度。( )

33. 在国家选定的非国际单位制单位中,质量的计量单位名称是斤。( )

34. 法定计量单位速度单位名称是米每秒。( )

35. 根据检定规程 JJG 100—81 的规定,检定 0 级量块时,中心长度测量的极限误差应不超过 4 等。( )

36. 量块长度的主要单位是毫米。( )

37. 分度值为 0.02 mm 的框式水平仪,其下工作面为基面的零位误差不超过1/4。( )

38. 量块按等级使用时,用量块的标称尺寸,按级使用时,用量块的实际尺寸。( )

39. 标准差是方差的正平方极值。( )

40. 影响光涉系统的相干长度的首要因素是光源空间相干性。( )

41. 测量范围为 0～25 mm 的千分尺,其量程为 25 mm。( )

42. 测微计是一种借助齿轮传动,使测量杆的复位运动变为指针角位移的机械指示仪表。( )

43. 检定扭簧比较仪的室内温度为(25±5)℃。( )

44. 偏心引起的角度误差服从的分布为正态。( )

45. 计量器具经检定合格的,由检定单位按照计量检定规程出具检定证书、检定合格证或加盖检定合格印。( )

46. 国际单位制与 SI 单位是相同的。( )

47. 测量结果的权与某标准差的关系是与标准差平方成正比。( )

48. 电能单位“千瓦小时”的中文符号是[千瓦][时]。( )

49. 游标量具读数原理是利用尺主刻线间距与游标刻线间距和来进行小数读数的。( )

50. 高度尺划线量爪的刃口厚度为 0.08～0.15 mm。( )

51. 千分尺在测量前,必须校对其测杆。( )

52. 当零位调整正确后,微分筒锥面的端面与固定套管横刻线的右边缘应相切,或离线不大于 0.1 mm,压线不大于 0.05 mm。(　　)

53. 百分表指针尖端到表盘之间的距离应不大于 1.0 mm。(　　)

54. 百分表的示值误差是正行程方向检定时,最大正误差和最大负误差相加的总和。(　　)

55. 杠杆式千分表在任意 0.02 mm 范围内的示值误差不超过 2 μm。(　　)

56. 游丝有两种正旋游丝和反向游丝。(　　)

57. 修正值与误差的绝对值相同,符号也相同。(　　)

58. 千分尺的测微螺杆其轴向窜动量和径向摆动量应不大于 0.020 mm。(　　)

59. 为满足千分尺示值误差的检定,所用量块的准确度为 4 等或 1 级。(　　)

60. 在光度学中,光度量是一种心理量。(　　)

61. 在国际单位制中,作为光度量的基本单位是坎德拉。(　　)

62. 光度学中的光度量有很多个,其中常用的光度量有四个,即光通量、发光强度、光亮度、光照度。(　　)

63. 体积流量的单位符号是 m^3/s,它的单位名称是立方米每秒。(　　)

64. 在光度计量中坎德拉是基本单位,它是国际单位制中七个基本单位之一。(　　)

65. 国际单位制的长度单位符号是 cm。(　　)

66. 法定计量单位的长度单位符号是 Å。(　　)

67. 法定计量单位的长度单位名称是微米。(　　)

68. 法定计量单位的速度单位名称是米每秒。(　　)

69. 法定计量单位的体积单位名称是立方米。(　　)

70. 国际单位制中,坎[德拉]是基本计量单位。(　　)

71. 国际单位制中,属于具有专门名称的导出单位是焦[耳]。(　　)

72. 吨虽不是国际单位制单位,但属于我国法定计量单位名称。(　　)

73. 正投影法就是在平行投影中,投影线与投影面互相垂直获得投影的方法。(　　)

74. 凡能直接或间接测出被测对象量值的器具、计量仪器(仪表)和计量装置,统称为计量器具。(　　)

75. 检定规程不是操作方法和步骤。(　　)

76. 为评定计量器具的计量性能,检定依据的是具有国家法定性的技术文件。(　　)

77. 按检定规程或暂行检定方法规定,对使用中的计量器具要进行周期性的检定。(　　)

78. 检定规程中对所用的计量标准、检定设备和环境条件作出了规定。(　　)

79. 计量仪器(仪表)的示值和被测的量的真值之差为真值。(　　)

80. 由测量所得到的是测量结果。(　　)

81. 测量范围是示值范围。(　　)

82. 在计量器具上指示不同量值的刻线标记的组合是刻度值。(　　)

83. 测量范围是不允许尺寸变动的量。(　　)

84. 计量器具显示或指示的最低值到最高值的范围是测量范围。(　　)

85. 当指示器(如指针)与刻度表面不在同一平面时,由于偏离正确观察方向进行读数或

瞄准时所引起的误差是视差。( )

86. 量值是计量单位的乘积。( )

87. 以固定形式复现量值的计量器具叫量具。( )

88. 从一批同样的计量器具中,按统计学方法,抽取一定数量样品进行检定,作为代表该批计量器具检定结果的一种检定,叫抽样检定。( )

89. 对新的计量器具进行周期检定的第一次检定叫首次检定。( )

90. 确定计量器具示值误差(必要时也包括确定其它计量性能)的全部工作叫标准。( )

91. 用计量标准来确定计量器具的示值部分所表示量值的刻线位置或确定计量仪器(仪表)分度特性的全部工作叫分度。( )

92. 表示由于测量误差的存在而对被测量值不能肯定的程度叫不确定度。( )

93. 量值传递系统是国家法定性技术文件,它用图表结合文字的形式,规定了国家基准、各级标准直至工作准确度和检定的方法等。( )

94. 量块按级使用比较方便,但误差大。( )

95. 量块按等使用需加修正量,计算麻烦,但可提高量块传递尺寸的准确度。( )

96. 百分表检定器示值误差:在全程范围内不超过 4 μm。( )

97. 千分表检定仪的示值误差:对于新制的,在 2 mm 范围内不超过 1.2 μm。( )

98. 引起粗大误差的原因不是错误读取示值,为计量器具缺陷造成。( )

99. 千分尺测量范围至 50 mm 的千分尺,其示值误差受检点为 5.12 mm、10.24 mm、21.5 mm和25 mm。( )

100. 计量检定人员是指工作 5 年,即可从事计量检定工作。( )

101. 外螺纹螺距只能用螺距规测量。( )

102. 工具显微镜上用影像法测量螺纹中径的操作步骤,分为影像法、轴切法、圆弧目镜头法、干涉法以及光学灵敏杠杆法等。其中轴切法测量精度较高。( )

103. 当测量线与被测线不重合或不在其延长线上,而导轨作直线运动时,在运动方向上有转角误差,从而引起测量线与被测线上的位移量不相等而带来的长度测量误差,为违反阿贝原则。( )

104. 螺纹量规的种类按其用途可分为工作量规、验收量规和校对量规三种。( )

105. 螺纹量规的用途:工作螺纹量规用于生产者在制造螺纹工件过程中,检验螺纹工件是否合格。验收螺纹量规作为验收部门或用户代表团验收螺纹工件时的量规。校对螺纹量规用于制造工作螺纹环规以及检验使用中的工作螺纹环规是否已经磨损时所用的螺纹量规。( )

106. 孔径直接用外径千分尺测量。( )

107. 法定计量单位由国家以法令形式规定强制使用或允许使用的计量单位。( )

108. 凡属法定计量单位,在一个国家里,任何地区、任何部门、任何单位和个人都应该按规定执行。( )

109. 计量检定规程是指对计量器具的计量性能、检定项目、检定条件、检定方法、检定周期以及检定数据处理等所作的技术规定。( )

110. 法定计量单位由国家以法令形式规定强制使用或允许使用的计量单位。( )

111. 使用千分尺测量工件时,由于千分尺的零位误差而引起的误差为系统误差。(　　)

112. 百分表示值误差不应大于±3 μm。(　　)

113. 分度值为 0.02 mm 游标卡尺,其外径量爪工作面的表面粗糙度 R_a 值不大于 0.63 μm。(　　)

114. 对某零件用万能量具检验和用量规检验,当检验结果发生矛盾时,用量规检验仲裁。(　　)

115. 内螺纹的牙顶是指理论基本三角形的顶尖处。(　　)

116. 在检定样板直尺工作边直线度时,应用互检法。(　　)

117. 用螺纹量规通规检查螺纹工件的中径是检查螺纹的实际中径,用止规检查的是作用中径。(　　)

118. 对某零件用万能量具检验和量规检验,当检验发生矛盾时,用万能量具检验。(　　)

119. 新国标将螺纹精度分为精密、中等、粗糙三种。(　　)

120. 选择计量仪器时既要保证测量的准确度,又要求在成本上符合经济原则。(　　)

121. 计量标准器具是指准确度低于计量器基准的计量器具。(　　)

122. 量块一个测量面上的一点与此量块另一测量面相研合辅助体表面之间有距离,定义为量块的长。(　　)

123. 不论哪种量具,对室温均有要求,如果室温时高时低,会引起系统误差。(　　)

124. 计量器具的灵敏度是指它的被测量变化的大小。(　　)

125. 我国表面粗糙度标准中规定采用上线作为评定表面粗糙度参数数值的基准线。(　　)

126. 对表面粗糙度均匀性较好的加工表面,可以选用国际推荐的评定长度。(　　)

127. 含有误差的量值经过修正后,能得到真值。(　　)

128. 精度是反映误差准确性的程度。(　　)

129. 测微计的检定,其测力变化应不大于 150 g。(　　)

130. 测量范围为(50~75)mm 的千分尺,其量程为 50 mm。(　　)

131. 国际单位制中,光照度的单位是勒克斯。(　　)

132. 法定计量单位质量的计量单位名称是克。(　　)

133. 法定计量单位热量的计量单位名称是大卡。(　　)

134. 测量不可避免地会有误差,因此任何测量测得的结果不可能绝对正确。(　　)

135. 利用机械、光学、气动、电动或其他原理将长度单位分成细分的测量器具称之为量仪。(　　)

136. 百分表、千分表、杠杆千分尺、杠杆齿轮比较仪、扭簧比较仪都属于通用量仪。(　　)

137. 为了保证测量精度,必须选择高精度的测量仪器。(　　)

138. 光学合像水平仪与框式水平仪比较,测量精度和量程均高于框式水平仪。(　　)

139. 在使用水平仪测量之前一定要将其测量面及被测面清洗干净,以防出现误差。(　　)

140. 光学合像水平仪具有灵敏度高且受温度影响较小的优点。(　　)

141. 平板平面度误差是形状误差。(　)
142. 评定平面度的基本原则是符合最小条件。(　)
143. 检查平板的主要精度指标是平面度误差。(　)
144. 齿厚游标卡尺可以用来测量齿轮直径。(　)
145. 用三针法测量外螺纹中径时,不同牙型角和螺距的螺纹选用量针直径不同。(　)
146. 用塞规测量孔径时,如果通端不能通过,则此孔实际合格的。(　)
147. 为了实现互换性,零件的公差应规定得越小越好。(　)
148. 企业标准比国家标准层次低,在标准要求上可稍低于国家标准。(　)
149. 优先数系是一些十进制等差数列构成的。(　)
150. 完全互换性的装配效率一定高于不完全于互换性的装配效率。(　)
151. 孔和轴的加工精度越高,则其配合精度也越高。(　)
152. 零件的实际尺寸就是零件的真实尺寸。(　)
153. 零件的最大实体尺寸一定大于其最小实体尺寸。(　)
154. 基本尺寸一定时,公差值越大,公差等级越高。(　)
155. 不论公差值是否相等,只要公差等级相同,尺寸的精度就相同。(　)
156. 基准孔的上偏差大于零,基准轴的下偏差的绝对值等于其尺寸公差。(　)
157. 尺寸偏差可以是正值、负值和零。(　)
158. 基本偏差 a～h 与基准孔构成间隙配合,其中 h 配合最松。(　)
159. 设计给定的尺寸称为公称尺寸。(　)
160. 公差分正公差、负公差。(　)
161. 提高职业技能是个无止境的过程。(　)
162. 平面度公差属于形状公差。(　)
163. 单一要素是指对其他要素没有功能要求的要素。(　)
164. 电工仪表是用来测量各种电磁量的仪器。(　)
165. 在电路中有三个或三个以上元件的连接点称为节点。(　)
166. 为使零件具有互换性,零件的加工误差必须控制在设计规定的公差范围。(　)
167. 检验是用来判断被测物理量是否满足设计要求的过程。(　)
168. 凡是合格零件一定具有互换性。(　)
169. 单件小批量生产应选用通用测量器具。(　)
170. 零件实际要素位于其两个极限尺寸之间时为合格。(　)

五、简 答 题

1. 什么是计量器具?
2. 什么是检定方法?
3. 什么是检定规程?
4. 什么是检定周期?
5. 什么是检定条件?
6. 什么是计量仪器(仪表)的示值误差?
7. 什么是测量结果?

8. 什么是量程？

9. 什么是刻度？

10. 什么是尺寸公差？

11. 什么是示值范围？

12. 什么是视差？

13. 什么是量值？

14. 什么是量具？

15. 什么是抽样检定？

16. 什么是首次检定？

17. 什么是校准？

18. 什么是分度？

19. 什么是不确定度？

20. 什么是检定系统？

21. 游标卡尺在检定时应检定哪些项目？

22. 检定一般外径千分尺需要哪些检具？

23. 百分表应检定哪些项目？

24. 不论哪种千分尺，为什么都要检定微分筒锥面的棱边至固定套管刻线面的距离，以及微分筒锥面的端面与固定套管毫米刻线的相对位置？

25. 游标卡尺的结构是否符合阿贝原则？产生误差的主要因素是什么？

26. 根据国际(GB 197)的规定，说明下列螺纹标记(M24，M24×1.5，M10－5g6g)所代表的意义。

27. 什么是测量基准面？

28. 简述万能工具显微镜的用途。

29. 试述平板、正弦尺的主要规格、精度等级等要求。

30. 在图样上有下列两个表面粗糙度代号，√，√，它们代表什么意义？

31. 用专用检具对百分表示值误差进行检定时应注意哪些问题？

32. 外径千分尺微分丝杠在全部工作行程内往返转动时微分筒有磨损现象(除有毛刺压坑外)，其主要原因是什么？

33. 调整百分表游丝应注意什么问题？

34. 百分表的示值误差如何检定？

35. 测量范围为 0°～320°，分度值为 2′的游标角度规，其示值误差检定哪些点？

36. 什么是周期检定？

37. 什么是国际单位制？

38. 什么是量具的测力？

39. 什么是测量？

40. 什么是分度值？

41. 什么是稳定度？

42. 什么是修正值？

43. 什么是研合性？

44. 什么是检定证书？
45. 什么是量块？
46. 什么叫计量检定人员？
47. 对填写检定证书和检定结果通知书有什么要求？
48. 什么是计量单位符号？
49. 改装活游标应注意哪几点？
50. 研磨工具与工作面研磨时应注意哪几点？
51. 按级和按等使用量块各有哪些优缺点？
52. 百分表检定器和千分表检定仪的示值误差有何区别？
53. 引起粗大误差的原因是什么？
54. 测量范围至 500 mm 的千分尺，其示值误差检定哪些点？
55. 选择测量基准面的原则是什么？
56. 在 20 ℃±3 ℃、每小时变化 0.4 ℃的恒温室内和在(15～25)℃的非恒温室但每小时温度波动不大于 0.1 ℃的条件下，检定(ϕ100～ϕ150)mm 平晶，哪一种条件下更适合于检定工作？说明理由。
57. 用工厂常用的计量器具对外螺纹螺距进行测量有几种方法？
58. 温度对长度测量有哪几种影响方式？
59. 违反阿贝原则将怎样在测量中引起误差？
60. 简述螺纹量规的种类和用途。
61. 简述在工具显微镜上用影像法测量螺纹中径的操作步骤。
62. 孔径测量有哪些基本方法(答 5 种以上为满分)？
63. 简述圆锥螺纹螺距的定义。
64. 使用螺纹千分尺测量螺纹中径的主要误差因素有哪些(说出 4 种即可)？
65. 什么叫法定计量单位？这种计量单位具有什么特点？
66. 我国计量立法的宗旨是什么？
67. 什么叫计量器具？它的作用是什么？
68. 周期检定的原因和目的是什么？
69. 若 ξ_1、ξ_2 独立服从分布 $N(0,1)$，问 ξ_1/ξ_2 服从什么分布？为什么？
70. 什么叫计量检定？
71. 公差带的位置由什么决定？
72. 配合有几种基准制？它们各有什么不同？
73. 金属的工艺性能包括哪些内容？
74. 普通、优质、高级优质碳素钢是如何划分的？
75. 为什么一般机器的支架、机床的床身常用灰铸铁制造？

六、综 合 题

1. 用三针法测量普通螺纹中径时，应如何选择计算最佳三针直径 d？如何计算 M 值？

2. 用刀口尺检定游标卡尺工作面的平面度时，在一对角线方位上出现两边有 1 μm 间隙量，而在另一条对角线方位上出现中间有 2 μm 间隙量，试求该平面的平面度。

3. 对于示值范围 L=125 mm,量爪的长度 l=40 mm 的卡尺,当其游框移动的导向面直线度 Δ=0.02 mm(中间凹)时,由直线度引起的示值误差是多少?

4. 用5等量块检定(75～100)mm 千分尺 80.12 mm 这一点的示值误差,所用的量块实际尺寸为 80.121 mm,千分尺上的读数为 80.119 mm,问该点的示值误差为多少?符合哪级千分尺的要求?为什么?

5. 已知立式接触式干涉仪滤光片的波长 λ=0.56 μm,为使仪器的示值误差调整到每一刻度代表 0.1 μm,问在 16 个干涉条纹间隔范围内应包含多少个标尺的刻度间隔?

6. 有一台立式测长仪,其工作台面对测量轴线的垂直度为 $10'$,在此情况下测量 100 mm 长度引起的误差是多少?

7. 用平晶在白光下(λ=0.6 μm)测量一工作面的平面度时,若出现一方位上干涉条纹向平晶与被测量面接触点相反方向弯曲,其量为1条,与此垂直的方位干涉条纹向接触点方向弯曲,其量为2条,试求该工作面的平面度。

8. 测量一螺纹螺距,其读数分别为:20.500,23.501,29.500,32.497,35.499,38.501,42.502。试求螺距误差和最大累计误差。

9. 某量测量值为 2 000,真值为 1 997,求测量误差和修正值。

10. 将下列数据化为4位有效数字:3.14159;14.005;0.023151;1000501。

11. 计算下列测量数据的算术平均值:100.2;100.4;100.1;99.9;99.8;100.1;100.1。

12. 用卡尺测量 200 mm 的铜轴,轴的温度为 40 ℃,卡尺的温度为 15 ℃,铜轴和钢质卡尺的线膨胀系数为 17.5×10^{-6} 和 11.5×10^{-6},则它们的温度误差为多少?

13. 把5个 0.1 级 1 000 Ω 的标准电阻串联,求串联后总电阻极限误差是多少(设各电阻误差无关)。

14. 把六十进制的 $67°30'$ 换算成弧度(取至小数点后四位)。

15. 时间单位 10 s^{-1} 等于多少 Hz?

16. 过去容积单位曾使用 CC,现已被升代替,问 150CC 合多少升?

17. 密度单位 10 t/m 等于多少 kg/L?

18. 用 10^{-6} m 和 10^{-6} m^2/s 的形式表示 1 cm 和 1 mm^2/s 的等式。

19. 将长度单位 1Å 和 1 μm 换算为法定计量单位表示,两者之和为多少微米?

20. 面积单位 1 市亩和 1 公亩,换算为平方米,两者合多少平方米?

21. 容积单位 1 公升水和 1 立方分米水,换算为法定计量单位,两者之和为多少米?

22. 长度单位 1 市里和 1 码,换算为法定计量单位,两者之和为多少米?

23. 长度单位 1 英尺和 3 市尺,换算为法定计量单位,两者之和为多少米?

24. 长度单位 1 英寸和 1 公分,换算为法定计量单位,两者之和为多少厘米?

25. 长度单位 1 英里和 1 海里,换算为法定计量单位,两者之和为多少千米?

26. 长度单位 1 微米和 1×10^{-6} 米,两者之和为多少微米?

27. 已知一列误差:+4,-2,0,-4,+3。求或然误差。

28. 对某量等精度独立测得为:1 000,1 012,1 004,1 006,1 008。求平均值。

29. 圆面积 S 由半径 R 算出,$S=\pi R^2$,已知 $R\pm\sigma_R$=10 00±1,求 σ_S。

30. 对某量等精度独立测得 1 038.3,1 044.6,1 033.7,1 041.1,1 043.0,1 039.6,1 036.2,1 037.8,1 040.3。用最大残差法算单次测量标准差。

表 1

n	5	6	7	8	9	10
1/kn	0.74	0.68	0.64	0.61	0.59	0.57

31. 已知各独立不确定度分量 $s_1=20, v_1=2; s_2=20, v_2=2; s_3=20, v_3=2; s_4=20, v_4=2$。用下面 t 分度表(置信概率 0.95)求总不确定度。

表 2

v	2	4	6	8	10
$t(v)$	4.30	2.78	2.45	2.31	2.23

32. 用平面角弧度的定义导出 1 弧度等于多少度?

33. 用平面角弧度定义导出 1°等于多少弧度?

34. 质量单位 1 米制克拉和 1 市两,换算为法定计量单位,两者之和为多少克?

35. 质量单位 1 公担和 1 市担,换算为法定计量单位,两者之和为多少千克?

长度计量工(初级工)答案

一、填 空 题

1. 国际单位制	2. 计量基准	3. 1/299792458	4. 直线
5. 基准轴线	6. 1	7. 中线	8. 机械杠杆
9. 外经千分尺	10. 齿条和齿轮	11. 0.05 mm	12. 平行度
13. 表	14. 半圆柱面侧块	15. 3 级量块	16. 各部相互作用
17. 检定	18. 毫米数	19. 测杆轴线位移量	20. 失准的原因
21. 调	22. 主尺基面	23. 测头	24. 示值稳定性
25. 变动量	26. 啮合线	27. 模数	28. 正比
29. 淬火	30. 元素	31. 量值的准确可靠	32. 考核合格
33. 检定	34. 清晰完整	35. 米	36. 国际单位制
37. SI	38. 名称	39. 法定计量检定机构	40. 计量标准器具
41. —3	42. 2.7	43. 不遗漏	44. 相对误差
45. 级别最低的一块量块	46. $(2/9)L$	47. 尺身刻线间距	48. 明显的晃动
49. 固定套管	50. 双面	51. 800	52. 最广泛
53. 统一	54. 相对误差	55. 不等精度测量	56. 光
57. 一	58. 计量器具检定合格	59. kg	60. 参考基面
61. 峰顶线	62. 截线长度	63. 基准轴线	64. 40
65. 影像法或轴切	66. 阿贝	67. 尺杆	68. 系统
69. 贴合	70. 系统误差	71. 计量器具	72. 仪器的指示值
73. 1 级平晶	74. 1 mm	75. (20±3)℃	76. 量值
77. 780 nm	78. 光通量	79. 780 nm	80. 380
81. lx	82. 10°	83. 色差	84. 一年
85. 光谱光度计	86. nm	87. 随机	88. 制动器
89. (0.1～0.20)mm	90. 卧式	91. 360°	92. 180°/π(57.3°)
93. 4 个	94. m	95. 真空	96. 锈蚀
97. 底座工作面	98. 均匀	99. 测量力	100. 垂直度
101. 稳定度	102. 比较	103. 精密	104. 市制
105. SI	106. 统一的	107. 测力装置	108. s
109. A	110. 开[尔文]	111. 摩[尔]	112. 坎[德拉]
113. 弧度	114. 球面度	115. Hz	116. N
117. J	118. 计量行政部门	119. 统一全国量值	120. 上级人民
121. 计量检定规程	122. 就地就近	123. 修理计量器具许可证	

124. 新产品 125. 禁止使用 126. 计量性能合格 127. 检定合格后
128. 国家和消费者 129. 简易的 130. 3 131. 10 001
132. 0.9545 133. 0.05% 134. 0.25 135. 0.5
136. $2v$ 137. $(2/v)1/2$ 138. $v>2$ 139. 2 μm
140. 0.4 mm 141. 0.02 mm 142. 分度值 143. 杠杆和齿轮
144. 视差 145. 基圆 146. 复现 147. 计量器具
148. 测量的量 149. 被测量的真值 150. 被测量的真值 151. 试验
152. 被测工件 153. 大小 154. 计算 155. 真值
156. 误差 157. 不 158. 所具有的误差 159. 计量标准
160. 所得 161. 下 162. 量值

二、单项选择题

1. A 2. C 3. C 4. C 5. A 6. A 7. D 8. B 9. A
10. A 11. A 12. C 13. C 14. B 15. B 16. C 17. A 18. B
19. C 20. C 21. C 22. C 23. B 24. C 25. C 26. D 27. C
28. B 29. C 30. A 31. C 32. B 33. B 34. C 35. B 36. B
37. C 38. B 39. C 40. C 41. C 42. C 43. B 44. B 45. C
46. C 47. A 48. C 49. A 50. A 51. B 52. B 53. A 54. C
55. A 56. B 57. C 58. B 59. B 60. B 61. A 62. B 63. B
64. C 65. B 66. A 67. B 68. B 69. A 70. A 71. B 72. C
73. B 74. C 75. C 76. A 77. A 78. A 79. B 80. B 81. B
82. C 83. A 84. A 85. C 86. B 87. A 88. B 89. C 90. C
91. C 92. A 93. A 94. A 95. A 96. B 97. A 98. C 99. C
100. C 101. A 102. B 103. B 104. B 105. A 106. B 107. C 108. C
109. A 110. D 111. A 112. B 113. C 114. C 115. A 116. B 117. B
118. C 119. B 120. C 121. B 122. B 123. C 124. B 125. C 126. A
127. D 128. C 129. C 130. A 131. A 132. B 133. C 134. D 135. C
136. C 137. C 138. B 139. A 140. A 141. B 142. B 143. C 144. C
145. A 146. B 147. B 148. B 149. A 150. C 151. C 152. D 153. A
154. A 155. B 156. B 157. D 158. C 159. B 160. A 161. C 162. A
163. B 164. C 165. B 166. A 167. B 168. B 169. B 170. B 171. A
172. B 173. A 174. A 175. A 176. A 177. A 178. A 179. A 180. C
181. C 182. A 183. B 184. A 185. C 186. B 187. B 188. B 189. B
190. D 191. B

三、多项选择题

1. BC 2. AC 3. AB 4. AB 5. AB 6. AB 7. CD
8. ABD 9. AB 10. BD 11. AB 12. CD 13. BC 14. BC
15. AB 16. BC 17. CD 18. CD 19. CD 20. AB 21. ABC

22. AB　23. BC　24. CD　25. ABC　26. BC　27. CD　28. BD
29. BC　30. CD　31. ABC　32. BC　33. AC　34. BC　35. AB
36. CD　37. CD　38. CD　39. BC　40. AB　41. BC　42. BC
43. AB　44. BC　45. AB　46. AC　47. BD　48. BC　49. ABC
50. CD　51. BD　52. CD　53. CD　54. BD　55. AB　56. BC
57. BD　58. BD　59. AB　60. ABCD　61. BC　62. AB　63. CD
64. ABC　65. AB　66. AC　67. ABC　68. AD　69. AC　70. BC
71. CD　72. BC　73. AB　74. BC　75. CD　76. BC　77. BD
78. AB　79. BCD　80. CD　81. CD　82. ABC　83. AB　84. CD
85. BC　86. BCD　87. AB　88. BC　89. AB　90. AB　91. AC
92. AB　93. AD　94. ABD　95. AB　96. ABD　97. AB　98. CD
99. BC　100. AD　101. ABCD　102. CD　103. AC　104. AB　105. BD

四、判 断 题

1. ×　2. ×　3. √　4. ×　5. ×　6. √　7. ×　8. ×　9. √
10. ×　11. ×　12. √　13. ×　14. √　15. √　16. ×　17. ×　18. ×
19. √　20. √　21. ×　22. ×　23. √　24. √　25. ×　26. ×　27. ×
28. √　29. √　30. √　31. ×　32. ×　33. ×　34. √　35. ×　36. ×
37. ×　38. ×　39. √　40. ×　41. √　42. ×　43. √　44. ×　45. √
46. ×　47. ×　48. ×　49. ×　50. √　51. ×　52. √　53. ×　54. ×
55. ×　56. ×　57. ×　58. ×　59. ×　60. ×　61. √　62. √　63. √
64. √　65. √　66. ×　67. √　68. √　69. √　70. √　71. √　72. √
73. √　74. √　75. ×　76. √　77. √　78. √　79. ×　80. √　81. √
82. √　83. ×　84. √　85. √　86. ×　87. √　88. √　89. √　90. √
91. √　92. √　93. √　94. √　95. √　96. √　97. √　98. ×　99. ×
100. ×　101. ×　102. √　103. √　104. √　105. √　106. ×　107. √　108. √
109. √　110. √　111. √　112. ×　113. ×　114. √　115. ×　116. ×　117. ×
118. ×　119. √　120. √　121. ×　122. ×　123. ×　124. ×　125. ×　126. ×
127. ×　128. ×　129. ×　130. ×　131. ×　132. √　133. √　134. ×　135. √
136. ×　137. ×　138. √　139. √　140. ×　141. √　142. √　143. √　144. ×
145. √　146. ×　147. ×　148. ×　149. √　150. √　151. √　152. ×　153. ×
154. ×　155. √　156. √　157. √　158. ×　159. √　160. ×　161. ×　162. √
163. √　164. √　165. √　166. √　167. √　168. ×　169. √　170. √

五、简 答 题

1. 答:凡能用以直接或间接测出被测对象量值的器具(1分)、计量仪器(仪表)和计量装置(1分),统称为计量器具(3分)。

2. 答:检定规程中所规定的操作方法(2分)和步骤(3分)。

3. 答:为评定计量器具的计量性能(2分),作为检定依据的是具有国家法定性的技术文件

(3分)。

4. 答:按检定规程或暂行检定方法规定(2分),对使用中的计量器具所进行的周期性的检定(3分)。

5. 答:检定规程中所用的计量标准(2分)、检定设备(1分)和环境条件所作的规定(2分)。

6. 答:计量仪器(仪表)的示值(1分)和被测的量(2分)的真值之间的差值(2分)。

7. 答:由测量(2分)所得到的被测量值(3分)。

8. 答:测量范围上限值(2.5分)和下限值(2.5分)。

9. 答:在计量器具上指示(2.5分)不同量值的刻线标记的组合(2.5分)。

10. 答:允许尺寸(2.5分)的变动量(2.5分)。

11. 答:计量器具显示(1分)或指示的最低值(2分)到最高值的范围(2分)。

12. 答:当指示器(如指针)(1分)与刻度表面不在同一平面时(1分),由于偏离正确观察方向进行读数(1分)或瞄准时所引起的误差(2分)。

13. 答:数值(1分)和计量单位(1分)的乘积(3分)。

14. 答:以固定形式(2分)复现量值的计量器具(3分)。

15. 答:从一批同样的计量器具中,按统计学方法,抽取一定数量样品进行检定(3分),作为代表该批计量器具检定结果的一种检定(2分)。

16. 答:对新的计量器具(2分)进行周期检定的第一次检定(3分)。

17. 答:确定计量器具示值误差(2.5分)(必要时也包括确定其他计量性能)的全部工作(2.5分)。

18. 答:用计量标准来确定计量器具的示值部分(1分)所表示量值的刻线位置(2分)或确定计量仪器(仪表)分度特性的全部工作(2分)。

19. 答:表示由于测量误差的存在(2分)而对被测量值不能肯定的程度(3分)。

20. 答:是国家法定性技术文件(1分),它用图表结合文字的形式(1分),规定了国家基准(1分)、各级标准直至工作准确度(1分)和检定的方法等(1分)。

21. 答:应检定外观、各部分相互作用(1分)、游标刻线面的棱边至主尺刻线面的距离、刻线宽度和宽度差(1分)、测量面的表面粗糙度、外测量爪工作面的平面度(1分)、外测量爪两测量面的间隙、圆弧内量爪的尺寸及平行度(1分)、刀口内量爪尺寸和两量爪侧面间隙、零值误差、示值误差共11项(1分)。

22. 答:需要分度为20 g的字盘称或测力计(1分),工具显微镜称,表面粗糙度工艺样板,2级平晶,1级刀口尺(1分),平行平晶,4、5等量块(1分),钢球检具,光学计,测长机等(2分)。

23. 答:百分表应检定外观、各部分相互作用(1分)、指针与表盘的相互位置、指针末端与表盘刻线宽度(1分)、测头测量面的表面粗糙度、装夹套管筒的直径(1分)、测力、示值变动性(1分)、测杆受径向力时对示值的影响、示值误差、回程误差共11项(1分)。

24. 答:检定微分筒锥面的棱边至固定套筒刻线面的距离(1分),其目的是为了控制视差(1分)。检定微分筒锥面的端面与固定套管毫米刻线的相对位置(1分),其目的是为了防止读错数(2分)。

25. 答:游标卡尺的结构是不符合阿贝原则的(1分),因测量轴线不在基准轴线上(2分)。产生示值误差的主要原因是:游框沿尺身移动的导向面直线度、尺身的毫米刻线误差(1分)、量爪测量面与导向面的垂直度以及测量面的平面度(1分)。

26. 答：

(1)M24：表示标称直径为 24 mm 的粗牙普通螺纹(1 分)。

(2)M24×1.5：表示标称直径为 24 mm、螺距为 1.5 mm 的细牙普通螺纹(1 分)。

(3)M10-5 g 6 g：表示顶直径为 10 mm 的普通螺纹，5 g 表示中径公差带代号(其中"5"表示公差等级，"g"表示公差带位置)(1 分)，6 g 表示顶径公差带代号(2 分)。

27. 答：测量基准面就是测量时的起始面和依据(1 分)。选择测量基准面的原则是：设计、工艺、检验(1 分)、装配等基准面相一致(3 分)。

28. 答：万能工具显微镜主要用于精密测量螺纹(1 分)、丝杠、样板、螺纹刀具(1 分)、齿轮、齿轮滚刀、蜗杆、角度(1 分)、锥度、圆弧半径(1 分)、各种曲线型面以及孔间距等(1 分)。

29. 答：平板的主要规格有 750 mm×1 000 mm(1 分)，1 000 mm×1 500 mm(1 分)和 1 500 mm×2 000 mm 等(1 分)。精度等级有 0、1、2、3 级(1 分)。主要技术要求有接触斑点、平面度以及表面粗糙度等。正弦尺的主要规格有 100 mm，200 mm 等(1 分)。主要技术要求有：工作面的平面度，工作台面对两圆柱母线的平行度，挡板对两圆柱母线的平行度和垂直度，两圆柱的直径差，两圆柱的中心距离以及工作面的表面粗糙度等(1 分)。

30. 答：√表示用去除材料的方法获得的表面(2 分)，R_a 的最大允许值为 1.6 μm(1 分)。√表示去除材料的方法获得的表面，R_a 的最大允许值为 3.2 μm(2 分)。

31. 答：检定时应注意以下 6 个问题：

(1)百分表示值的检具误差(2 分)不应大于±2 μm(3 分)。

(2)将百分表装在检具上(1 分)，调好零位(1 分)，然后每隔 0.2 mm 检定一次(3 分)。

(3)百分表的示值误差应在全部测量范围内正反行程方向上检定(1 分)，正行程的终点读数(1 分)，即为反行程的起始读数(3 分)。

(4)在检定中间(1 分)，不应改变测杆的行程方向(1 分)，也不允许作任何调整(3 分)。

(5)在全部测量范围内或任意一转内(1 分)，检定所得的最大示值和最小示值的代数差(1 分)，即为百分表在全部测量范围内或任意一转内的示值误差(3 分)；

(6)如果任意一转示值误差超出规程要求(1 分)，必须对该转重新进行单独检定(4 分)。

32. 答：主要原因是：

(1)微分筒与丝杠不同心(1 分)；

(2)微分筒端面与内孔轴线不垂直(1 分)；

(3)丝杠定位座端面与丝杠轴线不垂直(1 分)；

(4)丝杠弯曲(1 分)；

(5)螺孔、导向孔与固定套筒不同心(1 分)。

33. 答：调整百分表游丝应注意以下几个问题：

(1)把游丝调圆、平、均(1 分)；

(2)游丝不应与其他物件相碰(1 分)；

(3)游丝不能有死弯(1 分)；

(4)游丝内外销钉不得松动。

调整游丝内外端的根据是：1)当高点随转动而变时，调整游丝内端；2)当疏密和高低位置不变时调整丝杠外端；3)当疏密和高低位置变动时调整丝杠内端(2 分)。

34. 答：百分表的示值误差采用示值误差在 10 mm 范围(1 分)内不大于 3 μm(2 分)、回程误差不大于 1 μm(1 分)的百分表检定器检定(1 分)。

35. 答:当游标角度规上安装直角尺和直尺时(1 分),检定点为 15°10′,30°20′,45°30′和 50°(2 分);只装上直角尺时,检定点为 50°,60°40′,75°50′和 90°(2 分)。一共检定 8 个点。

36. 答:根据检定规程规定的周期(1 分),对计量器具(1 分)进行的随后检定(3 分)。

37. 答:国际计量大会(1 分)推荐采用的一种一贯制单位(4 分)。

38. 答:量具测量面(2 分)与球形零件接触时所作用的力(3 分)。

39. 答:是将被测量数值(1 分)和测量单位(1 分)进行比较以确定其实际值的操作过程(3 分)。

40. 答:相邻两剖线(2 分)所代表的量值之差(3 分)。

41. 答:在规定工作条件内(1 分),计量器具某些性能(1 分)随时间保持不变的能力(3 分)。

42. 答:为消除系统误差(1 分),用代数法加(1 分)到测量结果上的值(3 分)。

43. 答:量块与量块(1 分),互相研贴合(1 分),使其合为一体的特性。

44. 答:证明计量器具(1 分)检定合格的标记(4 分)。

45. 答:是长度计量(1 分)中应用最广泛的一种实物基准(4 分)。

46. 答:是指经考核合格(1 分),持有计量检定证件(1 分),从事计量检定的人员(3 分)。

47. 答:必须字迹清楚(1 分),数据无误(1 分),有检定、核验(1 分),主管人员签字(1 分),并加盖检定单位印章(1 分)。

48. 答:表示计量单位(1 分)约定的记号(4 分)。

49. 答:

(1)注意活游标的稳固性(1 分);

(2)为了避免游标松动,最好采用埋头螺钉(2 分);

(3)游标装好后,游标与主尺的间隙应均匀(2 分)。

50. 答:

(1)两者不受外力的强制性引导,而处于浮动状态(1 分);

(2)运动方向周期性或无规则地变更,使研磨剂分布均匀(2 分);

(3)工作表面上每点在工具表面上的运动路程相等,使各点切削均匀(2 分)。

51. 答:按级使用比较方便(1 分),但误差大(1 分);按等使用需加修正量(1 分),计算麻烦,但可提高量块传递尺寸的准确度(2 分)。

52. 答:百分表检定器示值误差(1 分):在全程范围内不超过 4 μm(1 分)。千分表检定仪的示值误差:对于新制的,在 2 mm 范围内不超过 1.2 μm(1 分),任意 1mm 内不超过 0.8 μm(1 分);对于修理后的,在 2 mm 范围内不超过 1.5 μm,任意 1 mm 内不超过 1.0 μm(1 分)。

53. 答:错误读取示值(1 分);使用有缺陷的计量器具(2 分);计量器具使用不正确(2 分)。

54. 答:测量范围至 500 mm 的千分尺(1 分),其示值误差受检点为 $A+5.12$,$A+10.24$,$A+21.5$ 和 $A+25$(4 分)(A 为测量下限,单位为 mm)。

55. 答:由于各种原因,工艺基准和设计标准往往不一致(1 分),但在装配前的终结检验中(2 分),必须使测量基准和装配基准相一致(2 分)。

56. 答:在检定平晶的过程中,室内温度波动会导致平晶内外温度不均匀(1 分)。由于热膨胀大小不一样(1 分),会不断改变平晶的平面度(1 分)。因此,在检定平晶的平面度时,温度波动小的非恒温室要比温度波动大的恒温室中检定效果更好(2 分)。

57. 答:外螺纹螺距主要用螺距规和万能显微镜来测量(1 分)。万能显微镜测量时又分为影象法(1 分)、轴切法(1 分)、圆弧目镜头法(1 分)、干涉法以及光学灵敏杠杆法(1 分)等。

58. 答:

(1)测量仪器与被测件有温差(1 分);

(2)测量温度对标准温度 20℃有偏差(1 分);

(3)温度波动使测量结果不稳定(2 分);

(4)温度场分布不均匀(1 分)。

59. 答:当测量线与被测线不重合或不在其延长线上(1 分),而导轨作直线运动时在运动方向上有转角误差(1 分),从而引起测量线与被测线上的位移量不相等而带来的长度测量误差(3 分)。

60. 答:螺纹量规按其用途可分为工作量规、验收量规和校对量规三种。工作螺纹量规用于生产者在制造螺纹工件过程中(1 分)检验螺纹工件是否合格(1 分)。验收螺纹量规用于验收部门(1 分)或用户代表团用来验收螺纹工件时的量规(1 分)。校对螺纹量规用于制造工作螺纹环规以及检验使用中的工作螺纹环规是否已经磨损时所用的螺纹量规(1 分)。

61. 答:

(1)调整目镜,使视野内米字线清晰(1 分)。

(2)根据牙型半角与中径查表,将光圈调到最合适的光圈值(1 分)。

(3)在顶尖间装上焦距规,将仪器焦平面调整至顶尖连线的高度上,然后换上被测工件(1 分)。

(4)根据螺旋升角调整立柱。旋转测角目镜,用半压线法对准螺纹牙型中径处附近,读取仪器横向读数 A_1(1 分)。

(5)反向倾斜立柱一螺旋升角。横向移动立柱,直至用半压线法对准螺纹另一侧轮廓像,读取横向读数 A_2(1 分)。

(6)再在牙侧另一面用上法测出 A_3 和 A_4。

(7)两次读数差值(A_1-A_2)、(A_3-A_4),取平均值 $\frac{(A_2-A_1)+(A_4-A_3)}{2}$ 即为螺纹中径值。

62. 答:可以用游标卡尺、内径千分尺(1 分)、内径百分表、气动测量法(1 分)、影像法(万能工具显微镜或投影仪)(1 分)、光学指零器定位法(光学灵敏杠杆定位、光点反射定位)(1 分)、双测钩法、电眼对准法、孔径干涉测量法等(1 分)。

63. 答:圆锥螺纹螺距 P 为节圆锥(2 分)与相邻两牙交点在轴线上的投影距离(2 分)。

64. 答:引起误差的主要因素如下:

(1)螺纹千分尺的螺距误差与螺旋线误差(0.5 分);

(2)测头工作面交角误差(0.5 分);

(3)测量力误差(0.5 分);

(4)校对板的长度误差(0.5 分);

(5)校对板的角度误差(0.5 分);

(6)被测螺纹的螺距误差(0.5 分);

(7)被测螺纹牙型角、半角误差(1分)。

65. 答:由国家以法令形式规定强制使用或允许使用的计量单位叫做法定计量单位(1分)。凡属法定计量单位,在一个国家里(1分),任何地区(1分)、任何部门(1分)、任何单位和个人都应该按规定执行(1分)。

66. 答:计量上立法首先是为了加强计量监督管理(1分),健全国家计量法制(1分)。加强计量监督管理最核心的内容是保障计量单位制的统一和全国量值的准确可靠,这是计量立法的基本点(1分)。法中的全部条款都是围绕这个基本点进行的,但这还不是最终目的,计量立法的最终目的是要有利于生产、科学技术和贸易的发展(1分),适应社会主现代化建设的需要,维护国家和人民的利益(1分)。

67. 答:计量器具是指能用以直接或间接测出被测对象量值的装置(1分)、仪器仪表(1分)、量具和用于统一量值的标准物质,包括计量基准器具、计量标准器具和工作计量器具(1分)。计量器具在计量工作中具有相当重要的地位,全国量值的统一,首先反映在计量器具的准确可靠和一致上(1分)。所以,计量器具是确保全国量值统一的具体对象和手段,也是计量部门提供计量保证的技术基础(2分)。

68. 答:由于计量器具的频繁使用(1分),使它受到磨损(1分)、变形(1分)等,其量值就会变化,从而损失精度(1分),产生超差现象。为保证量值准确一致、正确可靠,故须周期检定(1分)。

69. 答:服从 t 分布(2分),因 $\xi_1/\xi_2=N(0,1)/[x^2(L)/L]L/2$(2分)。

70. 答:计量检定是指为评定或证实计量器具的计量性能是否完全满足计量检定规程的要求(3分),确定其是否合格所进行的全部工作(2分)。

71. 答:公差带相对零线(2分)的位置是由国家标准中用表格列出的基本偏差来确定(3分)。

72. 答:配合有基孔制和基轴制两种基准制(1分),它们主要不同在于基孔制是以孔作为基准件(2分),而基轴制是以轴作为基准件(2分)。

73. 答:金属材料的工艺性能是指其在各种加工条件下所表现出来的适应能力。包括铸造性(1分)、锻压性(1分)、焊接性(1分)、切削加工性等(2分)。

74. 答:碳素钢质量的高低,主要根据钢中有害杂质——硫(1分)、磷的质量分数来划分(1分)。如普通碳素钢(0.045%P,0.05%S)(1分),优质碳素钢(0.035%P,0.035%S)(1分),高级优质碳素钢(0.025%P,0.025%S)(1分)。

75. 答:铸铁的铸造性能良好(1分),具有良好的切削加工性能(1分),优良的耐磨性(1分)、消震性(1分),具有低的缺口敏感性,所以一般机器的支架、机床的床身常用灰铸铁制造(1分)。

六、综 合 题(每题10分,共35分)

1. 解:

(1)应按下列公式计算最佳三针直径:$d_o=P/[2\cos(\alpha/2)]$

式中:P——螺距(mm);α——牙形角(度);d_o——最佳三针直径(mm)。(4分)

(2)应按下式计算 M 值:$M=d_2-0.866P+3d$

式中:M——跨针距(mm);d_2——螺纹中径(mm);p——螺距(mm)。(6分)

2. 解:由于对角线一方位两边有间隙(1 分),则该方位呈凸形(2 分),另一方位中间有间隙(1 分),则该方位呈凹形(2 分),因此该平面的平面度:$\Delta=\Delta_1+\Delta_2=1+2=3\ \mu m$(4 分)。

3. 解:由导向面的直线度引起的示值误差(3 分):

$\delta\approx(8\Delta_1)/L=(8\times0.002\times40)/125=0.051$ mm(7 分)。

4. 解:该点的示值误差:$\delta=r-1=80.119-80.121=-0.002$ mm(即 $-2\ \mu m$)(2 分),符合 1 级千分尺的要求(2 分),因为 5 等量块只能检定 1 级千分尺,1 级千分尺的示值误差(2 分),对于(75~100)mm 千分尺来说,要求不超过 $+4\ \mu m$(4 分)。

5. 解:$n=\lambda/2\cdot k/i$(4 分)$=0.56/2\times16/0.1$(4 分)$=44.8$(2 分)。

6. 解:由工作台面对测量轴线不垂直度引起的测长误差(2 分):

$\delta_L=l(1-\cos\alpha)=100(1-\cos10')=100(1-0.999957)$(4 分)

≈0.0004 mm(即 $0.4\ \mu m$)(4 分)。

7. 解:由于两方位上产生的干涉条纹弯曲方向不一致,一方位呈凹形(2 分),另一方位呈凸形(2 分),所以被测面的平面度:$\Delta=(n_1+n_2)\lambda/2=(1+2)\times0.6/2=0.9\ \mu m$(6 分)

8. 解:列表如下(4 分):

表 1

读数	20.500	23.501	26.502	29.500	32.497	35.499	38.501	42.502
相邻差	0	+1	+1	−2	−3	+2	+2	+1
累计差	0	+1	+2	0	−3	−1	+1	+2

所以,相邻误差为 $3\ \mu m$(3 分),最大累计误差为 $5\ \mu m$(3 分)。

9. 解:测量误差 $\delta_L=2000-1997=3$(5 分),修正值$=-\delta_L=-3$(5 分)。

10. 解:分别为:3.142(2 分);14.00(2 分);2.315×10^{-2}(3 分);1.001×10^3(3 分)。

11. 解:$x=(-1/7)(100.2+100.4+99.9+99.8+100.1+100.1)$(6 分)$=100.09$

≈100.1(4 分)。

12. 解:根据影响温度误差公式:

$\Delta=L[\alpha_1(t_1-20)-\alpha_2(t_2-20)]$(2 分)

$=200[17.5\times10^{-6}\times(40\ ℃-2\ 0℃)-11.5\times10^{-6}\times(15\ ℃-20\ ℃)]$(2 分)

$=200\times[10^{-6}\times407.5]$

$=81500\times10^{-6}$

$=81.5\ \mu m$(2 分)

答:即温度误差为 $81.5\ \mu m$(4 分)。

13. 解:$R=R_1+R_2+R_3+R_4+R_5$(2 分),各电阻 R_i 的极限误差为 $\Delta_{Ri}=1000\times0.1\%=1\ \Omega$(2 分),故总电阻的极限误差 $\Delta_R=(\Delta_{R12}+\Delta_{R22}+\Delta_{R32}+\Delta_{R42}+\Delta_{R52})1/2=(5\times12)1/2=2.2\ \Omega$(6 分)。

14. 解:$67°30'=67.5°$(4 分);$67.5°\times\frac{2\pi}{360}=1.1781$ rad(6 分)。

15. 解:$10\ \mu\mu s^{-1}=10(10^{-6})s^{-1}=10\times10^6\ s^{-1}=10^7\ s^{-1}$(4 分)

所以 $10\ \mu\mu s^{-1}=10$ MHz(6 分)。

16. 解:1L=1 000 mL(2 分),1 CC 即为 1 mL(2 分)。

所以 150 CC=150 mL=0.15 L(6 分)。

17. 解：1t=1 000 kg(2分)；1 m^3=1 000 L(2分)。

所以 10×1 000 kg/1 000 L=10 kg/L(3分)，即 10 t/m^3=10 kg/L(3分)。

18. 解：1 cm=$(10^{-2}\ m)^3=10^{-6}\ m^3$(3分)，1 $mm^2/s=(10^{-3}\ m)^2/s=10^{-6}\ m^2/s$(3分)，所以 10^{-6}等于 1 cm^3；$10^{-6} m^2/s$ 等于 1 mm^2/s(4分)。

19. 解：$\mu=10^{-6}$，1Å=10^{-10} m=0.0001 μm(4分)

所以 0.0001 μm+1 μm=1.0001 μm，两者之和为 1.0001 μm(6分)。

20. 解：1市亩=60 丈^2=666.6 m^2(2分)

1公亩=100平方米=100 m^2(2分)

所以 666.6 m^2+100 m^2=766.6 m^2，两者合为 766.6 平方米(6分)。

21. 解：1公升=1 dm^3=1 000 mL(4分)

所以 1 000 mL+1 000 mL=2 000 mL，两者之和为 2 000 毫升(6分)。

22. 解：1市里=500 m(2分)，1码=0.9114 m(2分)

所以 500 m+0.9144 m=500.9114 m，两者之和为 500.9114 米(6分)。

23. 解：1英尺=0.3048 m(3分)，3市尺=1 m(3分)

所以 0.3048 m+1 m=1.3048 m，两者之和为 1.3048 米(4分)。

24. 解：1英寸=2.54 cm(2分)，1公分=1 cm(2分)

所以 2.54 cm+1 cm=3.54 cm，两者之和为 3.54 厘米(6分)。

25. 解：1英里=1 609.344 m≈1 609 m(2分)，1海里=1 852 m(2分)

所以 1 609 m+1 852 m=3 461 m=3.461 km，两者之和 3.461 千米(6分)。

26. 解：$\mu=10^{-6}$(2分)，1μm=10^{-6}m(2分)

所以 1μm+1μm=2μm，即两者和为 2 微米(6分)。

27. 解：按绝对值大小排列误差后为(2分)：0，2，3，4，4(2分)

居中的误差为 3(2分)，故或然误差为 3(4分)。

28. 解：平均值 L=(1 000+1 012+1 004+1 006+1 008)/5(6分)

=1 006(4分)。

29. 解：σ_s=2πR×1 000×1(4分)，σ_s=6.3(6分)。

30. 解：平均值 $L=\sum l_i/n$=1039.4(2分)

各残差 v_i 为：−1.1，5.2，−5.7，1.7，3.6，0.2，−3.2，−1.6，0.9(2分)，

而 max｜v_i｜=5.7，σ=max｜v_i｜/K_n=max｜v_i｜/K_9=0.59×5.7=3.4(6分)。

31. 解：合成不确定度 $\sigma=(20^2+20^2+20^2+20^2)^{½}$=40(3分)

合成不确定度自由度 $v=\sigma_4/\sqrt{\sum(s_i/v_i)}$=40/(20/2+20/2+20/2+20/2)^{½}=8(3分)

总不确定度 $U=t_{0.95}(v)$，$\sigma=t_{0.95}(8)$×40=2.31×40=92(6分)。

32. 解：圆的周长为 2πR(R 为半径)(3分)

所以 2πR/R 弧度=360°，即 2π 弧度=360°(2分)

所以 1 弧度=360°/2π=360°/(2×3.1416)=57.3°(2分)

1 弧度等于 57.3°(4分)。

33. 解：圆的周长是 2πR(R 为半径)

所以 2πR/R 弧度=360°，即 2π 弧度=360°(3分)

所以 1°=2πR/360=(2×3.1416)/360

=6.2832/360=0.0174533 弧度

≈0.0174 弧度(3 分)

1°等于 0.0174 弧度(4 分)。

34. 解:1 米制克拉=0.2g(3 分),1 市两=50 g(3 分)

所以 0.2 g+50 g=50.2 g,两者和为 50.2 克(4 分)。

35. 解:1 公担=100 kg(3 分),1 市担=50 kg(3 分)

所以 100 kg+50 kg=150 kg,两者之和为 150 千克(4 分)。

长度计量工(中级工)习题

一、填 空 题

1. 法定计量单位规定，电容的单位是“法”，电感的单位是“亨”，电阻的单位是(　　)，磁感应强度的单位是“特斯拉”。

2. 金属材料的机械性能通常有“Rm”、“R_{el}”、“A”、(　　)和“硬度”五项指标。

3. 我国《计量法实施细则》规定，任何单位和个人不准在工作岗位上使用无检定合格印证或者超过周期检定以及(　　)的计量器具。

4. 法定计量单位就是由国家以法令形式规定，(　　)使用或允许使用的计量单位。

5.“米”的定义是(　　)在真空中 1/299 792 458 秒时间间隔所通过的距离。

6. 紫外辐射的波长范围为 1 nm～(　　)nm 之间。

7. 我国 1982 年用电校对辐射计按坎德拉的新定义年复现了发光(　　)单位。

8. 测量光照度用照度计，照度的单位是“勒克斯”，符号是(　　)。

9. 国标单位制具有专门名称的导出单位中，光通量的单位名称是流[明]，其单位符号为(　　)。

10. 国标单位制的基本单位中，发光强度的单位名称是(　　)，其单位符号为 cd。

11. 当光线从光疏介质投射到光密介质在其界面产生反射时，反射光线的振动位相较之折射光线的振动位相附加了(　　)，此附加量称之为位相跃变(或半波损失)。

12. (　　)中光速约为 3×10^8 km/s。

13. 新米定义：1 米是(　　)在真空中在值 299 792 458 分之一秒的时间间隔内所经路径的长度。

14. 1983 年 10 月第十七界国际计量大会通过了新的(　　)定义。

15. 一束光被平面镜反射，若平面镜转 θ 角，则反射光将转过 2θ，这是因为反射角(　　)入射角。

16. 艾利点是支承在距其两端各为(　　)L 处的两个支点。

17. 我国法定计量单位制中，规定平面角的表示方法是(　　)单位与六十进制的度、分、秒并用。

18. 在国际单位制具有专门名称的导出单位中，压力的计量单位名称是帕[斯卡]，计量单位的符号是(　　)。

19. 在国际单位制具有专门名称的导出单位中，功率的计量单位名称是瓦[特]，计量单位的符号是(　　)。

20. 在国际单位制具有专门名称的导出单位中，电荷量的计量单位名称是库[仑]，计量单位的符号是(　　)。

21. 在国际单位制具有专门名称的导出单位中，电压的计量单位名称是(　　)，计量单位的符号是“V”。

22. 在国际单位制具有专门名称的导出单位中，电容的计量单位名称是(　　)，计量单位的符号是“F”。

23. 在国际单位制具有专门名称的导出单位中，电阻的计量单位名称是欧[姆]，计量单位的符号是(　　)。

24. 在国际单位制具有专门名称的导出单位中，电导的计量单位名称是西[门子]，计量单位的符号是(　　)。

25. 在国际单位制具有专门名称的导出单位中，磁通量的计量单位名称是(　　)，计量单位的符号是“Wb”。

26. 在国际单位制具有专门名称的导出单位中，磁感应强度的计量单位名称是(　　)，计量单位的符号是“T”。

27. 在国际单位制具有专门名称的导出单位中，电感的计量单位名称是亨[利]，计量单位的符号是(　　)。

28. 在国际单位制具有专门名称的导出单位中，摄氏温度的计量单位名称是(　　)，计量单位符号是“℃”。

29. 我国《计量法》规定，县级以上人民政府计量行政部门，根据需要设置(　　)。计量监督员管理办法，由国务院计量行政部门制定。

30. 我国《计量法》规定，县级以上人民政府计量行政部门可以根据需要设置计量检定机构，或者授权其他单位的计量检定机构，执行(　　)和其他检定、测试任务。

31. 我国《计量法》规定，处理计量器具准确度引起的纠纷，以(　　)器具或者社会公用计量标准器具检定的数据为准。

32. 我国《计量法》规定，为社会提供公证数据的产品质量检验机构，必须经省级以上人民政府计量行政部门对其计量检定、测试的能力和(　　)考核合格。

33. 我国《计量法》规定，未取得“制造计量器具许可证”、“修理计量器具许可证”制造或修理计量器具的，责令停止生产、停止营业，没收违法所得，可以(　　)。

34. 我国《计量法》规定，制造、销售未经考核合格的计量器具新产品的，责令停止制造、销售该种新产品，没收违法所得，可以(　　)。

35. 我国《计量法》规定，制造、修理、销售的计量器具(　　)，没收违法所得，可以并处罚款。

36. 我国《计量法》规定，属于强制检定范围的计量器具，未按照规定(　　)或者检定不合格继续使用的，责令停止使用，可以并处罚款。

37. 我国《计量法》规定，使用不合格的计量器具或者破坏计量器具准确度、给国家和消费者造成损失的，责令赔偿损失，没收计量器具和(　　)，可以并处罚款。

38. 我国《计量法》规定，制造、销售、使用以(　　)为目的的计量器具的，没收计量器具和违法所得，处以罚款。

39. 我国《计量法》规定，计量监督人员(　　)情节严重的，依照《刑法》有关规定追究刑事责任；情节轻微的，给予行政处分。

40. 模数是齿轮的基本参数，是齿轮各部分几何尺寸计算的依据，齿形的大小和强度成(　　)。

41. 我国《计量法实施细则》规定，非经国务院计量行政部门批准，任何(　　)不得拆卸、改装计量基准，或者自行中断其计量检定工作。

42. 我国《计量法实施细则》规定，社会公用计量标准对社会上实施计量监督具有(　　)。县级以上地方人民政府计量行政部门建立的本行政区域内最高等级的社会公用计量标准，必须向上一级人民政府计量行政部门申请考核；其他等级的，由当地人民政府计量行政部门主持考核。

43. 将 2.71828 修约至小数后一位是(　　)。

44. 对某级别量程一定的仪表，其允许示值误差与示值大小(　　)，其允许示值相对误差与示值大小有关。

45. 误差分析中，考虑误差来源要求(　　)、不重复。

46. 测量误差不超出$\pm 3\sigma$范围的概率为(　　)，不超出$\pm 4\sigma$范围的概率为 0.99994。此时设测量为服从正态分布的偶然误差。

47. 仪表示值引用误差是仪表的(　　)与仪表全量程值之比。

48. 对正态分布的偶然误差，误差数值小于σ的概率为 0.8413，误差在$-\sigma \sim \sigma$之间的概率为(　　)(准确至小数点后 4 位)。

49. 测量误差是测量结果与被测量真值之差，又称(　　)。

50. 误差的两种基本表现形式是(　　)和相对误差。

51. 按精度区分，测量可分为(　　)和不等精度测量。

52. 相对误差的定义是绝对误差/真值，它的表现形式之一——ppm 的数值是(　　)。

53. 在国际单位中以长度、质量、(　　)、电流、热力学温度、物质的量、发光、强度七个量为基本量。

54. 我国《计量法》规定，计量检定必须按照国家计量(　　)进行，计量检定必须执行计量检定规程。

55. 我国《计量法》规定，制造计量器具的企业，事业单位，必须取得(　　)。修理计量器具的企业，事业单位，必须取得“修理计量器具许可证”。

56.《计量检定人员管理办法》规定：检定人员是指经(　　)，持有计量检定证件，从事计量检定工作的人员。

57. 在量具修理中，研磨是用的最多的一种精加工方法。研磨过程中常用的研磨材料有刚玉、碳化硼、碳化硅、金刚石粉、碳化铁、(　　)等。

58. 千分尺的刻度线宽度为 0.15～0.20 mm，同一把千分尺上刻线宽度差不大于(　　)。

59. 不论哪种量具，凡有平工作面的，均有平面度要求。平面度是指包容(　　)且距离为最小的两平行平面之间的距离。

60. 千分尺的结构，主要由测微头、测砧、弓形架以及测力装置、(　　)等组成。

61. 检定水平仪检定器分度值误差，所用的标准器具是(　　)和 4 等或 1 级量块。

62. 千分表的大指针末端上表面至表盘刻线面的距离应不大于 0.7 mm，其目的是为了控制(　　)。

63. 工具显微镜是一种多用途的光学机械式两座标测量仪器，对于零件形状以直角坐标或极坐标方法测量，对于直径或圆锥度用(　　)法测量。

64. 工具显微镜的测量刀，用于螺纹测量的，其刻线至刀口的距离为 0.3 mm 和 0.9 mm；

用于锥度测量的,其刻线至刀口的距离为(　　)。

65. 仪器测头的正确位置的调整方法是:在使用平面测头时,其工作面应垂直于仪器的测量轴线;在使用球形测头时,其球心应(　　)仪器的测量轴线上。

66. 贝塞尔点是支承在距离两端分为(　　)L 处的两个支承点。

67. 通端螺纹塞规主要用于检查螺纹的作用中径,而止端螺纹塞规则用于检查螺纹的(　　)中径。

68. 影响螺纹互换性的主要因素有螺距误差、牙形半角误差、(　　)三个。

69. 在量块按等检定之后确定它的级别时,根据中心长度测量的极限误差和允许偏差之间的关系:符合 3 等的量块最高只能定为 1 级,符合 5 等的量块最高只能定为(　　)级。

70. 水平仪的用途除了测量相对于水平位置的倾斜角度之外,还可以测量平板的(　　)、平尺的直线度。

71. 按现行标准规定,表面粗糙度的数值应该是在被测表面的(　　)对实际轮廓的测量结果,而且一般应在垂直于加工痕迹的方向上进行测量。

72. 用一平晶以一定倾角与被测工件表面相接触时,相对于接触点而言,凸形的弯曲干涉纹说明平面为凸形,而凹形的干涉条纹则说明平面为(　　)形。

73. 在平面度 $h=b/ax\lambda/2$ 计算式中,a 表示两条干涉带的距离,b 表示(　　)。

74. 导致量具失准的原则有两种,一种是(　　),另一种是由于使用和保管不当造成的损坏,量具最容易磨损的地方是测量面和经常活动的部位。

75. 在量具结构中,通常设有调整部分,检修时往往只要(　　)即可,而不要大拆大卸和随便更换零件。

76. 检定平板地点的温度,对于 0、1、2 级平板来说要求为(20±5)℃,检定前,平板与检定量具在检定地点平衡温度的时间不少于(　　)h。

77. 平面角 α(单位:度)换算为 ϕ(单位:弧度)的公式为 $\phi=\pi\alpha/180°$,单位弧度换算为单位度的公式为(　　)。

78. 螺纹的公称直径是指外径,计算螺纹几何尺寸的基准是(　　)径。

79. 外力消除后,能够完全消失的变形叫弹性变形,不能够完全消失而残留的变形叫(　　)。

80. 万能渐开线检查仪的工作原理是在基圆上产生渐开线的方法。它可以测量直齿或斜齿、(　　)或内啮合的圆柱齿轮及插齿刀、剃齿刀的渐开线齿形误差。

81. 测量齿轮径向跳动时,球形测头的选择是根据被测齿轮的(　　)选择的。测量一周的最大变动量即是齿圈的径向跳动。

82. 渐开线的几何形状与基圆的大小有关,它的直径越大,渐开线的曲率(　　)。

83. 产生温度引起的误差的原因有两种,一是(　　)不同,二是被测件和计量器具线膨胀系数不同。

84. 新制量块的测量面和非测量面,不应有划痕、碰伤或(　　);修理后或使用中的量块表面,允许有不妨碍正常使用的上述缺陷。

85. 量块测量面研合性检定时,研合面之间可以有不显著的(　　),研合以后应能察觉到研合力的存在。

86. 在量块使用时,根据中心长度测量的极限误差和允许的极限偏差之间的关系,3 等量块有时可用(　　)级量块代用,4 等量块可用 1 级量块代用。

87. 量块的级别或等别越高,对长度变动量的要求(　　)。

88. 线纹尺并联安装时因不符合(　　)原则而产生的误差为正弦(一次)误差。

89. 在我国的激光干涉比长仪中,通常采用(　　)来稳定 220 V 市电,也可以使用抗干扰稳压器。

90. 万能工具显微镜的读数装置,其示值误差不超过(　　),用 3 等量块检定。

91. 万能测长仪的测量轴线在移动中的转动应不大于(　　),用分度值不大于 0.1 mm/m 的自准直仪检定。

92. 我国生产的角度块有两种形状,三角形的角度块有(　　)个工作角,四边形的角度块有 4 工作角。

93. 确定角度量块平面时,在距两端(　　)mm 处,允许有 0.6 μm 的塌边。

94. 检定平晶的方法有标准平晶比较法和(　　)。

95. 选择测量基准面的原则是设计、工艺(　　)、装配基准面。

96. 百分表灵敏度的检定,主要是为了保证测杆的微小变动量能在百分表读数机构上(　　)出来。

97. 量具检定过程中测量误差的来源有仪器误差、定位误差、标准件误差、温度误差、估读误差、(　　)。

98. 阿贝原则是指测量轴线在基准轴线上。根据这一原则,判别游标高度尺(　　)符合。

99. 千分表的传动放大机构通常有两种,一种是齿条和齿轮传动放大机构,另一种是(　　)传动放大机构。

100. 当两轴平行,中心距较远,传动功率较大,而且平均传动比要求准确,不宜采用带传动和齿轮传动时,应采用(　　)。

101. 不论检定哪种量具,对室温均有要求,如果室温偏离标准温度 20 ℃时,会引起系统误差,当温度时高时低会引起(　　)误差。

102. 分度圆上压力角的大小,对齿形有影响,当压力角增大时,齿形的齿顶变尖,齿根(　　)。

103. 千分表调修的全部工作行程内,杠杆的(　　)应对称的分布在杠杆回转到测杆轴线的垂线两边。

104. 常用的水平仪检定器的结构有两种,一种为(　　),另一种为杠杆螺丝副式。

105. 百分表盘自由状态时,0.01 mm 指针应在盘测杆轴线左上方的位置:对于该指针转一圈则测杆位移 1 mm 的,指针距表盘零刻线为 8～15 分度,对于该指针转一圈测杆位移 0.5 mm 的指针表盘零刻线为(　　)分度。

106. 杠杆百分表的回程误差不大于 3 μm,杠杆千分表的回程误差不大于(　　)。

107. 游标角度规的示值误差不超过分度值,光学角度规的示值误差不超过(　　)。

108. 渐开线齿轮的齿形是由两条(　　)的渐开线作齿廓组成。

109. 一、二等标准金属线纹尺的刻线宽度一般为(8±2)μm;各条线宽度的均匀性及相互间的一致性不超过(　　)。

110. 一等标准玻璃线纹尺检定时,尺上两热电偶温度差应小于 0.04 ℃,一次测量中尺温波动要小于(　　)℃。

111. 将线纹尺正确安装于尺架上,调整尺架,使尺的两端刻线在显微镜视场内清晰;调整尺的方位,使其纵轴线与工作台运动方向(　　)。

112. 调整光电显微镜上两狭窄缝的宽度,使它与(　　)大体一致,并使刻线的两钟形脉冲讯号相交于幅值的十分之七处。

113. 检定一等标准玻璃线纹尺时,采取两种方式,每种方式测量两次,在全长内一种方式两次测得值的允差应小于(　　)。

114. 比较测量二等标准金属线纹尺时,当仪器的系统误差小于 0.2 μm 时,采用两种方式,(　　)时采用四种方式。

115. 比较测量二等标准金属线纹尺时,尺温离 20 ℃的偏差应在±0.5 ℃的范围内。安装调整后,恒温时间至少要等(　　)h。

116. 一、二等标准玻璃线纹尺一般用含镍 58%的材料制成,其横断面为(　　)形,安装时应支承在白塞尔支点上。

117. 三等标准金属线纹尺刻线应均匀、清晰,垂直于(　　),不得有断线等现象。

118. 三等标准金属线纹尺刻线宽度应为 0.05 mm,其偏差不大于(　　)mm。

119. 干涉显微镜的基本结构是由(　　)和显微镜两部分光学系统组合而成的。

120. 光切显微镜中的投影系统和观测系统两支光路上的物镜必须是(　　),而且它们的光学参数应该完全一样。

121. 获得游标卡尺修磨余量的方法有敲击法、(　　)。

122. 光切显微镜的基本结构由一个照明投影、光管和一个与前者呈(　　)夹角安装的观测光管组成。

123. 轮廓峰顶线是在取样长度内(　　)基准线并通过轮廓最高点的线。

124. 接触式干涉仪的辅助工作台比筋形工作台、球筋工作台低(　　)μm。用 5 等量块和刀口尺以光隙法检定。

125. 接触式干涉仪的臂架移动的直线度不超过(　　)。该直线度用自准直仪、五棱镜和平面反射镜或 ϕ14 mm 的平面测帽进行检定。

126. 齿数是计算齿轮各圆尺寸的基本参数,各个圆的直径与齿数成(　　)。

127. 不论立式光学计还是卧式光学计,其示值误差在±60 μm 范围内不超过(　　),超过±60 μm 范围的不超过±0.25 μm。

128. 分度值为 0.2″的自准直仪,其示值误差在 0～10″范围内不超过(　　),在任意 1″范围内不超过 0.5″。

129. 万能工具显微镜的光学定位器,其定位测头的球径检定极限误差不超过±0.5 μm。检定或使用光学定位器时,在主显微镜上所要安装的物镜,其放大倍数为(　　)。

130. 分度值为 5″的光学分度头,其定向刻度的示值误差不超过(　　),用光学倾斜仪借助专用心轴检定。

131. 人眼在明视条件下感觉最灵敏的辨单色辐射的波长为(　　),在暗适应条件下感觉最灵敏的单色辐射的波长为 507 nm。

132. 直尺圆柱齿轮转动中,只有当两齿轮的压力角和(　　)都相等时,这两个齿轮才能啮和。

133. 在明适应条件下,人眼对波长为 555 nm 的绿色光最灵敏,随着波长的增加或减少,灵敏逐渐(　　)。

134. 球形光度计由积分球和(　　)两部分组成。

135. 测色光谱光度计的工作波长范围一般为(　　),不能小于 400～700 nm。

136. 由红绿蓝三种单色光混合而成的白光,同连续光谱构成的白光在视觉效果上可以是一样的,而它们各自的(　　)却是不同的,这一现象称为同色异谱匹配。

137. 色度学测量的波长范围通常是(　　)nm～780 nm。

138. 光辐射是一种(　　),其波长范围是 1 nm～1 mm。

139. 量块长度比较测量所用的光学比较仪,它们最突出的功能是可以把被测与标准量块之间不易被人们察觉的微小长度差值,放大到人们能够准确察觉的程度,立式光学计可以把 V 型的测帽移动量放大 960 倍,在人眼观态部位显示出来,它使用了目镜的(　　)放大、光学杠杆和机械杠杆放大三者相结合的放大系统。

140. 清洗好的量块,在测量其长度之前,要在仪器附近的空间内与标准量块一起放置相当长的时间,其目的是为了使仪器、标准量块和被测量块的温度达到(　　)的一致。把标准和被测量块一起放在仪器的工作台上,又要保持相当长的时间,其目的是为了使仪器、标准量块和被测量块的温度达到进一步的一致。因为温度不一致,对量块长度测量结果影响较大,应力求避免。

141. 5 等量块长度测量的最后结果中,标称尺寸自 0.5～500 mm 的有效位数应保持微米以后(　　)位数;大于 500～1 000 mm 的有效位数应保持微米的一位数。多于有效位数的数均称为多余数,应按圆整规则把它们处理掉。

142. 检定是指评定计量器具的计量性能准确度、稳定度和灵敏度等,并确定其是否合格所进行全部工作。检定工作具有如下特点:

(1)检定的对象是计量器具(包括标准物质);

(2)检定的目的是确保量值的准确性,确保量值的(　　);

(3)检定的结论是要确定计量器具是否合格;

(4)检定具有法制性。

143. 光切显微镜的测微目镜示值误差,在测微目镜分筒的任意一周内,应不超过 0.0005 mm;在(　　)内,应不超过 0.01 mm。

144. 触针式粗糙度测量仪的静态测量力,是触针沿其(　　)方向作用于被测表面上的力,不考虑触针沿被测表面移动时所产生的动态力成分。

145. 齿轮齿条传动,主要用于把齿轮的(　　)转变为齿条的直线运动,也可以把运动的形式相反转变。

146. 齿轮传动能保证瞬时传动比恒定,平稳性(　　),传递运动准确而可靠。

147. 对于测量范围为 0°～320°的游标角度规,是根据安装角尺和直尺的不同决定被测角度的大小。若只安装上直尺时能测量角度(　　),只安装上角尺时能测量角度 140°～230°。

148. 渐开线上各个点的压力角不相等,越远离基圆压力角(　　),基圆上的压力角等于 0°。

149. 千分尺的测量下限调整至正确后,微分筒锥面的端面与毫米刻线的相对位置,离线不大于(　　)或压线不大于 0.05 mm。

150. 不论游标卡尺还是数显卡尺,其示值误差用(　　)检定。对一示值检定时,量块分别放在卡尺量爪工作面的里端和外端两位置上进行。

151. 数显卡尺的读数机构的基本原理是容栅或者是(　　)。

152. 分度值为 0.02 mm 的游标卡尺，其刻线宽度为 0.08～0.12 mm，同一把游标卡尺的刻线宽度差不大于(　　)。

153. 分度值为 0.05 mm 的游标卡尺，其圆柱面内测量爪的尺寸偏差不超过±0.02 mm，平行度不大于(　　)。

154. 卡尺是由(　　)首创的，其创世于公元九年(即西汉末王莽始建国元年)。

155. 深度千分尺基座工作面的平面度不大于(　　)，该千分尺的校对用量具，其尺寸偏差不超过±2 μm。

156. 水平仪的用途除了测量相对于水平位置的倾斜角度之外，还可以测量平尺的(　　)。

157. 百分表处于自由状态时，0.01 mm 指针应处于测杆轴线左上方的位置。对于该指针转一圈则测杆位移 1 mm 的，指针距表盘零刻线为(　　)，对于该指针转一圈则测杆位移 0.05 mm 的，指针距表盘零刻线为(4～12)分度。

158. 渐开线圆柱齿轮国家标准将齿轮公差分为三个公差组。它们分别评定齿轮传动的(　　)、平稳性、载荷分布均匀性。

159. 渐开线圆柱齿轮精度标准指出，当齿圈径向跳动量或公法线长度变动量有一项(　　)时，应进行周节累积误差的检定，然后决定该齿轮是否合格。

160. 公法线检查仪用于比较测量 7 级以下精度的直齿和斜齿外啮合圆柱的公法线平均长度偏差，及其(　　)。

161. 齿轮径向跳动检查仪主要用于测量内外圆柱齿轮、圆锥齿轮和(　　)。

162. 双面啮合综合检查仪是一种测量齿轮、蜗轮(　　)误差以及测量度量中心距极限偏差的仪器。

163. 圆柱斜齿轮的参数分为法面与端面两种，通常齿轮的设计计算是在(　　)内进行，也就是说以其为标准。

164. 在国际计量单位中，平面角单位的名称是(　　)，它的定义是在半径为 R 的圆周上，弧长等于半径时所对应的圆心角。

165. 对新制的一级角度块要求检定研合性，要求能够与(　　)级平晶研合住。

166. 角度块的实际角值取位的处理，1、2 级角度块规定均应取至(　　)；等于 0.5″时，若前一位为奇数，则进为 1″。

167. 量块的测量面和非测量面，修理后或使用中的量块表面，允许有不妨碍正常使用的(　　)。

168. 用技术光波干涉法测量量块测量面的平面度时，平面度允许偏差大于 0.15 μm 的可以采用(　　)级平晶。

169. 使用中标称尺寸为 3 mm 或小于 3 mm 量块测量面研合性检定时，测量面(　　)和双面都应能够研合。

170. 量块在(　　)或使用时，它的各项技术指标都是以 20 ℃为标准温度的测量结果为准。

171. 基轴制的轴，其上偏差为零；基孔制的孔，其下偏差为(　　)。

172. 检定平晶平面度时，平晶放置在测量位置的时间，对直径为 150 mm 不少于(　　) min；直径为 100 mm 平晶不少于 60 min。

173. 乌氏干涉仪的分度值，最常用的是(　　)μm/每小格，这时示值范围是±5.0 μm。

174. 经纬仪照准部的旋转中心理论上应通度盘的(　　)中心和度盘的旋转中心。

二、单项选择题

1. 通过光心的任意一条直线都叫做透镜的(　　)。

(A)光轴　(B)主轴　(C)副轴　(D)小轴

2. 机械制图位置公差，同轴度的公差代号是(　　)。

(A)○　(B)⌭　(C)◎　(D)⌰

3. 对某量等精度独立测量 n 次，则残差平方和的期望除 δ^2 为(　　)。

(A)$n-1$　(B)$n+1$　(C)n　(D)$2n+1$

4. 法定计量单位中，国家选定的非国际单位的质量单位名称是(　　)。

(A)公吨　(B)米制吨　(C)吨　(D)英制吨

5. 强制检定的计量器具是指(　　)。

(A)强制检定的计量标准　(B)强制检定的工作计量器具

(C)计量标准和强制检定的工作计量器具　(D)强制检定的计量基准

6. 企业、事业单位建立的各项最高计量标准，须经(　　)主持考核合格后，才能在本单位内部开展检定。

(A)国务院计量行政部门　(B)省级人民政府计量行政部门

(C)有关人民政府计量行政部门　(D)企业计量行政部门

7. 用百分表测量平面时，测头应与平面(　　)。

(A)倾斜　(B)不用考虑　(C)水平　(D)垂直

8. 若测温系统存在未知系统误差，而标尺与被测尺的温度线胀系数不同，则测量结果(　　)。

(A)会产生误差　(B)不会产生误差

(C)会产生误差但可修正　(D)无系统误差

9. 光学色散指介质的(　　)随光的波长变化的物理性质。

(A)散射　(B)折射角　(C)吸收　(D)折射率

10. 光在不同的介质中传播时，它的(　　)都不是变化的。

(A)频率和波长　(B)波长　(C)频率和波长都　(D)频率

11. (　　)不能在真空中传播。

(A)热　(B)电信号　(C)无线电波　(D)超声波

12. 我国法定计量单位的使用规则，15 ℃应读成(　　)。

(A)15 度　(B)摄氏 15 度　(C)15 摄氏度　(D)强度 15 度

13. 法定计量单位原子质量的计量单位符号是(　　)。

(A)mg　(B)u　(C)μg　(D)kg

14. 在我国选定的非国际单位制单位中，能的计量单位是电子伏，它的计量单位符号是(　　)。

(A)EV (B)Ve (C)eV (D)mg

15. 按我国法定计量单位使用方法规定,3 cm^2 应读成( )。

(A)3 平方厘米 (B)3 厘米平方 (C)平方 3 厘米 (D)3 立方厘米

16. 按我国法定计量单位使用方法规定,5 dm^3 应读成( )。

(A)5 分米立方 (B)5 立方分米 (C)立方 5 分米 (D)5 立方厘米

17. 国际单位质量的单位符号是( )。

(A)kg (B)t (C)Ib (D)EV

18. 企业、事业单位建立本单位各项最高计量标准,须向( )申请考核。

(A)省级人民政府计量行政部门

(B)县级人民政府计量行政部门

(C)与其主管部门同级的人民政府计量行政部门

(D)企业计量行政部门

19. 乡镇企业建立本单位各项最高计量标准,须向( )申请考核。

(A)当地省级人民政府计量行政部门 (B 当地县级人民政府计量行政部门

(C)国务院计量行政部门 (D)企业计量行政部门

20. 使用实行强制检定的计量标准的单位和个人,应当向( )申请周期检定。

(A)省级人民政府计量行政部门

(B)县级以上人民政府计量行政部门

(C)主持考核该项计量标准的有关人民政府计量行政部门

(D)企业计量行政部门

21. 使用强制检定的工作计量器具的单位和个人,应当向( )指定的计量检定机构申请周期检定。

(A)当地县(市)级人民政府计量行政部门 (B)当地省级人民政府计量行政部门

(C)有关人民政府计量行政部门 (D)企业计量行政部门

22. 对社会开展经营性修理计量器具的企业、事业单位,办理“修理计量器具许可证”,可直接向( )申请考核。

(A)当地县(市)级人民政府计量行政部门 (B)当地省级人民政府计量行政部门

(C)国务院计量行政部门 (D)企业计量行政部门

23. 对当地销售的计量器具实施监督检查的是( )。

(A)国务院有关主管部门 (B)省级以上地方人民政府计量行政部门

(C)县级以上地方人民政府计量行政部门吨 (D)企业计量行政部门

24. 国家法定计量检定机构的计量检定人员,必须经( )考核合格,并取得计量检定证件。

(A)国务院计量行政部门 (B)省级以上人民政府计量行政部门

(C)县级以上人民政府计量行政部门 (D)企业计量行政部门

25. 非法定计量检定机构的计量检定人员,由( )考核发证。无计量检定证件的,不得从事计量检定工作。

(A)省级人民政府计量行政部门 (B)县级人民政府计量行政部门

(C)其主管部门 (D)国家计量检定部门

26. 使用计量器具破坏其准确度包括(　　)。

(A)使用不合格的计量器具

(B)计量器具失灵

(C)为牟取非法利益,通过作弊故意使计量器具失准

(D)计量器具锈蚀

27. 使用不合格计量器具或者破坏计量器具准确度和伪造数据,给国家和消费者造成损失的,责令其赔偿损失,没收计量器具和全部违法所得,可并处(　　)以下的罚款。

(A)5 000 元　　(B)3 000 元　　(C)2 000 元　　(D)4 000 元

28. 计量检定遵循的原则是(　　)。

(A)统一准确　　(B)经济合理、就地就近

(C)严格执行计量检定规程　　(D)基准一致

29. 属于强制检定工作计量器具的范围包括(　　)。

(A)用于贸易结算、安全防护、医疗环境监测四方面的计量器具

(B)列入国家公布的强制检定目录的计量器具

(C)用于贸易结算、安全防护、医疗卫生、环境监测方面列入国家强制检定目录的工作计量器具

(D)列入省市强制检定目录的计量器具

30. 制造、销售使用以欺骗消费者为目的的计量器具的单位和个人,(　　)。

(A)没收其计量器具和全部违法所得

(B)处以罚款 3 000 元

(C)没收其计量器具和全部违法所得,可并处 2 000 元以下的罚款,构成犯罪的,对个人或者单位直接责任人员依法追究刑事责任

(D)处以罚款 2 000 元

31. 已知测量结果为 $L\pm2$,含真值的概率为 0.9545,其 B 类不确定度表征值为(　　)。

(A)3　　(B)2　　(C)1　　(D)1.5

32. 若 $R=R(L-l)/l$,求 R、L 无误差仅 l 有误差,欲 R 相对误差小,须(　　)。

(A)$l=L$　　(B)$l=L/2$　　(C)$l=L/4$　　(D)$l=L/5$

33. 服从指数分布的计量器具无故障平均工作时间与失效率数值(　　)。

(A)相等　　(B)成倒数关系　　(C)成平方关系　　(D)相反

34. 对服从正态分布的偶然误差,误差在$(-\sigma,\sigma)$之外在 10 000 次中有(　　)。

(A)6 827 次　　(B)545 次　　(C)3 173 次　　(D)2 174 次

35. 对服从正态分布的偶然误差,误差在$(-\sigma,2\sigma)$之内的概率为(　　)。

(A)0.6827　　(B)0.9545　　(C)0.8186　　(D)0.3173

36. 下面属于国际通用定义的是(　　)。

(A)含有误差的量值与其真值之差　　(B)计量结果减去被计量的(约定)真值

(C)计量器具的示值与实际值之差　　(D)量值与真值乘积

37. 若电阻的真值是 1 000 Ω,计量结果是 1 002 Ω,则正确的结论是(　　)。

(A)该电阻的误差是 2 Ω　　(B)计量结果的误差是 2 Ω

(C)计量器具的准确度是 0.2%　　(D)该电阻的误差 3 Ω

38. 被计量的电源是 0.45 A,为使计量结果更准确,应选下列电流表中的(　　)。

(A)上量限为 5 A 的 0.1 级电流表　(B)上量限为 0.5 A 的 0.5 级电流表

(C)上量限为 2 A 的 0.2 级电流表　(D)上量限为 3 A 的 0.2 级电流表

39. 关于概率与概率分布,正确的说法是(　　)。

(A)概率分布的总和为 1　(B)概率的取值区间是(−1,1)

(C)不可能事件的概率为 1　(D)概率分布的总合为 2

40. 当计量结果服从正态分布时,算术平均值小于总体平均值的概率是(　　)。

(A)68.3%　(B)50%　(C)31.7%　(D)70%

41. 下面是计量不确定度的几种定义,国际通用的定义是(　　)。

(A)表征被计量的真值所处量的值范围的评定

(B)用误差极限规定的各计算结果的分散性

(C)表示由于计量误差的存在而对被计量值不能肯定的程度

(D)用误差极限计算结果的分析值

42. 根据 BIPM 建议,计量分量不确定度及合成不确定度表示形式是(　　)。

(A)三倍标准差　(B)一倍标准差　(C)二倍标准差　(D)四倍标准差

43. 测量时应尽量使环境温度(　　)于工件温度,以保证测量结果的准确。

(A)不用考虑　(B)高　(C)低　(D)相同

44. 使用千分尺测量工件时,由于千分尺的零位误差而引起的误差为(　　)。

(A)系统误差　(B)偶然误差　(C)粗大误差　(D)机械空程误差

45. 整套量块检定完毕,每个量块都应单独定等定级,整套量块的级别是按这一套中(　　)来确定。

(A)级别最高的那一块

(B)级别最低的那一块

(C)去掉一个最高级,去掉一个最低级,取其各级别平均值

(D)只取各级别平均值

46. 推荐在常用的参数值范围内(R_a 为 0.025～6.3 μm,R_z 为 0.100～25 μm),优先选用(　　)参数。

(A)R_a　(B)R_z　(C)R_y　(D)t_p

47. 立式光学计示值误差用量块检定时,需要借用玛瑙工作台或三珠工作台进行,其目的是(　　)。

(A)防止量块工作面被损伤出　(B)消除量块弯曲影响

(C)便于操作提高效率　(D)消除热变形

48. 百分表的构造,由测量杆的直线位移变为指针的角位移,实现它的传动放大机构是(　　)。

(A)齿轮和齿轮　(B)杠杆和齿轮　(C)齿条和齿轮　(D)蜗轮和蜗杆

49. 千分尺的两个工作面,如果其中一个工作面与测量轴线垂直,那么工作面的平行度用平行平晶检定时,所需平行平晶的块数为(　　)。

(A)4 块　(B)1 块　(C)2 块　(D)3 块

50. 千分尺的准确度分为(　　)。

(A)0 级和 1 级 (B)1 级和 2 级 (C)0 级、1 级和 2 级 (D)0 级和 2 级

51. 用于测量孔的直径的千分尺,其中示值误差最小的千分尺是( )。

(A)内径千分尺 (B)内测千分尺 (C)孔径千分尺 (D)数字内测千分尺

52. 在工具显微镜上用影像法测量下列工件的尺寸,( )需要严格调整仪器光圈。

(A)薄曲率半径样板 (B)塞规外径

(C)螺纹塞规螺距 (D)螺纹锥度塞规大径

53. 用平面平晶检查平面度时,若出现 3 条直的、互相平行而等间隔的干涉条纹,则其平面度为( )。

(A)0.9 μm (B)0 (C)1.8 μm (D)0.6 μm

54. 齿厚游标卡尺的综合误差不超过( )。

(A)±0.01 mm (B)±0.02 mm (C)±0.03 mm (D)±0.04 mm

55. 选择测量仪器时,应使( )。

(A)仪器的分度值小于被测件加工公差

(B)仪器的准确度优于被测件公差值

(C)仪器的准确度优于被测件公差的 1/3

(D)仪器的准确度优于被测件公差的 1/20

56. 检定正弦尺工作台面的平面度误差时,用( )级刀口尺检定。

(A)0 (B)1 (C)2 (D)1 级 2 级均可

57. 刮制方箱需用着色法检定接触斑点,1 级、2 级方箱在任意边长 25mm 正方形内不少于( )点。

(A)25 (B)20 (C)15 (D)40

58. 量块工作面的硬度不应低于( )。

(A)HRC58 (B)HRC60 (C)HRC64 (D)HRC47

59. 被测件表面上不含有表面波纹度和其他形状误差时,用触针式轮廓仪测量表面粗糙度,若依次选取 0.25 mm,0.8 mm 和 2.5mm 几种不同的截止波长值分别进行测量,其粗糙度测得结果( )。

(A)依次增大 (B)依次减小 (C)基本上没有变化 (D)变化很大

60. 干涉显微镜的横向分辨能力主要取决于( )。

(A)物镜的数值孔径 (B)目镜的放大倍率

(C)仪器所用光源的型式 (D)物镜的放大倍率

61. 接触式干涉仪,其光干涉原理是( )。

(A)等倾干涉 (B)球面干涉 (C)等厚干涉 (D)平面干涉

62. 电轮廓仪是根据( )原理制成的。

(A)针描 (B)光切 (C)干涉 (D)波动

63. 齿轮公法线长度变动量主要影响齿轮的( )。

(A)传动准确性 (B)传动平稳住 (C)承载能力 (D)径向承载能力

64. 形成渐开线的圆称为( )。

(A)基圆 (B)分度圆 (C)节圆 (D)齿顶圆

65. 在量具修理中,( )是用得最多的一种精加工方法。

(A)研磨 (B)抛光 (C)压光 (D)珩磨

66. 研磨器的平面性和平行性如超要求应修理。手工修理时,研磨器在平板上应( )进行研磨。

(A)不断转动 (B)不断移动

(C)一面转动一面移动并不断调换转动方向 (D)只是平移运动

67. 锥度量规通常有四种测量方法,其中测量精度最高的是( )。

(A)用正弦法测量 (B)在万能工具显微镜上用测量刀测量

(C)在工具显微镜上用影像法测量 (D)打表法

68. 测量外螺纹中径的方法中,测量精度最高的方法是( )。

(A)螺纹千分尺法 (B)三针法 (C)轴切法 (D)投影法

69. 形位公差中的圆度公差带是( )。

(A)圆 (B)圆柱体

(C)两同心圆之间的区域 (D)方柱体

70. 万能工具显微镜的滑板移动的直线度,采用检定( ),再用分度值为 0.001 mm 扭簧式测微表和专用平尺检定。

(A)用分度值为 1′的自准直仪检定

(B)用分度值为 0.001 mm 扭簧式测微表和专用平尺检定

(C)用分度值 1′的自准直仪检定

(D)用分度值 0.002/1 000 的水平仪检定

71. 杠杆式百分表示值变动性的检定,是在测杆受力相隔 180°两个方位上进行,每一方位上的检定,应使表的示值( )。

(A)大致处于工作行程的中点 (B)分别在工作行程的始、终 2 点

(C)处于工作行程的始、中、终 3 点 (D)分别在工作行程的中、终 2 点

72. 对直线度进行评定时,最终仲裁的评定方法是( )。

(A)两端点连线法 (B)最小条件法 (C)最小二乘法 (D)最小成方圆

73. 铸铁代号通常采用汉语拼音,灰口铸铁代号是( )。

(A)HT20－40 (B)QT45－5 (C)KT30－6 (D)QT30－5

74. 渐开线上任意一点的法线必( )基圆。

(A)交于 (B)垂于 (C)切于 (D)相接

75. 1、2、3 级量块,可分别代替( )等量块使用。

(A)1、2、3 (B)3、4、5 (C)4、5、6 (D)2、3、4

76. 形位公差的公差带限制实际开关或实际位置的( )。

(A)变动量 (B)公差 (C)变动区域 (D)上偏差

77. 普通螺纹 M16×Ph6P2 表示公称直径为 16 mm,导程为 6 mm,螺距为( )的三线粗牙普通螺纹。

(A)6 mm (B)2 mm (C)16 mm (D)1 mm

78. 光学计在测量时应利用工作台相对的运动来寻找( )。

(A)横向面 (B)转折点 (C)水平线 (D)纵向面

79. 电动测量的工作原理是将( )的变化转变为电信号,再经放大或运算处理后,用指

示表指示或记录。

(A)测量误差 (B)被测参量 (C)位移量 (D)位移误差

80. 高度尺的用途，除测量高度外，还用于划线。划线用的量爪，其刃口厚度为(　　)。

(A)(0.15±0.05)mm (B)(0.10±0.05)mm

(C)(0.20±0.05)mm (D)(0.40±0.05)mm

81. 千分尺的测微螺杆，其轴向窜动量和径向摆动量应不大于(　　)。

(A)0.005 mm (B)0.010 mm (C)0.020 mm (D)0.015 mm

82. 一级百分表在任意 0.1mm 范围内的示值误差不超过(　　)。

(A)5 μm (B)6 μm (C)8 μm (D)7 μm

83. 为满足 0 级千分尺示值误差的检定，所用量块的准确度为(　　)。

(A)5 等或 2 级 (B)4 等或 1 级

(C)4 等或 1 级和 5 等或 2 级 (D)6 等或 2 级

84. 不论框式水平仪还是条式水平仪，其 V 形工作面为基面的零位，用心轴检定时，当 V 形面夹角为 α，V 形槽宽度为 c 情况下，则心轴直径 d 为(　　)。

(A)$d=(c/2\cos\alpha/2)$ (B)$d=(c/\cos\alpha/2)$

(C)$d=(c/2\sin\alpha/2)$ (D)$d=(3c/2\sin\alpha/2)$

85. 千分表分度值为 0.001 mm，其重复性不应超过(　　)mm。

(A)0.05 (B)0.005 (C)0.001 (D)0.01

86. 用平晶以技术光波干涉法检定一量具工作面的平面度时，出现的干涉条纹或干涉环，其干涉原理是(　　)。

(A)球面干涉 (B)等倾干涉 (C)等厚干涉 (D)平面干涉

87. 在测长机上检定内径千分尺组合尺寸 L 时，必须使用 V 形架和工作台支承内径千分尺，其支承位置应距离内径千分尺测量端面的距离 a 为(　　)。

(A)$a=0.21131$ (B)$a=0.22031$ (C)$a=0.22321$ (D)$a=0.24231$

88. 渐开线上各点压力角(　　)，基圆上压力角等于零。

(A)相等 (B)不相等 (C)0° (D)90°

89. 在检定平晶平面度时，如果用手角摸平晶进行调整的时间过长，会使平晶的平面度(　　)。

(A)变凹 (B)变凸 (C)不变 (D)大变

90. 渐开线上各点的曲率半径(　　)。

(A)不相等 (B)相等 (C)90° (D)60°

91. 在量值传递过程中，必须遵循检定状态与使用状态一致的原则，如果不一致将会产生(　　)。

(A)系统误差 (B)随机误差 (C)粗大差 (D)随机误差和粗差

92. 游标卡尺示值误差受检点为 41.2 mm，采用 83 块标准系列的量块来组合时，应选用量块尺寸为(　　)。

(A)40+1.2=41.2 (B)30+10+1.2=41.2

(C)30+4.5+4.5+1.2=41.2 (D)30+5+5+1.2=41.2

93. 分度圆上的压力角(　　)20°时，齿根变窄，齿顶变宽，齿轮的承载能力降低。

(A)大于 (B)小于 (C)等于 (D)大于和等于均可

94. 某使用中的量块,用3等的方法测得其各项技术指标全部符合3等量的要求,唯有长度为6.00003 mm这一量块应是( )。

(A)2等0级 (B)3等0级 (C)3等1级 (D)4等0级

95. 0级或2等量块长度每年允许变化的最大值为( )。

(A)$(0.10+2L)\mu$m (B)$(0.05+1L)\mu$m

(C)$(0.02+0.5L)\mu$m (D)$(0.08+1L)\mu$m

96. 量具按其用途分为( )。

(A)计量型、精度型和测量型 (B)万能量具、标准量具和专用量具

(C)角度量具、游标量具 (D)专用量具千分尺

97. 标准量具包括有多面棱体和( )等。

(A)百分表、千分表 (B)千分尺、测微计

(C)量块、平晶 (D)专用量具

98. 光电显微镜的光轴应调整到与比长仪( )相垂直。

(A)工作台面 (B)导轨面 (C)工作面运动方向 (D)手轮与导轨面

99. 在比较测量中,造成一个测量中的零差的主要原因是( )。

(A)比较仪存在系统误差 (B)温度的变化

(C)对线误差 (D)随机误差

100. 干涉测长仪中通常用激光作光源,主要是利用激光的( )的特点。

(A)时间相干性强 (B)空间相干性强 (C)准直性好 (D)光相干性强

101. 检定时,标准金属线纹尺应支承在跨距为( )的两个支点上。

(A)0.577 35L (B)0.559 38L (C)0.571 66L (D)0.561 66L

102. 测量轴类工具的径向圆跳动误差、端面圆跳动误差,应选用( )进行测量。

(A)水平仪 (B)游标卡尺 (C)千分尺 (D)百分表

103. 用激光干涉比长仪时,测量光束与工作台运动方向的一致性,在1 m行程内要小于( )。

(A)10″ (B)5″ (C)2″ (D)20″

104. 光电显微镜升降导轨与工作台面的垂直度,在升降10 mm范围内应小于( )。

(A)0.5′ (B)1′ (C)2′ (D)5′

105. 用激光干涉仪测长时,其测得值实际上是被测长度与波长的一个( )。

(A)差值 (B)乘积 (C)比值 (D)累积值

106. 激光干涉仪的光电显微镜,其灯源电压采用( )型。

(A)交流 (B)直流 (C)高频 (D)低频

107. 激光干涉比长仪的数码显示电路中,连接数码管的器件是( )。

(A)放大器 (B)触发器 (C)译码器 (D)发生器

108. 三等标准金属线纹尺检定前在规定环境条件下恒温的时间应不少于( )h。

(A)4 (B)8 (C)24 (D)48

109. 用读数显微镜检定三等标准金属线纹尺的刻线宽度时,每支尺应不少于( )。

(A)3处 (B)4处 (C)5处 (D)6处

110. 三等标准金属线纹尺的刻线面沿测量轴线方向的平面度应不超过(　　)。

(A)0.02 mm　(B)0.1 mm　(C)0.5 mm　(D)0.05 mm

111. 三等标准金属线纹尺全长或任何大于200 mm间隔的示值误差应不大于(　　)。

(A)±0.02 mm　(B)±0.05 mm　(C)±0.1 mm　(D)±0.03 mm

112. 在三等标准金属线纹尺的检定中,同一检定员同名分划往返的限差为(　　)。

(A)0.002 mm　(B)0.003 mm　(C)0.005 mm　(D)0.001 mm

113. 对于齿数相同的齿轮,模数(　　),齿轮的几何尺寸及齿形都越大,齿轮的承载能力越大。

(A)越大　(B)越小　(C)适中　(D)大小适中均可

114. 测长机分米刻度示值误差用量块检定时,对L尺寸的量块须借助架支承,其支承点离量块工作面的距离为(　　)。

(A)0.2203L　(B)0.2113L　(C)0.2232L　(D)0.2332L

115. 对万能工具显微镜或大型工具显微镜的主显微镜光轴、顶针和立柱回转轴线相对位置用十字线心轴检定是使立柱向左和向右摆动,出现十字线心轴的十字线象随着向左向右偏移,引起这一现象的原因是(　　)。

(A)立柱回转轴线底于顶针轴线　(B)顶针轴线低于立柱回转轴线

(C)主显微镜光轴不通过立柱回转轴线　(D)立拄和光轴不同心

116. 百分表和游标万能角度规,根据其用途和特点,属于(　　)。

(A)光学量具　(B)专用量具　(C)标准量具　(D)万能量具

117. 接触式干涉仪的辅助工作台,其工作面的平面度,采用的检定方法是(　　)。

(A)用平晶以技术光波干涉法检定　(B)用刀口尺(样板直尺)以光隙法检定

(C)用水平仪以节距检定　(D)用千分尺检定

118. 某一仪器的工作台面的平面度,若在白光情况下用平晶以技术光波干涉法检定时,受检工作台面的平面度一般不大于(　　)。

(A)0.001 mm　(B)0.002 mm　(C)0.003 mm　(D)0.004 mm

119. 用刀口尺(样板直尺)检定工作面的平面度时,通常以光隙法进行,当采用此法检定时,其间隙量一般不大于(　　)。

(A)0.003 mm　(B)0.005 mm　(C)0.010 mm　(D)0.020 mm

120. 根据ISO的规定,若标准差未知,当计算总体平均值的置信区间时,其置信因子是(　　)。

(A)2　(B)3　(C)t分布临界值　(D)5

121. 微观不平度十点高度R_z的定义:在取样长度内部5个最大的轮廓峰高的平均值与(　　)的平均值之和。

(A)5个最小的轮廓峰高　(B)5个最小的轮廓谷深

(C)5个最大的轮廓谷深　(D)5个实测轮廓峰值

122. 光学分度头的主轴锥孔轴线对基座工作台面的平行度,对于2″光学分度头来说,在1 000 mm长度上不大于(　　)。

(A)0.003 mm　(B)0.005 mm　(C)0.010 mm　(D)0.020 mm

123. 量块长度的主单位是米,在1983年10月17届国际计量大会通过的新的米定义

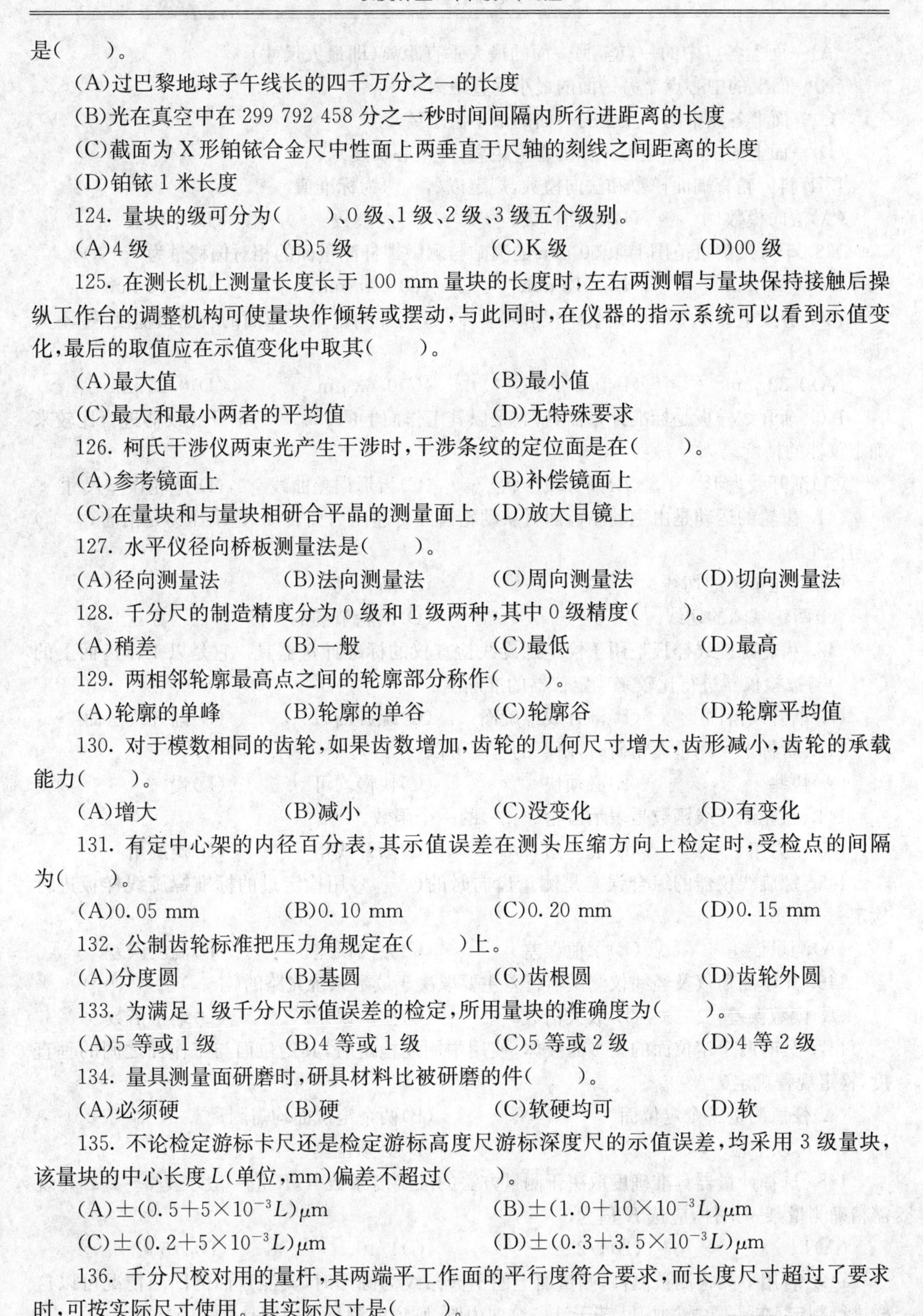

是(　　)。

(A)过巴黎地球子午线长的四千万分之一的长度

(B)光在真空中在 299 792 458 分之一秒时间间隔内所行进距离的长度

(C)截面为 X 形铂铱合金尺中性面上两垂直于尺轴的刻线之间距离的长度

(D)铂铱 1 米长度

124. 量块的级可分为(　　)、0 级、1 级、2 级、3 级五个级别。

(A)4 级　(B)5 级　(C)K 级　(D)00 级

125. 在测长机上测量长度长于 100 mm 量块的长度时，左右两测帽与量块保持接触后操纵工作台的调整机构可使量块作倾转或摆动，与此同时，在仪器的指示系统可以看到示值变化，最后的取值应在示值变化中取其(　　)。

(A)最大值　(B)最小值

(C)最大和最小两者的平均值　(D)无特殊要求

126. 柯氏干涉仪两束光产生干涉时，干涉条纹的定位面是在(　　)。

(A)参考镜面上　(B)补偿镜面上

(C)在量块和与量块相研合平晶的测量面上　(D)放大目镜上

127. 水平仪径向桥板测量法是(　　)。

(A)径向测量法　(B)法向测量法　(C)周向测量法　(D)切向测量法

128. 千分尺的制造精度分为 0 级和 1 级两种，其中 0 级精度(　　)。

(A)稍差　(B)一般　(C)最低　(D)最高

129. 两相邻轮廓最高点之间的轮廓部分称作(　　)。

(A)轮廓的单峰　(B)轮廓的单谷　(C)轮廓谷　(D)轮廓平均值

130. 对于模数相同的齿轮，如果齿数增加，齿轮的几何尺寸增大，齿形减小，齿轮的承载能力(　　)。

(A)增大　(B)减小　(C)没变化　(D)有变化

131. 有定中心架的内径百分表，其示值误差在测头压缩方向上检定时，受检点的间隔为(　　)。

(A)0.05 mm　(B)0.10 mm　(C)0.20 mm　(D)0.15 mm

132. 公制齿轮标准把压力角规定在(　　)上。

(A)分度圆　(B)基圆　(C)齿根圆　(D)齿轮外圆

133. 为满足 1 级千分尺示值误差的检定，所用量块的准确度为(　　)。

(A)5 等或 1 级　(B)4 等或 1 级　(C)5 等或 2 级　(D)4 等 2 级

134. 量具测量面研磨时，研具材料比被研磨的件(　　)。

(A)必须硬　(B)硬　(C)软硬均可　(D)软

135. 不论检定游标卡尺还是检定游标高度尺游标深度尺的示值误差，均采用 3 级量块，该量块的中心长度 L(单位，mm)偏差不超过(　　)。

(A)$\pm(0.5+5\times10^{-3}L)\mu m$　(B)$\pm(1.0+10\times10^{-3}L)\mu m$

(C)$\pm(0.2+5\times10^{-3}L)\mu m$　(D)$\pm(0.3+3.5\times10^{-3}L)\mu m$

136. 千分尺校对用的量杆，其两端平工作面的平行度符合要求，而长度尺寸超过了要求时，可按实际尺寸使用。其实际尺寸是(　　)。

(A)一面上各点中的一点至另一面的最大垂直距离(即最大尺寸)

(B)一面上的中心点至另一面的最小垂直距离

(C)一面上各点中的一点至另一面的最小值距离

(D)一面上的中心点至另一面的垂直距离(即中心长度)

137. 斜齿轮有端面模数和法向模数,规定以(　　)为标准值。

(A)法向模数　(B)端面模数　(C)大模数　(D)小模数

138. 千分尺测量范围上限 50 mm 的测砧与测微螺杆测量面的相对偏移量为(　　)。

(A)0.08 mm　(B)0.13 mm　(C)0.15 mm　(D)0.20 mm

139. 分度值为 0.02mm 游标卡尺和数显卡尺,其外测量爪工作面的表面粗糙度 R_a 不大于(　　)。

(A)0.32 μm　(B)0.2 μm　(C)0.63 μm　(D)0.25 μm

140. 渐开线样板是标准计量器具,它是以其工作面上的(　　)与渐开线仪器进行比较来确定仪器的精度。

(A)渐开线齿形　(B)渐开线形状　(C)齿形误差曲线　(D)蜗轮误差尺寸

141. 齿轮的运动是由主动轮齿面对从动轮齿面传递压力而转动,这个压力是沿着(　　)方向传递的。

(A)两轮节圆的切线　(B)渐开线

(C)两轮基圆的切线　(D)两轮节圆的相接

142. 齿轮螺旋线样板是用于检定螺旋线检查仪的标准计量器具。它是以工作齿面上的(　　)与被检仪器进行比较来确定仪器的准确度。

(A)渐开线齿面　(B)渐开线螺旋面　(C)螺旋面　(D)渐开线法面

143. 游标卡尺测量面粗研时,研磨的速度可以(　　)。

(A)快些　(B)必须快　(C)快慢均可　(D)慢

144. 齿轮渐开线函数是表示齿轮(　　)的一个函数。

(A)压力角　(B)展开角　(C)渐开线角　(D)螺旋角

145. 螺旋线仪器的综合误差是测量齿向时的(　　),用检定过的标准螺旋线样板进行检定。

(A)测量误差　(B)示值误差　(C)方法误差　(D)温度误差

146. 光学测角仪及经纬仪测微器行差主要取决于读数系统光路的(　　)。

(A)读数误差　(B)放大倍数　(C)照准误差　(D)缩小倍数

147. 具有两个定位面的正多面棱体,使用中周期检定时,其定位面与工作面之间的垂直度,检定规程规定(　　)。

(A)任意测量一个定位面　(B)两个定位面均需测量

(C)可以不检　(D)必须检测

148. 选择计量器具准确度取决于测量方法的准确度系数 K,K 值一般取 1/3~1/10。现需精确测量某一工件,应选 K 值为(　　)。

(A)1　(B)1/2　(C)1/10　(D)1/5

149. 若用平晶检测被测件,测量面上的干涉条纹为圆形时,其测量面的凹凸情况可以这样进行判定:在平晶中央加压,若干涉条纹向内跑,则说明测量面中间是(　　)。

(A)平 (B)凸 (C)凹 (D)平凸一样

150. 用研磨面平尺检定大于175mm的样板直尺的直线度时,由透光法所能看到的容许光隙的长度不应超过被检样板直尺长度的( )。

(A)三分之一 (B)四分之一 (C)五分之一 (D)六分之一

151. 用止螺纹塞规检内螺纹是( )。

(A)绝对测量 (B)比较测量 (C)单项测量 (D)多项

152. 某测角仪器的最大分度误差为+0.4″和−0.6″,如以±误差表达,应为( )。

(A)±0.5″ (B)±0.6″ (C)±0.4″ (D)±0.8″

153. 下列计量单位名称中,不属于国际单位制的单位名称是( )。

(A)伏[特] (B)特[克斯] (C)坎[德拉] (D)磅

154. 塞尺是片状定值量具,又称为厚薄规,主要用于( )。

(A)测量直径 (B)测量间隙 (C)测量孔径 (D)测量阶梯

155. 光滑极限量规是控制工件极限尺寸量具,能够( )。

(A)读出被测工件尺寸数值 (B)判断被测工件是否合格

(C)职能测量孔径尺寸 (D)只能测量轴径尺寸

156. 内径表的结构有弹簧式、钢球式、( )。

(A)护桥式 (B)锥体式 (C)支架式 (D)塔形式

157. 杠杆指示表的测杆要求,在外力作用下,测杆能在表体轴线方向转动( )。

(A)60° (B)90° (C)120° (D)180°

158. 球形光度计由( )两部分组成。

(A)积分球 (B)光度计 (C)光学计 (D)色度计

159. 乌氏干涉仪的分度值,最常用的是( )/每小格,这时示值范围是±5.0 μm。

(A)0.4 μm (B)0.3 μm (C)0.2 μm (D)0.1 μm

160. 使用中标称尺寸为( )量块测量面研合性检定时,测量面单面和双面都应能够研合。

(A)4 mm或小于5 mm (B)10 mm或小于10 mm

(C)3 mm或小于3 mm (D)6 mm或小于6 mm

161. 触针式粗糙度测量仪的静态测量力,是触针沿其( )方向作用于被测表面上的力,不考虑触针沿被测表面移动时所产生的动态力成分。

(A)上下 (B)轴线 (C)倾斜 (D)纵向

162. 计量器具的计量性能包括准确度、稳定度、灵敏度。检定的对象是( )。

(A)相关检具 (B)计量器具 (C)标准器 (D)附助设备

163. 计量器具的计量性能包括准确度、稳定度、灵敏度。检定的目的是确保量值的( )。

(A)真值 (B)测量误差 (C)准确性 (D)精度

164. 计量器具的计量性能包括准确度、稳定度、灵敏度,确保量值的( )。

(A)测量值 (B)误差 (C)数据 (D)溯源性

165. 计量器具的计量性能包括准确度、稳定度、灵敏度。检定的结论是要确定计量器具( )。

(A)误差值　(B)是否合格　(C)等级　(D)差值

166. 计量器具的计量性能包括准确度、稳定度、灵敏度。检定具有(　　)。

(A)法制性　(B)刻度的标定　(C)精度调整　(D)低到高量传

167. 5 等量块长度测量的最后结果中，标称尺寸为 500～1 000 mm 的有效位数应保持微米的(　　)。多于有效位数的数均称为多余数，应按圆整规则把它们处理掉。

(A)一位数　(B)两位数　(C)三位数　(D)四位数

168. 百分表处于自由状态时，0.01 mm 指针应处于测杆轴线左上方的位置。对于该指针转一圈则(　　)的，指针距表盘零刻线为(8～15)分度。

(A)测杆位移 3 mm　(B)测杆位移 1 mm

(C)测杆位移 4 mm　(D)测杆位移 2 mm

169. 百分表处于自由状态时，0.01mm 指针应处于测杆轴线左上方的位置；对于该指针转一圈则(　　)的，指针距表盘零刻线为(4～12)分度。

(A)测杆位移 3 mm　(B)测杆位移 2 mm

(C)测杆位移 1 mm　(D)测杆位移 0.05 mm

170. 通常用的水平仪检定器的结构有两种，一种为螺丝副式，另一种为(　　)。

(A)齿轮式　(B)凸轮式　(C)杠杆螺丝副式　(D)螺杆副式

171. 水平仪的用途除了测量相对于水平位置的(　　)，还可以测量平板的平面度。

(A)长度尺寸　(B)倾斜角度　(C)螺纹角　(D)齿轮

172. 卡尺是由(　　)首创的，其创世于公元 9 年。

(A)中国　(B)法国　(C)德国　(D)意大利

173. 角度块的实际角值取位的处理，1、2 级角度块规定均应取至(　　)；等于 0.5″时，若前一位为奇数，则进为 1″。

(A)整倍数　(B)整秒数　(C)整度数　(D)整分数

174. 对新制的 1 级角度块要求检定研合性，要求 1 级角度块能够与 2 级平晶(　　)住。

(A)不要研合　(B)两研合有逢隙　(C)不能研合　(D)研合

175. 平面角 α(单位:度)换算为 ϕ(单位:弧度)的公式为 $\phi=\pi\alpha/180°$；单位弧度换算为单位度的公式为(　　)。

(A)$\alpha=(180°\phi)/\pi$　(B)$\alpha=(180°\phi)\pi$

(C)$\alpha=(180°\phi)-\pi$　(D)$\alpha=(180°\phi)+\pi$

三、多项选择题

1. 通用计量学涉及计量的(　　)问题，而不针对具体被测量的计量学部分。

(A)研究　(B)一切　(C)共性　(D)测量

2. 法制计量学涉及(　　)的计量学部分。

(A)法制　(B)管理　(C)探讨　(D)定性

3. 理论计量学涉及关于(　　)和计量(　　)的理论、测量误差的理论。

(A)数据　(B)量　(C)单位　(D)方法

4. 测量就是一组以(　　)为目的的操作。

(A)确定　(B)量值　(C)变化　(D)不确定

5. 计量学是关于测量的科学,是研究测量(　　)的一门科学。

(A)数据　(B)数值　(C)理论　(D)实践

6. 检定证书可以明确证明(　　)已经过检定,并获满意结果的文件。

(A)理论　(B)效果　(C)计量　(D)器具

7. 校准结果既可给出(　　),又可确定(　　)。

(A)被测量值　(B)误差值　(C)示值修正值　(D)指示值

8. 校准是(　　)溯源的主要方式,是实现量值统一的基本手段。

(A)测量值　(B)测量结果　(C)真值　(D)误差值

9. 测量仪器可(　　)或连同(　　)一起用以进行测量的器具。

(A)测量　(B)单独　(C)辅助设备　(D)方法

10. 通用计量学涉及计量的(　　)问题,而不针对具体被测量的计量学部分。

(A)研究　(B)一切　(C)共性　(D)测量

11. 直角尺是检验或划线工作中最常用的(　　)都为90°的角度量具。

(A)侧角　(B)外角　(C)内角　(D)倾斜角

12. 直角尺量具按精度分有(　　)。直角尺一般用于检验精密量具。1级用于检验精密工件。2级用于检验较低精度的一般工件。

(A)特级　(B)00级　(C)0级　(D)超级

13. 万能角度尺的游标分度值常见有(　　)两种,测量外角范围0°～320°,测量内角40°～220°。

(A)10′　(B)8′　(C)2′　(D)5′

14. 平直度量具有(　　)平板。

(A)刀口形直尺　(B)平晶　(C)平尺　(D)角尺

15. 刀口形直尺按结构分为(　　)和四棱尺,精度等级为0级和1级。

(A)平尺　(B)刀口尺　(C)三棱尺　(D)平行尺

16. 刀口形直尺工作棱边长度(　　),0级精度为0.5 μm。

(A)50 mm　(B)75 mm　(C)125 mm　(D)175 mm

17. 数显外径千分尺(　　)校对用量杆尺寸偏差±1.25 μm。

(A)0～25 mm　(B)25～50 mm　(C)50～75 mm　(D)75～100 mm

18. 外径千分尺(　　)校对用量杆尺寸偏差±6 μm。

(A)175～200 mm　(B)150～175 mm　(C)200～225 mm　(D)225～250 mm

19. 数显千分尺测量范围大于(　　),检定室温20℃±1℃,平衡温度的时间不小于5 h。

(A)75～100 mm　(B)100～175 mm　(C)200～400 mm　(D)400～500 mm

20. 外径、(　　)千分尺示值误差用五等专用量块检定,各种千分尺的受检点应均匀分布于测量范围的5点上。

(A)螺纹　(B)内径　(C)壁厚　(D)板厚

21. 数显千分尺细分误差在测量范围任意位置上,每间隔0.04检定一次,共检定12点,分别对此各受检点数显装置的(　　)之差。其最大差值应符合要求。

(A)显示值　(B)微分筒读数值　(C)量杆值　(D)修正值

22. 百分表的传动机构有(　　)三种。

(A)齿条齿轮式　(B)杠杆齿轮式　(C)齿轮与齿轮式　(D)涡轮蜗杆式

23. 百分表在测量时不需要校对零位，可自制，百分表测头有滚花测头、(　　)等。

(A)针状测头　(B)叶片测头　(C)刀口测头　(D)平测头

24. 对数显类卡尺除检定示值误差外，还要进行细分误差测量，对于栅距为 5.08 mm，0～300 卡尺，还应选择(　　)，作为细分误差的测量。

(A)1 mm，2 mm　(B)3 mm，4 mm　(C)6 mm，7 mm　(D)4 mm，5 mm

25. 外径千分尺测量范围为(　　)，两测量面的平行度最大允许误差均为±4μm。

(A)75～100 mm　(B)0～25 mm　(C)50～75 mm　(D)25～50 mm

26. 数显千分尺测量范围为(　　)，两测量面的平行度的最大允许误差均为±2μm。

(A)0～25 mm　(B)25～50 mm　(C)50～75 mm　(D)75～100 mm

27. 水平仪按形状分为条形水平仪、(　　)。

(A)合象水平仪　(B)水准仪　(C)框形水平仪　(D)经纬仪

28. 用成套量块的块数有 91 块、(　　)、38 块。

(A)12 块　(B)83 块　(C)46 块　(D)8 块

29. 水平仪一格值分为(　　)、0.03/1 000≈6″、0.04/1 000≈8″。

(A)0.015/1 000≈3″　(B)0.025/1 000≈5″

(C)0.01/1 000≈2″　(D)0.02/1 000≈4″

30. 奇数沟千分尺有(　　)、七沟千分尺。

(A)单沟千分尺　(B)三沟千分尺　(C)五沟千分尺　(D)九沟千分尺

31. 孔的上、下极限偏差分别用(　　)表示；轴的上、下极限偏差分别用下极限、上极限表示。

(A)上极限　(B)下偏差　(C)上偏差　(D)下极限

32. 检查千分表各部分的相互作用，表圈转动平稳，指针应牢固，测杆总行程应大于测量上限，移动应无(　　)，表圈转动及指针转动平稳、可靠。

(A)阻碍　(B)卡滞　(C)间隙　(D)灵活

33. 扭簧比较仪是一种杠杆一扭簧的传动，将测量的(　　)运动转换为指针在表盘上的角位移。

(A)曲线　(B)直线　(C)往复　(D)单向

34. 公法线杠杆千分尺正确对零，以测量下限选取量块。在四个位置分别与测量面接触，得出四个读数的(　　)的算术平均值应与量块的实际值相等，否则应重新调整零位。

(A)最大值　(B)最小值　(C)测量值　(D)测量参数

35. 测微计的工作条件，对(　　)等环境要求较高，适合在实验室使用。

(A)振动　(B)湿度　(C)温度　(D)空气流动

36. 准确性表征的是测量(　　)一致的程度。

(A)方法　(B)结果　(C)与被测量实际值　(D)与真值。

37. 量的真值只有通过完善的测量才有可能获得。真值按其本性是一个不确定的，在实际的测量中用(　　)。

(A)测量方法　(B)约定真值　(C)来代替真值　(D)确定

38. 计量的基本特性可归纳为(　　)及法制性。

(A)准确性　　(B)一致性　　(C)计量器具　　(D)可靠性

39. 重复性可以用测量(　　)定量地表示,最常用的是实验标准偏差。

(A)方法　　(B)的误差　　(C)结果　　(D)的分散性

40. 通过一条具有规定不确定度的间断的比较链,使测量(　　)能够与规定的参考标准,通常是与国家测量标准或国标测量标准联系起来的特性。

(A)方法　　(B)或结果　　(C)标定的值　　(D)或测量标准的值

41. 校准判断测量器具合格与否,但当需要时,可确定测量器具的某一性能是否(　　)的要求。

(A)性能　　(B)参数　　(C)符合　　(D)预期

42. 影响量不是被测量,它是对测量结果有影响的量。影响量来源于环境条件和(　　)。

(A)仪器　　(B)人员　　(C)计量器具　　(D)本身

43. 由一个数乘以测量单位所表示的特定量的(　　)。

(A)测量数据　　(B)大小　　(C)误差　　(D)称为量值

44. 任意一个误差均可分解为(　　)的代数和,而测量结果是真值、系统误差与随机误差三者的代数和。

(A)系统误差　　(B)和随机误差　　(C)粗大误差　　(D)和测量误差

45. 校准结果既可给出被测量的示值,又可(　　)。

(A)测量　　(B)确定示值　　(C)修正值　　(D)间接值

46. 计量确认一般应包括:首先要进行校准,通过比较是否(　　)使用要求;经必要的调整或修理后再校准加以确认,并附加封印和标记等。

(A)测量　　(B)满足　　(C)误差　　(D)预期

47. 计量是实现单位统一、量值准确、(　　)。

(A)数据　　(B)可靠　　(C)传递　　(D)活动

48. 测量长度的方法可以用(　　)及外径千分尺测量。

(A)钢直尺　　(B)游标卡尺　　(C)正弦规　　(D)角度尺

49. 钢直尺是最常用简单量具之一,可用来测量工件的(　　)。

(A)长度　　(B)宽度　　(C)深度　　(D)高度

50. 游标卡尺可测量工件的内直线尺寸、外直线尺寸、(　　),有的还可用来测量槽的深度。

(A)线纹间距　　(B)宽度　　(C)高度　　(D)角度

51. 外径千分尺一般由测微螺杆、固定套筒、(　　)、尺架、测砧、锁紧装置和隔热装置等。

(A)微分筒　　(B)测力装置　　(C)套管　　(D)刻度盘

52. 千分尺测微螺杆的螺距一般为 0.5 mm,当微分筒转一圈,测微螺杆的轴向位移是 0.5 mm。微分筒圆周上刻有 50 等份,此千分尺的(　　)。

(A)测量值　　(B)是 0.5 mm　　(C)分度值　　(D)是 0.01 mm

53. 常用的外径千分尺的测量范围为(　　)等多种。

(A)0～25 mm　　(B)25～50 mm　　(C)50～75 mm　　(D)300～325 mm

54. 深度游标卡尺主要用于测量零件的深度尺寸或台阶高低和槽的深度,它的读数方法和(　　)完全一样。

(A)游标卡尺 (B)游标高度尺 (C)千分尺 (D)内径千分尺

55. 塞尺又称(　　),用来检验间隙大小和窄槽宽度。

(A)溥片规 (B)孔用规 (C)间隙片 (D)轴用规

56. 测量轴径通常用采用(　　)等进行测量。

(A)游标卡尺 (B)外径千分尺 (C)卡规 (D)百分表

57. 用游标卡尺(　　)等工具可以对孔径进行测量。

(A)内径千分尺 (B)角度尺 (C)外径千分尺 (D)内径量表

58. 卡尺类量具有结构简单,使用方便,它可测量零件的(　　)高度、盲孔、阶梯、凹槽等。

(A)刻线宽度 (B)圆度 (C)孔径和圆柱尺寸 (D)深度

59. 卡尺类从结构型式分有(　　)、数量卡尺、带表卡尺、数显深度卡尺、游标高度卡尺、圆标高度卡尺等。

(A)内径卡规 (B)游标卡尺 (C)深度游标卡尺 (D)外径卡规

60. 杠杆表示值变动性原因包括有关指针转动、连轴齿轮转动、齿轮在轴孔间的间隙和啮合不佳、测力不稳及其装卡不妥、紧固状态不佳、(　　)。

(A)压板过紧 (B)游丝变形 (C)预紧力不足 (D)螺钉松动

61. 杠杆表数值误差超差的主要原因是杠杆传动比误差呈线性变化,反映在(　　)和传动比的变化上。

(A)测头 (B)磨损 (C)齿轮磨损 (D)齿条磨损

62. 百分表的示值变动检查方法,在工作行程的(　　)位置分别调整指针对准某一刻线,以较慢和较快的速度移动测量各 5 次内最大读数和最小读数之差。

(A)上、下 (B)始 (C)中 (D)末

63. 百分表在使用时,测头遭到突然的冲撞,瞬时作用力很大,所以对测杆的(　　)啮合的部位极易损坏,将造成崩齿情况。

(A)测杆 (B)套筒 (C)齿条 (D)齿轮

64. 杠杆指示表的测杆要求,在外力作用下,测杆能在表体轴线方向(　　)平稳转动不少于 90°,在转动后的任意位置作用应平稳可靠。

(A)向上 (B)向下 (C)向左 (D)向右

65. 杠杆百分表检修的过程是(　　),最后进行装配和校试。

(A)先表体部件 (B)传动部分 (C)读数部分 (D)夹持部分

66. 千分表修理原则:先将外观和表体部分加以整修,先外后内,再修传动系统、(　　),示值误差则最后修理。

(A)测力 (B)示值变动性 (C)表体 (D)移动系统

67. 万能角度尺分度值为 2′,(　　),即:游标的分度把主尺 29 格的一段弧长分为 30 格,则主尺的一格和游标的一格之间的差值为 2′。

(A)主尺分度每格 2° (B)游标每格为 20′

(C)主尺分度每格 1° (D)游标每格为 2′

68. 光滑极限量规是一种控制工件极限尺寸的(　　),具有孔或轴的最大极限尺寸和最小极限尺寸,为标准测量面测量器具。

(A)有刻线 (B)无刻线 (C)定值量具 (D)可直接读数的

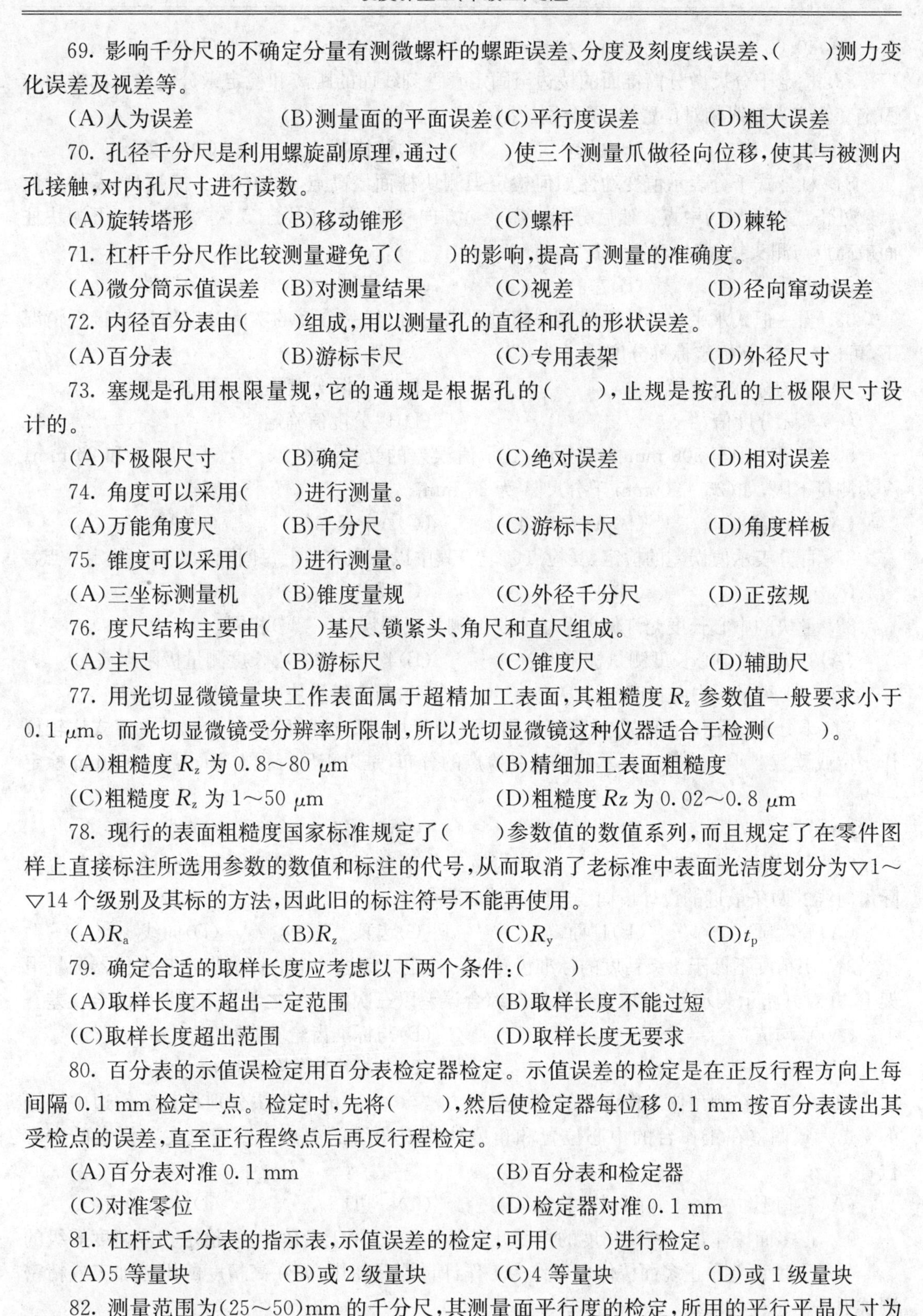

69. 影响千分尺的不确定分量有测微螺杆的螺距误差、分度及刻度线误差、(　　)测力变化误差及视差等。

(A)人为误差　(B)测量面的平面误差　(C)平行度误差　(D)粗大误差

70. 孔径千分尺是利用螺旋副原理,通过(　　)使三个测量爪做径向位移,使其与被测内孔接触,对内孔尺寸进行读数。

(A)旋转塔形　(B)移动锥形　(C)螺杆　(D)棘轮

71. 杠杆千分尺作比较测量避免了(　　)的影响,提高了测量的准确度。

(A)微分筒示值误差　(B)对测量结果　(C)视差　(D)径向窜动误差

72. 内径百分表由(　　)组成,用以测量孔的直径和孔的形状误差。

(A)百分表　(B)游标卡尺　(C)专用表架　(D)外径尺寸

73. 塞规是孔用根限量规,它的通规是根据孔的(　　),止规是按孔的上极限尺寸设计的。

(A)下极限尺寸　(B)确定　(C)绝对误差　(D)相对误差

74. 角度可以采用(　　)进行测量。

(A)万能角度尺　(B)千分尺　(C)游标卡尺　(D)角度样板

75. 锥度可以采用(　　)进行测量。

(A)三坐标测量机　(B)锥度量规　(C)外径千分尺　(D)正弦规

76. 度尺结构主要由(　　)基尺、锁紧头、角尺和直尺组成。

(A)主尺　(B)游标尺　(C)锥度尺　(D)辅助尺

77. 用光切显微镜量块工作表面属于超精加工表面,其粗糙度 R_z 参数值一般要求小于 0.1 μm。而光切显微镜受分辨率所限制,所以光切显微镜这种仪器适合于检测(　　)。

(A)粗糙度 R_z 为 0.8～80 μm　(B)精细加工表面粗糙度

(C)粗糙度 R_z 为 1～50 μm　(D)粗糙度 Rz 为 0.02～0.8 μm

78. 现行的表面粗糙度国家标准规定了(　　)参数值的数值系列,而且规定了在零件图样上直接标注所选用参数的数值和标注的代号,从而取消了老标准中表面光洁度划分为▽1～▽14 个级别及其标的方法,因此旧的标注符号不能再使用。

(A)R_a　(B)R_z　(C)R_y　(D)t_p

79. 确定合适的取样长度应考虑以下两个条件:(　　)

(A)取样长度不超出一定范围　(B)取样长度不能过短

(C)取样长度超出范围　(D)取样长度无要求

80. 百分表的示值误检定用百分表检定器检定。示值误差的检定是在正反行程方向上每间隔 0.1 mm 检定一点。检定时,先将(　　),然后使检定器每位移 0.1 mm 按百分表读出其受检点的误差,直至正行程终点后再反行程检定。

(A)百分表对准 0.1 mm　(B)百分表和检定器

(C)对准零位　(D)检定器对准 0.1 mm

81. 杠杆式千分表的指示表,示值误差的检定,可用(　　)进行检定。

(A)5 等量块　(B)或 2 级量块　(C)4 等量块　(D)或 1 级量块

82. 测量范围为(25～50)mm 的千分尺,其测量面平行度的检定,所用的平行平晶尺寸为(40～41)mm 中依次间隔(0.12～0.13)mm,四个尺寸,如(　　)。

(A)40.00 mm (B)40.12 mm (C)40.25 mm (D)40.37 mm

83. 检定千分尺微分筒锥面的棱边至固定套管刻线面的距离和检定微分筒锥面的端面与固定套管毫米刻线相对位置，为了分别控制(　　)。

(A)间隙 (B)视差 (C)读错数 (D)误差

84. 杠杆式千分表示值变动性如何检定当测块柱面最高点与表的测头接触时，表的示值大致处于工作行程的中点。然后分别按(　　)方向移动测块不少于5次，并依次记下测块柱面最高点与测头接触时表的示值。

(A)前后 (B)左右 (C)上下 (D)摆动

85. 当一框式水平仪的分度值误差超过要求时，但任一分度的实际分度值比较接近情况下，可以考虑重新标定标称分度值，(　　)。

(A)新的标称分度值 (B)以实际分度值的平均值确定
(C)实际分度值 (D)以分度值确定

86. 测量范围至500 mm的千分尺，其示值误差的受检点为(　　)、$A+21.5$和25 mm。A为测量下限，如(25～50)mm千分尺A为25 mm。

(A)$A+5.12$ (B)$A+10.24$ (C)$A+15.36$ (D)$A+26$

87. 百分表示值误差的检定，受检点(　　)其中以行程方向上每间隔0.1 mm检定一点。

(A)前 (B)正 (C)反 (D)后

88. 量块的中心长度允许偏差和中心长度测量极限误差(　　)相同。

(A)3等量块中心长度测量极限误差 (B)4等量块中心长度测量极限误差
(C)与1级量块中心长度允许偏差 (D)与2级量块中心长度允许偏差

89. 千分表检定仪示值误差的检定，用(　　)量块，以分度值为0.1 μm的电感式比较仪作定位或读数。千分表检定仪示值误差受检点的分布，是以正反行程上每间隔0.05 mm检定一点。

(A)3等 (B)4等 (C)或2级 (D)或0级

90. 齿向误差的定义是：在(　　)上，齿宽工作部分范围内(端部倒角部分除外)，包容实际齿向线的两条最近的设计齿向线之间的端面距离。

(A)分度圆 (B)柱面 (C)齿顶 (D)向线

91. 用精度不低于4级精度的标准齿轮进行检定。经过检定的标准齿轮装在仪器测量滑架上，并对好指示表示值，读取或记录径向综合误差以三次(　　)之差作为仪器的综合误差。

(A)平均值 (B)与标准齿轮的实际值
(C)标准蜗杆 (D)与标准蜗轮的实际值

92. 角度块在测角仪工作台上的正确安放方法，(　　)的角度块分别将其工作边中垂线的交点大致调整在工作台的中心位置和角度块其对角线的交点大致安放在工作台的中心位置。

(A)三角形 (B)与四边形 (C)一边形 (D)与二边形

93. 正多面棱体是一种高精度的角度计量器具，主要用于量值传递，检定相应精度等级的(　　)的分度误差。正多面棱体也可作为工作计量器具使用，如在高精度的机械加工或精密测试中作为定位标准。

(A)导程 (B)及分度

(C)测角仪器　　　　　　　　　　(D)及各种测角装置

94. 我国生产的角度块有三角形和四边形两种。三角形角度块每块有一个工作角，角度为10°～79°，工作面(　　)；四边形的角度块每块有4个工作角，工作角的角值为80°～100°。

(A)长为100 mm　(B)长为70 mm　(C)宽为5 mm　(D)宽为6 mm

95. 我国平面角计量器具检定系统以被检对象为(　　)组成平面角单位国家基准。

(A)主分面角度　(B)线角度　(C)小角度　(D)广角度

96. 衍射是离光的直线传播的现象是衍射现象。光束照射到不透明障碍物边缘时，会有光线折到几何阴影区形成(　　)相间的条纹的现象。

(A)明　(B)暗　(C)红光　(D)白光

97. 驻波是每点作简谐运动，且每点相位固定但振幅不同的一种波动。主要特点是在驻波中有波节和波腹。在波节处无能量，在波腹处(　　)。

(A)能量　(B)极大　(C)无能量　(D)较小

98. 光波干涉法测量，产生光波干涉的条件为：频率相同的两光波在相遇点有相同的(　　)的位相差；两光波在相遇点上所产生的振动的振幅(强度)相差不悬殊；两光波在相遇点的光程差不能太大，其光波在相遇点的光程差如果大于所用实际光波的相干长度则无干涉现象。

(A)照射方向　(B)振动方向　(C)和固定　(D)和散射

99. 测长机还是投影仪，均属长度计量的光学仪器，那么长度的基本(　　)分别是米和m。它的定义于1983年10月第17届国际计量大会所通过的，为光在真空中在299 792 458分之一秒时间间隔内所经路径的长度。

(A)测量　(B)单位名称　(C)和符号　(D)精度

100. 用自准直仪加反射镜跨板去检定长平尺的直线度时主要的误差来源是(　　)、前后脚接点复位偏差、气流扰动、热膨胀变形、平尺自重变形及加重跨板后的变形。

(A)跨板跨距松动　　　　　　　(B)跨板跨距的选择不合理

(C)自准直仪读数误差　　　　　(D)自准直仪的测量误差

101. 一般检定直线度有(　　)。

(A)直接比较法　(B)节距法　(C)测量法　(D)分段法

102. 满足两支光相干涉的基本条件是(　　)、位相相同或有固定位相差。

(A)波动方向相同　(B)频率相同　(C)振动方向相同　(D)速度相同

103. 在万能测长仪上，用双钩测量孔径时，首先选取的标准环规应尽可能接近被测孔径值，并使其孔径标线位于测量轴线的方向上，大测钩直接装在尾管上，小测钩应装在可调尾管的测帽安装位置上，调整两个测钩同轴，选择合理的测量力。对于较软的材料和尺寸比较小的孔，用小测钩测量，选取1.5 N的力；对于较硬的材料和尺寸较大的孔，用大测钩测量，选用2.5 N的力。测量时应特别注意，勿使测球柄因(　　)而被折损。

(A)物镜　(B)撞碰　(C)卡住　(D)目镜

104. 在万能测长仪上用电眼测量法测量环规孔径，主要测量误差因素、电眼接触瞄准误差、测头的尺寸误差、测头未通过环规的直径进行测量、(　　)。

(A)仪器标尺误差　(B)读数误差　(C)温度误差　(D)振动。

105. 在长度测量中减少温度引起的测量误差主要方面有，在接近20℃的条件下进行测量、在测量前应把测量件与标准件等进行等温处理、选择与被测件的膨胀系数相近的标准件、(　　)。

(A)测量环境的温度波动要小　　(B)不用手直接接触工件

(C)测量时做好防尘　　(D)温度补偿

106. 用工具显微镜测角目镜测量长度和角度对准方法时,(　　),这样测量对准精度高,测量误差小。

(A)测量长度用半宽压线法　　(B)测量角度时接触法

(C)测量角度时用狭缝对线法　　(D)测量长度用离线法

107. 经纬仪正倒镜分别照准与经纬仪等高平行光管内无穷远和 3 m 左右两分划板目标,根据两目标读数结果计算出的视准轴(2C)误差相差较大,是由于望远(　　)造成。

(A)目镜视差　(B)镜调焦时视轴　(C)的变动误差　(D)的测量误差

108. 当检定水准仪交叉误差时,发现当仪器向两侧倾斜时,气泡只向一个方向移动,气泡仅向一个方向移动,说明存在较大的 i 角误差,为了便于调整,应先检定 i 角误差,(　　)。

(A)调整气泡　　(B)调整好 i 角后再

(C)进行交叉误差检调工作　　(D)进行单向误差检调工作

109. 计量的统一性在我国计量法中的具体体现,概括地说,(　　)的监督管理。

(A)保障国家计量单位制的统一　　(B)保障全国量值的统一

(C)对全国的计量工作实施统一　　(D)对国家标准化的统一

110. 量值传递是将计量基准所复现的单位量值,通过计量检定(　　),以保证被测对象的量值准确一致,这一过程称之为量值传递。

(A)传递给下一等级的计量标准　　(B)并依次逐级传递到工作计量器具

(C)上一等级的计量标准　　(D)最高计量器具

111. 量值溯源是测量结果通过具有适当准确度的中间较环节逐级往上追溯至(　　)的过程。量值溯源是量值传递的逆过程,它使被测对象的量值能与国家计量基准或国际基准相联系,从而保证量值的准确一致。

(A)国家计量基准　　(B)国家计量标准

(C)企业计量计量器具　　(D)企业计量标准器

112. 光滑极限量规是一种控制工件极限尺寸的(　　),具有孔或轴的最大极限尺寸和最小极限尺寸,为标准测量面测量器具。

(A)有刻线　(B)无刻线　(C)定值量具　(D)可直接读数的

113. 影响千分尺的不确定分量有测微螺杆的螺距误差、分度及刻度线误差、(　　)测力变化误差及视差等。

(A)人为误差　　(B)测量面的平面误差

(C)平行度误差　　(D)粗大误差

114. 孔径千分尺是利用螺旋副原理,通过(　　)使三个测量爪做径向位移,使其与被测内孔接触,对内孔尺寸进行读数。

(A)旋转塔形　(B)移动锥形　(C)螺杆　(D)棘轮

115. 杠杆千分尺作比较测量避免了(　　)的影响,提高了测量的准确度。

(A)微分筒示值误差　(B)对测量结果　(C)视差　(D)径向窜动误差

116. 内径百分表由(　　)组成,用以测量孔的直径和孔的形状误差。

(A)百分表　(B)游标卡尺　(C)专用表架　(D)外径尺寸

117. 塞规是孔用根限量规,它的通规是根据孔的(　　)的,止规是按孔的上极限尺寸设计的。

(A)下极限尺寸　(B)确定　(C)绝对误差　(D)相对误差

118. 角度可以采用(　　)进行测量。

(A)万能角度尺　(B)千分尺　(C)游标卡尺　(D)角度样板

119. 锥度可以采用(　　)进行测量。

(A)三坐标测量机　(B)锥度量规　(C)外径千分尺　(D)正弦规

120. 万能角度尺结构主要由(　　)、基尺、锁紧头、角尺和直尺组成。

(A)主尺　(B)游标尺　(C)锥度尺　(D)辅助尺

121. 打表法测量直线度是将被测量零件、百分表、千分表、表架等测量器件以一定方式支承在工作台上,测量时使(　　)产生相对移动,读出数值,从而进行误差测量。

(A)百分表　(B)千分表　(C)游标卡尺　(D)被测工件

122. 用百分表测量圆柱表面素线的直线度误差时,应该以百分表的(　　)之差作为直线度误差,并以各素线直线度误差的最大值作为圆柱面线的直线误差。

(A)最大读数　(B)最小读数　(C)平均值　(D)理论值

123. 三角形螺纹的牙型代号是 M,分为(　　)两类。

(A)梯形　(B)圆弧　(C)粗牙　(D)细牙

124. 三角形螺纹的主要参数包括(　　)及中径、对顶径公差等级等。

(A)牙型角　(B)公称直径　(C)螺距　(D)牙形半角

125. 螺纹的旋向分为(　　)两种,通常对右旋螺纹,可以省略标注,对于左旋螺纹,则需要标左或字母 LH。

(A)左旋　(B)外旋　(C)内旋　(D)右旋

126. 科学计量是指(　　)先行性的计量科学研究。

(A)基础性　(B)探索性　(C)研究性　(D)理论性

127. 工程计量也称工业计量,是指各种工程、工业企业中的应用计量,相关的(　　)的消耗,工艺流程的监控以及产品质量性能的测试等。

(A)能源　(B)材料　(C)工艺　(D)设计

128. 测量准确度是(　　)之间的一致程度。

(A)精度高　(B)测量结果　(C)被测量真值　(D)测量误差值

129. 卡尺类量具有结构简单,使用方便,它可测量零件的(　　)高度、盲孔、阶梯、凹槽等。

(A)刻线宽度　(B)圆度　(C)外尺寸　(D)深度

130. 三爪内径千分尺示值误差检定时,采用以 4 等 1 级量块进行检定合格的(　　),检定三爪内径千分尺的示值误差。应在其全行程的测量范围内,以均布的 4 个受检点进行,不包括调整下线位置。

(A)校对　(B)环规　(C)检定　(D)塞规

131. 三爪内径千分尺应在使用前校对环规的实际尺寸,以(　　),如零位不佳,应对其示值进行调整至符合要求。

(A)检查零位 (B)正确性 (C)测量 (D)精度

132. 在检定和使用三爪内径千分尺时，当量爪以三点定心的方式与被测孔壁接触时，就不宜较大幅度地拉动或摆动，以防止(　　)，抽出三爪内径千分尺时，应注意顺势与方向的平稳。

(A)测力受损 (B)套筒磨损 (C)量爪受损 (D)孔壁划伤

133. 杠杆千分尺工作原理，通过测微螺杆的旋转，使测砧的微小直线位移，经杠杆(　　)与放大，变成指示机构的角位移，从而在分度盘得出指针的指示读数。

(A)齿轮机构 (B)凸轮机构 (C)传动 (D)移动

134. 杠杆千分尺的微分螺杆机构与千分尺相同，但其测力装置不采用棘轮，而是在测砧尾端是螺旋弹簧，使测力相对较为稳定，(　　)。

(A)测量力不好控制 (B)测量数据漂移不稳定

(C)弓架刚性好 (D)测量精度有所提高

135. 千分表安装时测杆的齿条部位不宜与(　　)太紧。通常在去除测力弹簧平放千分表后以手推动测杆，由于游丝力矩的作用可使测杆归位，若不复位，应调整啮合的间隙。

(A)轴齿轮 (B)啮合 (C)齿条 (D)齿轮

136. 内径表的测量范围通常有 6～10 mm，10～18 mm，(　　)，50～100 mm，100～160 mm，160～250 mm，250～450 mm。

(A)1～2 mm (B)18～35 mm (C)35～50 mm (D)600～1 000 mm

137. 内径表定位护桥变形原因：护桥端部的局部磨损，护桥受外力引起(　　)，导向机构变形或配合间隙过大。

(A)缺损 (B)变形 (C)断裂 (D)失效

138. 公法线千分尺主要用来检测(　　)。

(A)齿轮 (B)螺纹 (C)槽宽 (D)阶梯

139. 直方图的数据波动与分布具有(　　)的特点。

(A)普遍性 (B)集中性 (C)分散性 (D)广泛性

140. 表面粗糙度对机械产品的(　　)有重要影响。

(A)尺寸配合 (B)测量精度 (C)使用寿命 (D)可靠性

141. 常用的硬度分为布氏硬度洛氏硬度维氏硬度等类型，相应的硬度检测机包括(　　)等。

(A)布氏硬度计 (B)里氏硬度计 (C)维氏硬度 (D)洛氏硬度计

142. 立式光学计比较仪是一种采用量块或(　　)相比较的方法式测量物体外形尺寸的仪器。

(A)标准零件 (B)试件 (C)直接读数 (D)间接读数

143. 定量评定表面粗糙度常用(　　)。

(A)轮廓算术平均偏差 R_a (B)微观不平度十点高度 R_z

(C)轮廓最大高度 R_y (D)轮廓曲线 t_p

144. 表面粗糙度测量的最常用方法包括(　　)。

(A)样块比较法 (B)显微镜比较法

(C)轮廓仪比较法　　　　　　　　　　(D)光切显微镜比较法

145. 三坐标测量机是一种三维测量仪器，它是将被测物体置于三坐标测量空间，从而获得被测物体上各测点的坐标位置，根据这些点的空间坐标值，经计算求出被测物体的(　　)等参数。

(A)表面粗糙度　　(B)几何尺寸　　(C)形状　　(D)位置

146. 三坐标测量机根据测头安置方式可分为(　　)。

(A)垂直式　　(B)水平式　　(C)便携式　　(D)敞开式

147. 质量管理始于控制图，终于控制图，它是对生产过程质量进行(　　)从而进行控制的一种科学方法。

(A)实时记录　　(B)测定　　(C)方法　　(D)试验

四、判 断 题

1. 圆度是圆柱体的任一截面上的圆加工后实际形状不一致的程度。(　　)

2. 用百分表测量圆或圆柱度时，表杆与工件被测量表面垂直接触后，量表指针应先调零。(　　)

3. 使用偏摆仪测量圆柱零件的圆度，通常都要求零件两端有中心孔或是通孔类零件。(　　)

4. 测量零件内孔的圆度与圆柱度，可以使用杠杆式百分表。(　　)

5. 水准器处于水平位置时，气泡应位于玻璃管刻度的正中位置。(　　)

6. 水平仪测直线度时，每次移动桥板都要将后支点置是在前一坐标位置基础上的累加。(　　)

7. 两端点连线法求直线度时，后一点的坐标位置是在前一坐标位置基础上的累加。(　　)

8. 所有直线度误差都是线性尺寸。(　　)

9. 任何机械零件除了标注尺寸公差以外，必须标注几何公差，以保证零件的精度。(　　)

10. 零件的几何误差值小于或等于相应的几何公差值时，零件被认为是合格的。(　　)

11. 刀口直角尺是一种高准确度的角度计量标准器具，主要用于检验直角、垂直度和平行度误差的测量。(　　)

12. 正弦规对内外圆锥角都可进行测量。(　　)

13. 只要孔和轴装配在一起，就必然形成配合。(　　)

14. 孔与轴呈过渡配合时，孔的下极限尺寸与轴的上极限尺寸之差为负值。(　　)

15. 一般孔与轴的配合中，往往孔的公差等级选用要比轴低一级。(　　)

16. 在基孔制间隙配合或基轴制间隙配合中，孔的公差带一定在零线以上，轴的公差带一定在零线以下。(　　)

17. 孔与轴呈过盈配合时，孔的上极限尺寸与轴的下极限尺寸之差的绝对值即最小过盈量。(　　)

18. 千分尺的分度值均为千分之一毫米，即 0.001 mm。(　　)

19. 随机误差大多服从正态分布规律，其四大特性是：对称性，单峰性，有界性，抵偿性。(　　)

20. 在中华人民共和国境内从事产品生产、销售活动，必须遵守《计量法》。(　　)

21. 计量器具修理,制造许可证标志是 CMC。(　　)

22. 计量检定机构可以分为法定计量检定机构和一般计量检定机构两种。(　　)

23. 质量单位吨的计量单位符号是 T。(　　)

24. 时间单位小时的法定计量单位符号是 H。(　　)

25. 对某量等精度独立测 n 次,则残差平方和的期望为 $n+1$。(　　)

26. 国际单位制中,光亮度单位是尼特。(　　)

27. 白炽灯的分布温度和颜色温度接近。(　　)

28. 辐射通量就是光通量。(　　)

29. 立体角的单位是弧度。(　　)

30. 国际单位制中,光照度的单位是勒克斯。(　　)

31. 我国对发光强度标准灯的检定,各级标准的不确定度是相对于国家发光强度副基准。(　　)

32. 国际照明委员会 CIE 推荐的色匹配函数是以人眼色觉三色学说的实验为基础,它代表正常人眼睛的颜色视觉特性。(　　)

33. 法定计量单位质量的计量单为名称是克。(　　)

34. 法定计量单位热量的计量单位名称是大卡。(　　)

35. 长度的计量单位名称是米,计量单位的符号是 M。(　　)

36. 计量标准器具是准确度低于计量基准的计量器具。(　　)

37. 使用表面粗糙度比较样块检验粗糙度时所用样块与零件的加工方法必须相同,两者的材料、形状和表面色泽应尽可能地一致。(　　)

38. 内侧千分尺的示值误差,用专用环规检定,也可以用 5 等或 2 级量块附件组成的内尺寸检定。(　　)

39. 光学计的结构原理是光学自准位原理和机械杠杆正切原理的组合。(　　)

40. 长度小于 175 mm 的一级样板直尺其直线度允差为 2 μm。(　　)

41. 使用千分尺测量工件时,由于千分尺的零位误差而引起的误差为随机误差。(　　)。

42. 百分表示值误差不应大于±7 μm。(　　)

43. 检定正弦尺工作台平面度误差时用一级刀口尺检定。(　　)

44. 修正值与误差的绝对值相同,仅符号相反。(　　)

45. 在卧式测长仪上用内测钩测量光面环规找转折点时,在水平面前后移动找最大值,绕水平轴转动找最小值。(　　)

46. 分度值为 0.02 mm 游标卡尺,其外径量爪工作面的表面粗糙度 R_a 值不大于 0.63 μm。(　　)

47. 在工具显微镜上,用影像法测量时,可采用多种压线形式,在做单向尺寸测量时,用半宽压线法较好。(　　)

48. 对某零件用万能量具检验和用量规检验,当检验结果发生矛盾时,用万能量具仲裁。(　　)

49. 渐开线仪器的量值传递,主要是基圆半径大小准确性的传递。(　　)

50. 齿厚偏差是在分度圆上齿厚的实际值与平均值之差。(　　)

51. 正多面棱体工作面的面积越小,平面度对测角结果的影响越小。(　　)

52. 用测角仪检定三角形角度块时,应使角度块的两个工作边中垂线的交点调整在工作台的中心位置。( )

53. 接触式干涉仪采用的干涉仪原理是等倾干涉。( )

54. 内螺纹的牙顶是指理论基本三角形的顶尖处。( )

55. 在检定平晶平面度时,如果用手触摸平晶进行调整的时间过长,会使平晶的平面度变凹。( )

56. 在检定样板直尺工作边直线度时,应用互检法。( )

57. 在卧式测长仪上用内测钩测量光面环规找转折点时,在水平面前后移动找最大值、绕水平轴摆动找最大值。( )

58. 用正弦尺测角的误差与角度大小无关,因而得到广泛应用。( )

59. 用螺纹量规通规检查螺纹工件的中径是检查螺纹的实际中径,用止规检查的是作用中径。( )

60. 对某零件用万能量具检验和量规检验,当检验发生矛盾时,用量规仲裁。( )

61. 在工具显微镜上用影像法测量薄曲率半径样板时,需要严格调整仪器光圈而测塞规外径时不需要严格调整仪器光圈。( )

62. 新国标将螺纹精度分为精密、中等、粗糙三种。( )

63. 选择计量仪器时既要保证测量的准确度,又要求在成本上符合经济原则。( )

64. 齿轮渐开线上的曲率半径都是相等的。( )

65. 量块一个测量面上的一点与此量块另一测量面相研合辅助体表面之间有距离,定义为量块的长。( )

66. 检定合格印章应清晰完整。残缺、磨损的检定合格印证应立即停止使用。( )

67. 不论哪种量具,对室温均有要求,如果室温时高时低,会引起系统误差。( )

68. 根据检定规程规定,检定 2 级量块时,中心长度测量的极限误差应不超过 3 等。( )

69. 计量器具的灵敏度是指它的被测量变化的大小。( )

70. 计量检定有权拒绝任何人使其违反计量检定规程或使用未经考核合格的计量标准器具进行检定。( )

71. 我国表面粗糙度标准中规定采用上线作为评定表面粗糙度参数数值的基准线。( )

72. 对表面粗糙度均匀性较好的加工表面,可以选用国际推荐的评定长度。( )

73. 含有误差的量值经过修正后,能得到真值。( )

74. 在维护良好的情况下,计量器具检定周期长短的确定,主要是依据其精确度及其使用的频繁程度。( )

75. 在长度测量技术中,基本测量原理有阿贝原则、最短测量链原则、最小变形原则、封闭原则。( )

76. 精度是反映误差准确性的程度。( )

77. 误差的绝对值与绝对误差是两个相同的概念。( )

78. 各种量具的示值误差与分度值相等。( )

79. 用一级千分尺测量一标称直径 25 mm 的圆棒,其测量极限误差为±0.008 mm;如果千分尺上读数值为 24.968 mm,那么正确有效的测量值是 24.97 mm。( )

80. 杠杆千分尺示值误差用 4 等或 1 级量块检定,先检杠杆部分的示值误差,然后检总误差。(　　)

81. 气动测量仪是属于绝对测量。(　　)

82. 测微计的检定,其测力变化应不大于 150 克。(　　)

83. 扭簧比较仪是应用扭簧作为尺寸的转换和扩大的传动机构,使测杆的直线位移变为指针的角位移。(　　)

84. 有很多场合,并不使用量块的绝对长度,而是成对使用两块量块长度的相对长度。(　　)

85. 渐开线的形状并非取决于基圆的大小。(　　)

86. 测量范围为(50～75)mm 的千分尺,其量程为 50 mm。(　　)

87. 用平晶以技术光波干涉法检定一量具工作面的平面度时,出现的干涉条纹或干涉环,其干涉原理是等厚干涉。(　　)

88. 人眼对不同波长的单色辐射具有相同的灵敏度。(　　)

89. 量值传递:通过检定,将国家基准所复现的计量单位量值通过标准逐级传递到工作用的计量器具,以保证对被测对象所测得的量值的准确和一致。(　　)

90. 稳定性:在规定工作条件内,计量器具某些性能随时间保持不变的能力。(　　)

91. 直接测量:无需对被测的量值作任何处理。(　　)

92. 间接测量:直接测量的量与被测的量之间有已知函数关系从而得到该被测量值的测量。(　　)

93. 测量误差:测量结果与被测量的真值之间的差。(　　)

94. 相对误差:测量的绝对误差与被测量的真值之比。(　　)

95. 方法误差:测量方法完善所引起的误差。(　　)

96. 测试:具有试验性质的测量。(　　)

97. 测量力:测量过程中计量器具与被测工件之间的接触力。(　　)

98. 量的真值:一个量在被观测时,该值本身所具有的真实大小。(　　)

99. 测得值:从计量器具直接反映或经过必要的计算而得出的量值。(　　)

100. 实际值:满足规定准确度的用来代替真值使用的量值。(　　)

101. 粗大误差:超出在规定条件下预期的误差。(　　)

102. 绝对值:考虑正负号的误差值。(　　)

103. 器具误差:计量器具本身所具有的误差。(　　)

104. 用带深度尺的游标卡尺测量孔深时,只要使深度尺的测量面紧贴孔底,就可得到精确数值。(　　)

105. 因为大型游标卡尺在测量中队温度变化不敏感,所以一般不会引起测量误差。(　　)

106. 为了方便,可以用游标卡尺的量爪当做划规等划线工具使用。(　　)

107. 分度值为 0.1 mm、0.05 mm 和 0.02 mm 的游标卡尺可分别用来进行不同精度的测量。(　　)

108. 0 级精度的外径千分尺比 1 级精度的外径千分尺精度高。(　　)

109. 用游标卡尺测量工件时,测力过大或过小均会影响测量的精度。(　　)

110. 当游标卡尺尺身的零线与游标零线对准时,游标上的其他刻线都不与尺身刻线对准。( )

111. 分度值为 0.05 mm 的游标卡尺,其读数原理是尺身上 20 mm 等于上 19 格的刻线宽度。( )

112. 游标卡尺的读数方法分读整数、读小数、求和三个步骤。( )

113. 用游标卡尺测量内孔直径时,应轻轻摆动卡尺,以便找出最小值。( )

114. 带深度尺的游标卡尺当其测深部分磨损或测量杆弯曲时不会造成测量误差。( )

115. 游标卡尺使用结束后,应将游标卡尺擦净上油,平放在专用盒内。( )

116. 用千分尺测量时,只须将被测件的表面擦干净,即使是毛坯也可测量。( )

117. 千分尺不允许测量带有研磨剂的表面。( )

118. 千分尺在测量中不一定要使用棘轮结构。( )

119. 为保证千分尺不生锈,使用完毕后,应将其浸泡在机油或柴油里。( )

120. 千分尺可以当卡规用。( )

121. 使用千分尺时,用等温方法将千分尺和被测件保持同温,这样可以减少温度对测量结果的影响。( )

122. 不允许在千分尺的固定套管和微分筒之间加入酒精、煤油、柴油、凡士林和机油。( )

123. 内径千分尺在测量时,要使用测力机构。( )

124. 壁厚千分尺用来测量精密管型零件的壁厚尺寸。( )

125. 指示表每次使用完毕后,必须将测量杆擦净,涂上油脂放入盒内保管。( )

126. 指示表也可以用来测量表面粗糙度值过大的工件。( )

127. 杠杆指示表的正确使用位置是杠杆测头轴线与测量线垂直。( )

128. 使用杠杆指示表时,应避免振动撞击或用力过猛。( )

129. 若杠杆指示表的测头球面已磨成平面时,则此表已不能继续使用。( )

130. 内径指示表的杠杆有多种结构形式,但其杠杆比都是 1∶1,所以没有放大作用。( )

131. 内径指示表使用完毕后,要把指示表和可换测头取下擦净,并在测头上涂防锈油,放入盒内保管。( )

132. I 型游标万能角度尺可以测量 0°～360°范围的任何角度。( )

133. 表面粗糙度属微观几何形状误差。( )

134. 表面粗糙度值越小,即表面光洁程度越高。( )

135. 表面粗糙度、高度参数的允许值的单位是微米。( )

136. 千分尺在测量中不需要使用测力棘轮结构,测量也能达到很高精度。( )

137. 指示表也可以用来测量表面粗糙度。( )

138. 量块按级使用直接使用的标称长度尺寸,不需要误差修正。( )

139. 量块按等使用使用量块的实际尺寸,测量精度要求低,不需要误差修正。( )

140. 需要多块量块组合某一尺寸,一般不得超过 6 块。( )

141. 游标卡尺上应标有分度值、生产厂标志和工厂编号。( )

142. 游标卡尺圆弧内量爪尺寸 b,最常用的一般为 10 mm,对 500 mm 以上的游标卡尺圆弧内量爪尺寸 b 为 15～20 mm。(　　)

143. 高度游标卡尺规格:0～50 mm,0～200 mm,0～300 mm。(　　)

144. 高度游标卡尺最小分度值有 0.02 mm、0.05 mm。(　　)

145. 高度游标卡尺用于测量高度尺寸,并适用于比较测量形状与位置误差及精密的划线工作。(　　)

146. 高度游标卡尺可作为精密划线工具后,就不需要按计量器具周期检定计划进行送检。(　　)

147. 电子数显卡尺有容栅式、光栅式、齿条码盘式,最常用的为容栅式。(　　)

148. 电子数显卡尺由机械量爪、刻度尺身、电子显示器组成。(　　)

149. 推动电子数显卡尺尺框,使两量爪测量面接触,此时显示 00.00 说明零位正确。(　　)

150. 电子数显卡尺显示的数字不断闪动或数字不稳定说明钮扣电池充足。(　　)

151. 千分尺的校对量杆只用于校对千分尺零位,不要求进行周期检定。(　　)

152. 所有量程的千分尺均应配有校对量杆。(　　)

153. 内测千分尺常规:5～30 mm,25～50 mm,分度值 0.01 mm。(　　)

154. 内测千分尺校对零位使用校对环规,测量的结果与环规的标称尺寸相符,零位示值正确。(　　)

155. 内测千分尺测量时量爪不需要与被测件整个母线接触可获得很高的精度。(　　)

156. 尺寸偏差是某一尺寸减其相应的公称尺寸所得的代数差,因而尺寸偏差可为正值、负值或零。(　　)。

157. 由于上极限偏差一定大于下极限偏差,且偏差可正可负,因为而一般情况下,上极限偏差为正值,下极限偏差为负值。(　　)。

158. 尺寸公差是尺寸允许的变动量,是用绝对值来定义的,因而它没有正、负的含义。(　　)。

159. 只要孔和轴装配在一起,就必然形成配合。(　　)。

160. 国际规定轴、孔公差带中组合成基孔制的常用配合有 59 种,因此基轴制的常用配合也有 59。(　　)。

五、简 答 题

1. 计量检定人员的职责是什么?

2. 什么叫法定计量单位?

3. 当一名计量检定人员应具备哪些业务条件?

4. 计量检定人员在检定工作中,有哪些行为构成违法?

5. 计量监督员有哪些职责?

6. 省级以上人民政府计量行政部门设置的计量监督员以及国家专业计量检定机构任命的专业计量监督员应具备哪些业务条件?

7. 省辖市、自治州和县级人民政府计量行政部门的计量监督员应具备哪些业务条件?

8. 为什么测量结果都有误差?

9. 什么是计量仪器(仪表)?

10. 什么是检定?

11. 什么是工作基准?

12. 什么是量具的标称值?

13. 什么是灵敏阈?

14. 什么是准确度等级?

15. 什么是测量?

16. 什么是系统误差?

17. 什么是随机误差(也称偶然误差)?

18. 简述制造量具用的材料种类及用途。

19. 简述量具检定过程中测量误差的来源。

20. 百分表通过什么机构使测量杆的直线位移转变为指针的角位移?

21. 千分尺的示值误差引起的主要因素是什么?

22. 用平晶检定工作面的平面度,是一种光波干涉法测量,那么产生光波干涉的条件是什么?

23. 条式水平仪以平工作面为基面的零位如何检定?零位误差如何确定?

24. 用触针式轮廓仪直接从参数指示计(或显示器)上读出测量数值时,如何发现该被测部位上有个别大的划痕?如何处理?

25. 用影象法测量螺纹半角为什么需要修正?如何修正?(这里不考虑光圈的影响)

26. 万工显上用影象法测量时,光圈的大小对测量误差有什么影响?

27. 用三针法测量外螺纹中径,为什么要选用最佳直径的三针?测量 M10×1 外螺纹的最佳三针直径是多少?

28. 螺纹的测量方法有哪两类?测量的主要参数是什么?

29. 什么叫齿轮的齿向误差?齿向误差控制齿轮的何种精度指标?测量齿向误差通常需用哪些仪器?

30. 量块在修理和检定时的湿度有何要求?为什么?常用减少空气中湿度的方法有哪些?

31. 正确选择测量方法包括哪些内容?

32. 简述调整立式光学计工作台面与测量杆轴线相垂直的方法步骤。

33. 量具按其用途如何分类?具体包括哪些量具?

34. 千分尺的示值误差,引起的主要因素是什么?

35. 简述外径千分尺的工作原理。

36. 简述游标卡尺的读数原理及引起示值误差的主要因素。

37. 服从正态分布偶然误差的四大特性是什么?

38. 检内径百分表的示值误差为什么只检正行程?

39. 简述量块平面度的定义。

40. 用比较仪与标准量块长度相比较测量被测量块长度时,如果被测与标准量块的温度线膨胀系数各为 a 和 a_s,它们的温度各为 t 和 t_s,它们的标称长度相同(即 $l=l_s$)。请写出为消除被测与标准量块两者温度线膨胀系数和温度计不一致又偏离 20℃,应引入修正量 C 的计算公式。

41. 简述光波干涉的条件。

42. 何谓测量线和被测线?

43. 简述在线纹尺的比较测量中,其误差来源主要有哪几项。

44. 写出三等标准金属线纹尺的七个检定项目。

45. 有一端铣加工的比较样块,其 R_a 公称值为 1.6 μm,并测知其微观不平度间距为 0.5 mm 左右,当用触针式轮廓仪检定时,分别采用 0.8 mm 和 2.5 mm 的截止波长进行测量,其结果是否一样? 从获得真实结果考虑,应该选取哪个截止波长值的测量结果? 为什么?

46. 简述轮廓峰与轮廓的单峰有何区别。

47. 用尺寸为该表测量下限的环规检定,能否保证内径百分表的中心架的正确性? 为什么?

48. 测量范围为 0°～320°,分度值为 2′的游标角度规,其示值误差检定哪些点? 用什么器具检定? 该器具的准确度如何?

49. 误差的绝对值与绝对误差是否相同? 试说明,并举一数值实例。

50. 千分尺的示值误差,在检定之前,应将测量下限校准后进行,对于测量下限 25 mm 以上的千分尺,其测量下限用几等的量块进行校准时应如何进行?

51. 对分度值为 0.02 mm 的游标卡尺,当两外量爪工作面接触后,其间隙量应不超过多少? 如果间隙量合格与否判断不准时,应如何检定?

52. 什么叫压力角?

53. 什么叫齿距偏差? 测量方法和测量仪器有哪些种类?

54. 简述在自准式测角比较仪上检定二级角度块时,对仪器调整有哪几项主要要求。

55. 角度块的用途是什么?

56. 在测角仪上检定角度块,当测角仪度盘的分度误差未知时,怎样能得到准确度高的角度块角值?

57. 光学补偿式测长机和万能测长仪,为了适应各种测量的需要,其工作台设有哪些功能?

58. 投影仪物镜的场曲如何检定和确定?

59. 用十字线心轴检定工具显微镜光轴、顶针轴线和立柱回转轴线相对位置时,当立柱向左右摆动时,出现心轴十字线象向一个方向偏移,这是什么原因引起的? 出现心轴十字线象分别向左和向右偏移,这又是什么原因引起的?

60. 在评定直线度时,什么是最小条件? 符合最小条件的直线度判别准则是什么?

61. 平面度的定义是什么? 在评定平面度时符合最小条件的判别准则是什么?

62. 用等厚干涉法检验平面度时,如何判别平面的凹凸?

63. 用光隙法检定刀口尺时,要与标准间隙进行比较。试说明标准间隙使用什么量具与怎样组成的。

64. 用工具显微镜测量丝杠螺距时,产生误差的主要因素有哪些?

65. 万工显上用影像法测量时,光圈的大小对测量误差有什么影响?

66. 简述螺纹牙形角、螺纹导程的定义。

67. 简述在万能工具显微镜上用测量刀测量螺纹的工作步骤(达到可以读数为止)。

68. 采用万能工具显微镜和万能测长仪测量环规状的工件孔径(其尺寸为 $\phi20\pm0.010$ mm)。试按测量精度由高至低地排列出各种测量方法。

69. 简述调整立式光学计工作台面与测量杆轴线相垂直的方法步骤。

70. 在螺纹标准中,为什么规定螺纹牙型半角公差,而不是牙型全角公差?

71. 在万能测长仪上,用双测钩法测量孔径时,如何保证孔径的测量轴线与基准轴线相一致?

72. 用万能工具显微镜测量时,如何提高读数的准确度?

73. 简述游标卡尺的读数方法。

74. 简述如何使用千分尺测量轴径。

75. 打表法测量直线度公差,常用哪些测量器具?

六、综 合 题

1. 用平面角弧度的定义导出 1 弧度等于多少度?

2. 质量单位 1 米制克拉和 1 市两,换算为法定计量单位,求两者和为多少克?

3. 热力学温度是 373.15 K,用摄氏温度表示,是多少摄氏度?

4. 摄氏温度是 37 ℃,用热力学温度表示,是多少开尔文?

5. 机械式百分表,采用齿条和齿轮传动放大机构时,其第一级小齿轮的齿数 $z_1=20$,第二级的大齿轮齿数 $z_2=120$,小齿轮的齿数 $z_3=12$,则求出齿条的节距和齿轮的模数。

6. 检定水平仪 V 形面零位用的适当直径芯轴,当 V 形槽宽度 $S=24$ mm,V 形面夹角$\alpha=140°$时,则芯轴的直径为多少?

7. 已知标称尺寸为 300 mm 的 5 等量块,用测长机直接测量它的长度 6 次,其结果以 mm 为单位如下:300.0035,300.0028,300.0022,300.0042,300.0026,300.0024。求:(1)这一量块长度测量结果的算术平均值 L_c。(2)这一算术平均值的标准偏差 δ。

8. 对某量等精度独立测得为 1000,1012,1004,1006,1008,求平均值。

9. 用 5 等量块检定(75~100)mm 千分尺 80.12 mm 这一点的示值误差,所用的量块实际尺寸为 80.1210 mm,千分尺上的读数为 80.119 mm,问该点的示值误差为多少?符合哪些千分尺的要求?为什么?

10. 尺寸为 475 mm 的量杆,用实际尺寸为 475.0030 mm 四等量块在测长机上以比较法检定,在量块的温度为 21 ℃,线膨胀系数为 11.5×10^{-6}/℃,量杆的温度为 20.5 ℃,线膨胀系数为 10.5×10^{-6}/℃情况下,测得量杆的尺寸比量块小 2 μm,则量杆的实际尺寸为多少?

11. 测量上限为 2 000 ℃的光学高温计,在示值 1 500 ℃处的实际值为 1 508 ℃,求该示值的(1)绝对误差;(2)相对误差;(3)引用误差;(4)修正值。

12. 已知立式接触干涉仪滤光片的波片 $\lambda=0.56$ μm,为使仪器的示值调整到每一刻度代表 0.1 μm,求在 16 个干涉条纹间隔范围内应包含多少个标尺的刻度间隔?

13. 柯式干涉仪直接测量标称尺寸为 $l=90$ mm,温度线膨胀系数 $\alpha=3.6$ μm/m·℃,测得量块的温度 $t=20.18$ ℃,为给出被测量块 20 ℃的长度,请计算温度偏离 20 ℃应加的修正量 C_2。(注意:计算结果的有效位数取至 0.001 μm)

14. 柯氏干涉仪直接测量高等级量块长度的同时,用仪器所配备轴流通风式湿度计测得干球温度计的温度 $t=19.8$ ℃,湿球温度计的温度 $t'=12.8$ ℃,求绝对湿度 e。(由仪器的

说明书查得 12.8 ℃时的饱和水蒸汽压力为 e'=1.47963 kPa)

15. 已知三等标准金属线纹尺的刻线宽度为 0.05 mm,读数显微镜物镜放大倍数为 2.5 倍,目镜放大倍数为 8 倍,问检定员通过读数显微镜看到的刻线宽度是多少?

16. 用平晶在白光下(λ=0.6 μm)测量一工作面的平面度时,若出现一方位上干涉条纹向平晶与被测面接触点相反方向弯曲,其量为 1 条,与此相垂直的方位上干涉条纹向接触点方向弯曲,其量为 2 条,试求该工作面的平面度。

17. 标准斜齿圆柱齿轮的模数 m=6 mm,齿数 z=18,螺旋角 β=30°,法面压力角 a_n=20°,试求分度圆直径 d、齿顶圆直径 d_a 各是多少?

18. 已知标准直齿圆柱齿轮的齿数 z=40,齿根圆直径 d_f=375mm。试求其周节 p、齿顶圆直径 d_a、分度圆直径 d 和全齿高 h 各是多少毫米?

19. 内径千分尺的测微头与接长杆的组合尺寸在测长机上检定时,其中一组合尺寸 2 950.000 mm,得测长机上的示值为 2 950.013 mm,试求该组合尺寸的示值误差多少?

20. 已知被测螺纹牙形半角 1/2=30°牙距,P=4 mm,用最佳三针测得 M 值为 19.999 mm,求螺纹中径值。

21. 测量孔径时,应该使测量线通过孔的中心线。某操作者在测量 Φ50 孔直径时测量线偏离中心线 1 mm,试计算由此产生的误差是多少?

22. 欲测 Φ40h8 的轴径,为了降低测量成本应采用什么计量器具最合适?已知:IT8=0.039 mm,安全裕度 A=0.003 mm,卡尺的不确定度为 0.020 mm,外径千分尺和五等量块配合相对测量,其不确度为 0.00256 mm,分度值为 0.001 mm 的扭簧比较仪的不确定度为 0.0011 mm。

23. 在万能工具显微镜上用影像法测量半角时,要将立柱倾斜多大角度?

24. 检定棱体时,棱体一个工作面的照准及读数的极限误差为±0.3″,列式计算当对棱体工作角进行两次重复测量时,两次检定结果之间的最大允许差是多少?

25. 在测角仪上检定角度块,照准第一工作面时读数 a 为 10°36′27″,照准第二工作面时读数 b 为 150°36′10″,计算被检角 α 为多少?

26. 测量角度块的最大测量误差为±2″,当进行复测时,两组测量结果的允许差应是多少?

27. 分度值为 0.005 毫米/米的水平仪检定器,用于检定水准器泡的格值,该检定器的最小角值是多少?

28. 用分度值为 1″的水平仪检定器,检定水准汽泡的格值,若检定仪从 10 格移至 115 个格,汽泡从 24.1 格移至 6.4 格,求水准器格值 E''。

29. 将力矩 16 牛顿×40 英尺换算为法定计量单位。

30. 有 1 吨梨和 6 市斤苹果,用法定计量单位表示,求分别是多少克?多少千克?

31. 对一钢板尺的长度用三种不同的方法测量,结果为

L_1=2000.45 mm,σ_1=0.05 mm

L_2=2000.15 mm,σ_2=0.20 mm

L_3=2000.30 mm,σ_3=0.10 mm

求各测量结果的权比。

32. 测量上限为 2 000 ℃的光学高温计,在示值 1 500 ℃处的实际值为 1 508 ℃,求该示值

的:(1)绝对误差;(2)相对误差;(3)引用误差;(4)修正值。

33. 某仪器测量工具尺寸的理论标准差为 0.004mm,如果要求计量结果的总不确定度小于 0.005mm(置信概率 99.73%),问至少需测几次?

34. 载重为 5 t 的汽车,作用在汽车底架上的重力是多少?

35. 质量单位 1 市斤牛奶和 1 磅牛奶,换算为法定计量单位,求两者分别是多少克? 两者相差多少克?

长度计量工(中级工)答案

一、填 空 题

1. 欧
2. Z
3. 经检定不合格
4. 强制
5. 光
6. 380
7. 强度
8. lx
9. lm
10. 坎[德拉]
11. $\pi/2$
12. 真空
13. 光
14. 米
15. 等于
16. 0.211
17. SI
18. Pa
19. W
20. C
21. 伏[特]
22. 法[拉]
23. Ω
24. S
25. 韦[伯]
26. 特[斯拉]
27. H
28. 摄氏度
29. 计量监督员
30. 强制检定
31. 国家计量基准
32. 可靠性
33. 并处罚款
34. 并处罚款
35. 不合格的
36. 申请检定
37. 违法所得
38. 欺骗消费者
39. 违法失职
40. 正比
41. 单位和个人
42. 公证作用
43. 2.7
44. 无关
45. 不遗漏
46. 0.9973
47. 示值误差
48. 0.6827
49. 测量绝对误差
50. 绝对误差
51. 等精度测量
52. 10^{-6}
53. 时间
54. 检定系统表
55. 制造计量器具许可证
56. 考核合格
57. 氧化铬
58. 0.03 mm
59. 实际表面
60. 制动器
61. 立式光学计
62. 视差
63. 影像法或轴切
64. 0.3 mm
65. 位于
66. 0.2203
67. 实际
68. 中径偏差
69. 3
70. 平面度
71. 法向剖面上
72. 凹
73. 干涉带的弯曲量
74. 使用中的正常磨损
75. 稍加调整
76. 8
77. $\alpha=(180^\circ\phi)/\pi$
78. 中
79. 塑性变形
80. 外啮合
81. 模数
82. 越小
83. 被测件和计量器具温度
84. 锈蚀
85. 油膜
86. 0
87. 越高
88. 阿贝
89. 22 V交流稳压器
90. 0.6 μm
91. 90″
92. 1
93. 3
94. 三面互检法
95. 检验
96. 反映
97. 测力误差
98. 不符合
99. 杠杆和齿轮
100. 链传动
101. 随机
102. 变厚
103. 摆动角度
104. 螺丝副式
105. 4～12
106. 2 μm
107. ±5′
108. 对称
109. 1 μm
110. 0.03
111. 平行
112. 刻线象的宽度
113. 0.2 μm
114. 大于0.2 μm
115. 2
116. H
117. 尺边
118. ±0.01
119. 干涉仪
120. 成对的
121. 挤压法

122. 90° 123. 平行于 124. 0.01～0.05 125. 10″
126. 正比 127. ±0.2 μm 128. 2″ 129. 三倍
130. 6″ 131. 555 nm 132. 模数 133. 降低
134. 光度计 135. 380～780 nm 136. 光谱组成 137. 380
138. 电磁辐射 139. 显微 140. 初步 141. 一
142. 溯源性 143. 全程 8 mm 144. 轴线 145. 旋转
146. 高 147. 50°～140° 148. 越大 149. 0.1 mm
150. 3 级量块 151. 光栅 152. 0.02 mm 153. 0.02 mm
154. 中国 155. 0.002 mm 156. 直线 157. (8～15)分度
158. 准确性 159. 超差 160. 变动量 161. 蜗轮
162. 径向综合 163. 法向截面 164. 弧度 165. 2
166. 整秒数 167. 缺陷 168. 2 169. 单面
170. 检定 171. 零 172. 120 173. 0.1
174. 刻划

二、单项选择题

1. C 2. A 3. A 4. C 5. C 6. C 7. D 8. A 9. D
10. A 11. D 12. C 13. B 14. C 15. A 16. B 17. A 18. C
19. B 20. C 21. A 22. A 23. C 24. C 25. C 26. C 27. A
28. B 29. C 30. A 31. C 32. B 33. B 34. C 35. C 36. B
37. B 38. B 39. A 40. B 41. A 42. B 43. D 44. A 45. B
46. A 47. B 48. C 49. B 50. A 51. C 52. B 53. B 54. B
55. C 56. A 57. B 58. C 59. C 60. A 61. C 62. A 63. A
64. A 65. A 66. A 67. A 68. B 69. C 70. C 71. A 72. B
73. A 74. C 75. C 76. C 77. B 78. B 79. B 80. C 81. B
82. D 83. B 84. A 85. B 86. C 87. B 88. B 89. A 90. A
91. A 92. A 93. B 94. C 95. C 96. B 97. C 98. C 99. B
100. A 101. B 102. D 103. B 104. B 105. C 106. B 107. C 108. A
109. A 110. B 111. B 112. C 113. A 114. B 115. B 116. D 117. B
118. B 119. B 120. C 121. C 122. A 123. B 124. C 125. B 126. C
127. D 128. D 129. B 130. C 131. B 132. A 133. C 134. D 135. B
136. D 137. A 138. A 139. B 140. A 141. C 142. B 143. D 144. A
145. B 146. B 147. C 148. C 149. C 150. A 151. C 152. B 153. B
154. B 155. B 156. A 157. B 158. A 159. D 160. C 161. B 162. B
163. C 164. D 165. B 166. A 167. A 168. B 169. D 170. C 171. B
172. A 173. B 174. D 175. A

三、多项选择题

1. BC 2. AB 3. BC 4. AB 5. CD 6. CD 7. AC
8. AB 9. BC 10. CD 11. BC 12. BC 13. CD 14. ABC

15. BC 16. BCD 17. AB 18. CD 19. CD 20. CD 21. AB
22. ABD 23. ABCD 24. ABC 25. BCD 26. AB 27. BCD 28. AC
29. BC 30. CD 31. AD 32. AB 33. BC 34. AB 35. AC
36. BD 37. BC 38. ABC 39. CD 40. BD 41. CD 42. CD
43. BD 44. AB 45. BC 46. BD 47. BD 48. AB 49. ABCD
50. BC 51. AB 52. CD 53. ABC 54. AB 55. AC 56. ABC
57. AD 58. CD 59. BC 60. BD 61. AB 62. BCD 63. CD
64. CD 65. ABC 66. AB 67. CD 68. BC 69. BC 70. AB
71. AB 72. AC 73. AB 74. AD 75. ABC 76. AB 77. AC
78. ABC 79. AB 80. BC 81. CD 82. ABCD 83. BC 84. AB
85. AB 86. AB 87. BC 88. BC 89. AD 90. AB 91. AB
92. AB 93. CD 94. BC 95. ABC 96. AB 97. AB 98. BC
99. BC 100. BD 101. ABD 102. BC 103. BC 104. ABCD 105. AB
106. AC 107. BC 108. BC 109. ABC 110. BC 111. AB 112. BC
113. BC 114. AB 115. AC 116. AB 117. AB 118. AD 119. BD
120. CD 121. AB 122. AB 123. CD 124. AB 125. AB 126. AB
127. AB 128. BC 129. CD 130. AB 131. AB 132. CD 133. AC
134. CD 135. AB 136. BC 137. AB 138. AB 139. BC 140. CD
141. ABCD 142. AB 143. ABC 144. ABCD 145. BCD 146. ABC 147. AB

四、判断题

1. × 2. √ 3. √ 4. √ 5. √ 6. √ 7. √ 8. × 9. ×
10. √ 11. √ 12. √ 13. × 14. √ 15. √ 16. √ 17. √ 18. ×
19. √ 20. × 21. × 22. √ 23. × 24. × 25. × 26. × 27. √
28. × 29. × 30. √ 31. √ 32. √ 33. √ 34. × 35. × 36. ×
37. √ 38. √ 39. √ 40. × 41. × 42. × 43. × 44. √ 45. √
46. × 47. × 48. × 49. √ 50. × 51. × 52. √ 53. × 54. ×
55. √ 56. × 57. × 58. × 59. × 60. √ 61. × 62. √ 63. √
64. × 65. × 66. √ 67. × 68. × 69. × 70. √ 71. × 72. ×
73. × 74. × 75. √ 76. × 77. × 78. × 79. √ 80. √ 81. ×
82. × 83. √ 84. × 85. × 86. × 87. √ 88. × 89. √ 90. √
91. × 92. √ 93. √ 94. √ 95. × 96. √ 97. √ 98. √ 99. √
100. √ 101. √ 102. × 103. √ 104. × 105. × 106. × 107. √ 108. √
109. √ 110. × 111. × 112. √ 113. × 114. × 115. √ 116. × 117. √
118. × 119. × 120. × 121. √ 122. √ 123. × 124. √ 125. × 126. ×
127. √ 128. √ 129. √ 130. √ 131. × 132. × 133. √ 134. √ 135. √
136. × 137. × 138. √ 139. × 140. × 141. √ 142. √ 143. × 144. √
145. √ 146. × 147. √ 148. √ 149. √ 150. × 151. × 152. × 153. √
154. √ 155. × 156. √ 157. × 158. √ 159. × 160. ×

五、简 答 题

1. 答:
(1)正确使用计量基准或计量标准并负责维持、保养,使其保护良好的技术状况(1分);
(2)执行计量技术法规,进行计量检定工作(1分);
(3)保证计量技术检定的原始数据和有关技术资料的完整(1分);
(4)承办政府计量部门委托的有关任务(2分)。

2. 答:由国家以法令形式规定强制使用(2分)或允许使用的计量单位(3分)。

3. 答:
(1)具有中专(高中)或相当于中专(高中)以上文化程度(1分);
(2)熟悉计量法律、法规(2分);
(3)能熟练地掌握所从事检定项目的操作技能(2分)。

4. 答:
(1)伪造检定数据的(1分);
(2)出具错误数据造成损失的(1分);
(3)违反计量检定规程进行计量检定的(1分);
(4)使用未经考核合格的计量标准开展检定的(1分);
(5)未取得计量检定证件执行检定的(1分)。

5. 答:计量监督员在销售计量器具和使用强制检定的工作计量器具的场所,进行巡回检查(1分),调解计量纠纷(1分),组织仲裁检定,监督计量法律、法规的实施(1分)。县级以上地方人民政府计量行政部门设置的计量监督员可在规定的权限内进行现场处理,执行行政罚款(1分)。计量监督员在现场处以罚款的限额为50元以下(1分)。

6. 答:
(1)具有大专以上或相当于大专以上文化程度(1分);
(2)熟悉计量法律、法规(1分);
(3)具备监督工作范围内的专业知识(1分);
(4)掌握有关的检定规程和计量器具的检定技术(1分);
(5)从事计量工作三年以上,具有较强的组织能力和较高的政策水平(1分)。

7. 答:
(1)具有中专(高中)或相当于中专(高中)以上文化程度(1分);
(2)熟悉计量法律、法规(1分);
(3)具有监督工作范围内一般的专业知识(1分);
(4)掌握有关的检定规程,能正确地检定有关计量器具(1分);
(5)从事计量工作二年以上,具有一定的组织能力和政策水平(1分)。

8. 答:当我们进行任一测量时,由于测量设备、测量方法(1分)、测量环境、人的观察力和被测对象等(1分),都不能做到完美无缺,而使测量结果受到歪曲(1分),表现为测量结果与待求量真值间存在一定差值(1分),这个差值就是测量误差(1分)。

9. 答:将被测量的量转换成(1分)可直接观测的指示值(1分)或等效信息的计量器具(3分)。

10. 答:为评定计量器具的计量性能(1 分)(准确度,稳定度,灵敏度等)(1 分)并确定其是否合格所进行的全部工作(3 分)。

11. 答:经与国家基准或副基准校准或对比,并经国家鉴定(1 分),实际用以检定计量标准的计量器具(1 分)。它在全国作为复现计量单位的地位仅在国家基准及副基准之下(3 分)。

12. 答:在量具上(2 分)标注的量值(3 分)。

13. 答:引起计量仪器(仪表)示值(1 分)可察觉变化的被测的量的最小变化值(4 分)。

14. 答:根据计量器具准确度大小(1 分)所划分的等别或级别(4 分)。

15. 答:为确定被测对象的量值(2 分)而进行的实验过程(3 分)。

16. 答:在偏离测量规定条件时或由于测量方法所引入的因素(3 分),按某确定规律所引起的误差(2 分)。

17. 答:在实际测量条件下,多次测量同一量值时误差的绝对值(2 分)和符号以不可预定方式变化着的误差(3 分)。

18. 答:制造量具用的材料主要有:高碳合金钢、低磷渗碳钢(1 分)、合金渗碳钢、高碳钢和渗氮钢(1 分)。高碳合金钢可用于高精度的量规和量块(1 分),低磷渗碳钢可用来制造卡板样板等(1 分)。对于尺寸大和形状复杂的量具可采用合金渗碳钢制造。高碳钢适合制造尺寸不大的简单量具。渗氮钢可用于制造形状复杂和在繁重条件下工作的量具(1 分)。

19. 答:主要有以下几个方面:

(1)仪器误差(0.5 分);

(2)定位误差(0.5 分);

(3)标准件误差(1 分);

(4)温度误差(1 分);

(5)估读误差(1 分);

(6)测力误差(1 分)。

20. 答:使百分表测量杆的直线位移变为指针的角位移(2 分),是通过齿条和齿轮的传动放大机构(2 分)(一般为两级放大机构)实现的(1 分)。

21. 答:引起千分尺的示值误差的主要因素是:测砧和测杆工作面对测量轴线的垂直度(1 分),或者两工作面的平行度(1 分),螺丝副误差(1 分),工作面的平面度(1 分),微分筒的分度误差以及测量力的变化(1 分)。

22. 答:产生光波干涉的条件:频率相同的两光波在相遇点有相同的振动方向(1 分)和固定的位相差(1 分),两光波在相遇点所产生的振动的振幅(强度)相差不悬殊(1 分),两光波在相遇点的光程差不能太大(1 分),某光波在相遇点的光模差如果大于所用实际光波的相干长度则无干涉现象(1 分)。

23. 答:在零级平板上检定(1 分),平板应安置在稳固的基础上并用水平仪将其工作面调到大致水平位置(1 分)。检定时将被检水平仪放在平板上待气泡稳定后(1 分),按操作者的右边(或左边)的水平仪气泡读数 a_1,再将被检水平仪调转 180°方位后,仍放在平板的原来位置上(1 分),待气泡稳定后,同样按操作者的右边(成左边)的水平仪气泡端读数 a_2(1 分)。零位误差以两读数之差的一半来确定,即按下式求得:

$\delta=(a_2-a_1)/2$(1 分)

24. 答:如果传感器测量运行中,指示表的指针由匀速地递增突然发生了瞬时的突跳,说明此时传感器的触针在被测表面上感受到比一般轮廓峰谷高度大得多的划痕(1 分)。根据表面粗糙度评定基本原则,表面上个别的大划痕显然属于表面缺陷,不应计入表面粗糙度的评定结果中(1 分),可移动被测件换测其他部位。若多个部位均重复出现这种情况,则反映表面上有较深的刀痕,而不应剔除,需予以考虑(2 分)。

25. 答:用影象法测量螺纹半角时立柱需倾斜一个螺旋升角 Ψ,此时测出的是法向牙形,而半角是在轴向截面内定义的,因此需要换算,其公式为(2 分):

$\tan(\alpha/2)=[\tan(\alpha_n/2)]/\cos\Psi$(3 分)

式中:$\alpha_n/2$——法向牙形半角;$\alpha/2$——轴向牙形半角;Ψ——螺旋升角。

26. 答:在万工显上用影像法测量时,光圈的直径大小对工件的轮廓形状有直接影响(1 分):

(1)测量圆柱外尺寸工件时,光圈越小,测量误差向正方向增大;反之,测量误差向负方向变化(1 分)。

(2)测量圆弧内尺寸时,光圈越小,测量误差向负方向移动;反之,则向正方向移动(1 分)。

(3)测量同工件尺寸时,光圈大小不引入误差,即与光圈的大小无关(2 分)。

27. 答:最佳直径的三针置于螺纹沟槽中时,它与螺纹牙形两侧的接触点恰好在中径的位置上(1 分),这样就能避免牙形误差影响中径的测量结果(1 分),使测得的中径值为单一中径值(1 分)。测量 M10×1 的外螺纹的最佳三针直径为 0.577 mm(3 分)。

28. 答:螺纹的测量方法主要有单项测量和综合测量两大类(1 分)。单项测量的主要几何参数是螺距(1 分)、螺纹牙形半角(1 分)、螺纹单一中径(1 分)。综合测量的主要几何参数是螺纹作用中径(1 分)。

29. 答:齿向误差 ΔF_β 在分度圆柱面上(1 分)、齿宽工作部分范围内(端部倒角部分除外),包括实际齿向线的两条最近的设计齿向线之间的端面距离(1 分),齿向误差是控制齿轮的接触精度指标的(1 分)。通常齿向误差测量所用的量仪有万能测齿仪、径向跳动检查仪、万能工具显微镜(1 分)、导程检查仪,滚刀检查仪等(1 分)。

30. 答:对量块在修理和检定时的湿度,要求保持在 40%~60%相对湿度范围内(1 分),因为空气中的相对湿度超过 60%时,就很容易使量具和仪器的表面生锈(1 分)。如果室内温度过高,空气中水分过多,时间长了,平板量块等金属物很容易生锈和腐蚀(1 分)。湿度如果太低而且过分干燥,人的身体就不能适应。所以应保持在 40%~60%为最好(1 分)。对于减少空气中湿度的方法,除了恒湿装置外,也可用干燥剂、硅胶,其吸潮效果较好(2 分)。

31. 答:正确选择测量方法包括:正确的选择量具和计量仪器(1 分);根据被测量参数的特点选择测量的形式(1 分);选择测量基面及其定位方法(1 分);选择瞄准定位的形式;选择测量力的大小及触头形状(1 分);选择标准件的形式以及确定客观条件等(1 分)。

32. 答:将 ϕ8 mm 的平面测量帽装在测量杆上,选尺寸为 5mm 左右的一块量块在工作台面上(1 分),使平面测帽的前、后(或左、右)半个工作面先后与量块相接触(1 分),根据两次读数值的差异,调整工作台前、后(或左、右)的两个调节螺钉(1 分),直至量块在前、后、左、右四个位置上与测帽半个工作面相接触的读数差小于 0.2 μm 为止(2 分)。

33. 答:量具按其用途分为万能量具(2 分)、标准量具(2 分)和专用量具(1 分)。

(1)万能量具:塞尺,钢直尺,游标量具,微分量具,表类量具等(1 分)。

(2)标准量具:量块,平晶,多面棱体(1 分)。

(3)专用量具:角度量具,螺纹量具,齿轮量具(3分)。

34. 答:引起千分尺示值误差的主要因素是:测砧和测量杆工作面对测量轴线的垂直度(1分),或者两工作面的平行度(1分),螺纹付误差(1分),工作面的平面度(1分),微分的筒的分度误差以及测量力的变化(1分)。

35. 答:外径千分尺的工作原理是:利用等进螺旋原理将丝杆的角度旋转运动转变为测量杆的直线位移(1分),当丝杆相对于螺母传动时(1分),测杆轴线位移量(1分)和丝杆的旋转角度成正比(3分)。

36. 答:游标卡尺的读数原理是:利用游标卡尺的游标刻线间距与主尺刻线间距差形成游标分度值(1分),测量时,在主尺上读取毫米数(1分),在游标上读取小数值(1分)。产生示值误差的主要因素是:游标沿尺身移动的导向面直线度,尺身的毫米刻度误差,不测量面与导向面的垂直度,以及测量面的平面度(2分)。

37. 答:

(1)对称性:大小相等符号反的误差数目相等(1分)。

(2)单峰性:绝对值小的误差比绝对值大的误差数目多(1分)。

(3)有界性:绝对值很大的误差实际不出现(1分)。

(4)抵偿性:误差平均值趋于零(2分)。

38. 答:内径百分表测量孔径时,总是在被测孔的轴向平面找最小转折点,活动测头是在逐渐压缩(正反行程)的情况下进行测量(1分),轴向平面内的最小转折点就是正向行程转向反向行程的临界点(1分),由于反向行程不起作用,因此不用检反向行程(3分)。

39. 答:包容量块测量面且距离为最小的两个平行面之间的距离(3分),即为量块该测量面的平面度(2分)。

40. 答:$C=\alpha_s(t_s-20)-\alpha(t-20)l$(5分)。

41. 答:两列光波在空间叠加形成明暗相间的干涉条纹,要求这两列光波满足:

(1)具有相同的波长(1分);

(2)具有固定的位相差(或称为光程差)(1分);

(3)具有相同的偏振方向(1分);

(4)具有相近的光强,使形成的干涉条纹对比度适于观测(2分)。

42. 答:代表标准量(1分)和被测量长度的线段方向(1分)分别称为测量线和被测量线(3分)。

43. 答:主要有六项:

(1)标准尺的检定误差(1分);

(2)显微镜的对准误差(2分);

(3)线纹尺的安装误差(0.5分);

(4)显微镜的调整误差(0.5分);

(5)测量温度的误差(0.5分);

(6)线纹尺温度线膨胀系数的误差(0.5分)。

44. 答:

(1)外观(0.5分);

(2)刻线宽度(0.5分);

(3)刻线面粗糙度(0.5分);

(4)尺边直线度(0.5分);

(5)刻线面沿测量轴线平面度(0.5分);

(6)尺底面沿测量轴线平面度(0.5分);

(7)示值误差(2分)。

45. 答:分别采用0.8 mm和2.5 mm截止波长测量这种粗糙度间距约为0.5 mm的端铣样块(1分),其结果会有显著差别(1分)。因为从轮廓仪滤波器特性可知,当用0.8 mm的截止波长来检测这种样块时(1分),会把代表粗糙度的信号当作要滤除的长波长信号,被较大幅度地衰减了(1分)。而用2.5 mm的截止波长时。它比0.5 mm大5倍,信号基本上没有被衰减(1分),所以能获得较真实的结果(1分)。

46. 答:轮廓峰与轮廓的单峰是按不同的定义确定的两种概念。

轮廓峰是在取样长度内轮廓线与中线相交,连接两相连交点向外(从材料到空气)的轮廓部分。在一定长度范围内,轮廓峰的个数和大小取决于中线的位置的高低(2分)。

轮廓的单峰是指两相邻轮廓最低点之间的轮廓部分。它没有什么基准线,即和中线的位置无关。在轮廓线上某一地段,只要出现两个低点,夹在两低点之间的轮廓部分即为轮廓的单峰。所以单峰的个数不会比轮廓峰个数少(3分)。

47. 答:用尺寸为该表测量下限的环规检定是保证不了定中心架的正确性,因为用这种尺寸的环规检定(1分),只能控制定中心架对测量轴线不对称引起的内径误差(1分),但定中心架对测量轴线引起的内径误差是随内径的加大而增大(1分),因此除该表测量环规检定外(1分),还必须用尺寸为该表测量上限的环规再检定,才能控制(1分)。

48. 答:当游标角度规上安装直角尺和直尺时(1分),检定点为15°10′、30°20′、45°30′和50°(2分);只装上直角尺时检定为50°、60°40′、75°50′和90°。一共检定8点(2分)。

示值误差用角度块检定,角度块的准确度为2级。

49. 答:不同(1分)。对相对误差而言(1分),误差亦称绝对误差(1分),它具有大小与符号(+、-)(1分),而误差的绝对值仅反映误差的大小。例如,某测量误差为-0.1,则-0.1是绝对误差,而误差的绝对值为$|-0.1|=0.1$(1分)。

50. 答:用等的量块对千分尺测量下限校准时,是根据量块的实际尺寸进行(1分),例如对(25~50)mm千分尺的测量下限进行校准时,所用的量块实际尺寸为25.0010 mm,只要千分尺上的指示值为25.0010 mm(1分),则测量下限是正确的,若不是25.0010 mm,将千分尺的示值调整至25.0010 mm时这一数值(3分)。

51. 答:间隙量应不超过0.006 mm(1分)。对间隙量判断不准时采用量块比较法检定。检定时,将尺寸为1 mm的量块放在两工作面接触部位(1分),将尺寸为1.006 mm量块放在两工作面间隙量大的部位,当活动量爪工作面与量块接触时,如其中1 mm量块与量爪工作面不接触,则间隙量合格(1分)。如其中1.006 mm量块与量爪工作面不接触,则间隙量不合格(1分)。如两块量块与量爪工作面均接触时,则间隙量合格(1分)。

52. 答:齿轮传动中渐开线齿面上一点A受到一个压力P的作用后,齿轮将沿用半径OA方向旋转(1分)。A点的运动方向与AO垂直,则力的方向和齿轮运动方向的夹角α就是渐开线上A点的压力角(1分)。故压力角就是渐开线齿廓受力时,力的方向与受力点运动方向的夹角,国家标准规定齿轮分度圆上的压力角为20°(3分)。

53. 答:齿距偏差是在分度圆上实际齿距与公称齿距之差(1分)。用相对法测量时,公称齿距是指所有实际齿距的平均值(1分)。齿距误差的测量方法有相对法和绝对法。相对法的测量仪器有万能测齿仪、半自动周节仪、上置式周节仪和旁置式周节仪等(1分)。绝对法的测量仪器有单面啮合整体误差测量仪、万能齿轮测量机等(1分),也可在三座标测量机、分度头和万能工具显微镜等仪器上测量(1分)。

54. 答:对仪器调整的主要项目是:

(1)调整仪器工作台的台面与回转轴垂直(2分);

(2)调整自准直仪的光轴垂直于回转轴(2分);

(3)调整自准直仪十字分划板平行于回转轴(1分)。

55. 答:角度块为精密角度量具,它可作为标准角直接与其他角度进行比较测量(2分)。如用于检定游标角度规及光学角度规的示值误差(2分)。角度块也要用于精密机床加工过程中的角度调整(1分)。

56. 答:有两种情况:一种是180°(1分)与角度块标称值的差能除尽360°(1分),可采用首尾连接、整周封闭的方法测量,消除度盘分度误差的影响(1分)。另一种情况是180°与角度块标称值之差不能除尽360°时(1分),可采用在度盘上均匀分布多位置测量取平均值的方法,以减小度盘分度误差的影响(1分)。

57. 答:有光学补偿式测长机和万能测长仪的工作台设有五个功能(1分),即上下升降(1分)、前后移动(1分)、左右滑动(1分)、沿水平轴和垂直轴摆动(1分)。

58. 答:投影仪物镜的场曲用网格板检定。在采用透射光,分别安装各倍物镜情况下进行检定时(1分),将网格板放在玻璃工作台上后调整工作台(1分),使影屏中心位置出现清晰的网格板影象(1分),这时调整固定在仪器主体上的百分表,使其测头与工作台接触,并记下表的示值(1分)。再调整工作台,使影屏边缘(上下或前后或左右)出现清晰的网格板影象,并观看百分表的示值变化,如此检定三次,取其平均值,即为物镜场曲的测得值(1分)。

59. 答:当立柱向左、右摆动时,出现十字线影象向一个方向偏移(1分),这是由于光轴未通过立柱回转轴线所引起的(1分)。出现十字线影象分别向左向右偏移(1分),这是由于顶针轴线未通过立柱回转轴线所引起的(2分)。

60. 答:评定直线度的最小条件是包容实际轮廓线的两平行直线之间的距离为最小(2分)。判别准则是:出现至少两个等值的最高(低)点分别位于最低(高)点的两侧(3分)。

61. 答:平面度被定义为实际平面对其理想平面的变动量(1分)。它等于包容实际表面而且距离为最小的两平行平面间的距离(1分)。符合"最小条件"的平面度判别准则是:(1)一个最低(高)点的投影位于由三个等值最高(低)点所组成的三角形以内(1分);(2)两个等值最低点投影位于两等值最高点连线的两侧(1分)(注:当一个最低(高)点的投影位于两等值最高(低)点的连线以内时,分别通过最高和最低点包容平板工作面的两平行平面间的距离必是最小值)(1分)。

62. 答:用等厚干涉法检验平面度时(1分),可以用在某一端加压力的方法判别该平面是凹还是凸(2分)。即:当干涉条纹中心移向加压的地方,则表明该平面是凸的(1分);如果移动方向相反则是凹的(1分)。

63. 答:"标准间隙"由量块(1分)、平晶(1分)、刀口尺组成(1分)。先将两块等尺寸的量块研合在平晶的两端(1分),当中再分别研上比这两块量块小1 μm、小2 μm…小6 μm组成高差分别为$-1\ \mu$m、$-2\ \mu$m、$-3\ \mu$m…$-6\ \mu$m的量块阶梯(1分),再将0级刀口尺搁在上面,从侧面将看到1 μm、2 μm、3 μm…6 μm不同宽度的标准间隙(光缝)(1分)。

64. 答:用显微镜测丝杠螺距时,产生误差的主要因素有:

(1)仪器的示值误差(2分);

(2)定位误差(包括丝杠在垂直和水平两个方向与测量方向不平行引起的误差)(1分);

(3)瞄准误差(1分);

(4)温度误差(即丝杠与仪器温度不一致,玻璃尺与丝杠线胀系数不同,以及仪器温度不均匀引起的误差)(1分)。

65. 答:在万工显上用影像法测量时,光圈的直径大小对工件的轮廓形状有直接影响:

(1)测量圆柱外尺寸工件时,光圈越小,测量误差向正方向增大;反之,测量误差向负方向变化(2分)。

(2)测量圆弧内尺寸工件时,光圈越小,其误差向负方向移动;反之,则向正方向移动(1分)。

(3)测量同一工件尺寸时,光圈大小不引入误差,即与光圈的大小无关(2分)。

66. 答:螺纹牙形两侧面与螺纹轴切面形成的交角称为螺纹牙形角(1分)。螺纹牙在中径线上的一点与该点沿螺纹牙面绕着螺纹轴心线旋转一整周时所处的另一对应点之间的轴向距离(1分),称为螺纹导程(1分)。单线螺纹导程等于螺距(2分)。

67. 答:

(1)根据螺距与螺旋升角选择测量刀,一般选用0.3 mm的测量刀(0.5分);

(2)在中央主显微镜上换上3倍物镜,并在物镜上装上半镀银反光镜(0.5分);

(3)清洗并装上测量垫板和测量刀,并加上弹簧压板(0.5分);

(4)升降中央显微镜,使目镜中能呈现清晰的测量刀刻线像(0.5分);

(5)旋转中央显微镜立柱,使沿螺旋线方向倾斜一个被测螺纹的螺旋升角(1分);

(6)对测量刀,使刃口与轮廓边缘密合,但注意不要使刃口在测件表面产生相对滑动(1分);

(7)立柱回至零位,对准测刀刻线(1分)。

68. 答:

(1)电眼瞄准万能测长仪测孔(1分);

(2)象点法(1分);

(3)内测钩测孔(1分);

(4)光学灵敏杠杆对准测孔(1分);

(5)影像法测孔(1分)。

69. 答:将ϕ8 mm的平面测帽装在测量杆上,选尺寸为5 mm左右的一块量块在工作台面上(1分),使平面测帽的前(1分)、后(或左、右)半个工作面先后与量块相接触(1分),根据两次读数值的差异,调整工作台前、后(或左、右)的两个调节螺钉(1分),直至量块在前、后、左、右四个位置上与测帽半个工作面相接触的读数差值小于0.2 μm为止(1分)。

70. 答:因为牙型半角误差影响螺纹的旋合性和螺纹接触质量(1分),有时虽然牙型全角正确,但仍可能左、右牙型不对称而不能旋合(1分),所以在螺纹标准中规定牙型半角公差,而不是规定螺纹牙型全角公差(1分)。当牙型半角达到公差要求了(1分),牙型全角就会得到控制(1 分)。

71. 答:为了保证被测孔径的测量轴线与基准轴线相重合(2 分),必须进行以下调整:首先应调整工作台的水平位置(2 分),通过找最小转折点的方法使测量轴线和基准轴线相平行,然后可前后移动工作台以找最大转折点的方法来确定横向位置即可(1 分)。

72. 答:使用万能工具显微镜测量时,定读数显微镜的第一个读数时,应定在视野的中央,即 500 处附近(1 分),这样可减少读数显微镜的放大倍数误差(1 分),提高对准精度(1 分)。使用读数显微镜对线时,采用单向瞄准的方法来提高读数的稳定性对准精度(2 分)。

73. 答:(1)先读整数:游标零线应位于尺身上最靠近的一条刻线右边,读出被测尺寸的整数部分(2 分)。

(2)再读小数:游标零线右边的某线,与尺身上某数值刻线对齐,对齐线左边格数与游标分度值的乘积(1 分)。

(3)得出被测尺寸把整数部分和小数部分相加,就是卡尺的所测尺寸(2 分)。

74. 答:(1)将固定测头与被测表面接触(1 分);(2)边摆动活动测头,边向外转动微分筒(1 分);(3)使活动测头与被测工件正确接触(1 分);(4)正确读数,记录数据并进行数据处理(2 分)。

75. 答:打表法测量直线度公差(1 分),常用百分表(1 分)、表架(1 分)、偏摆仪(1 分)、测量平台、V 形块等(1 分)。

六、综 合 题

1. 解:圆的周长为 $2\pi R$(R 为半径)

所以 $2\pi R/R$ 弧度$=360°$,即 2π 弧度$=360°$(4 分)

所以 1 弧度$=360°/2\pi=360°/(2\times3.1416)=57.3°$(4 分)

所以 1 弧度等于 57.3°(2 分)

2. 解:1 米制克拉=0.2 g,1 市两=50 g(4 分)

所以 0.2 g+50 g=50.2 g,两者和为 50.2 克(6 分)。

3. 解:$\{t\}$(℃)$=\{T\}$(K)$-273.15=373.15-273.15=100$ ℃(4 分)

所以是 100 摄氏度(6 分)。

4. 解:$\{T\}$(℃)$=\{T\}$(K)$+273.15=37+273.15=310.15$ K(4 分)

是 310.15 开尔文(6 分)。

5. 解:机械式百分表,当测杆位移 1 mm 时,大指针正好旋转一周,则满足下列等式:$(2\pi/tz_1)\times(z_2/z_3)=2\pi$(2 分)

所以齿条的节距:

$t=z_2/(z_1\cdot z_3)=120/20\times12=0.5$ mm(4 分)。

齿轮的模数

$m=t/\pi=0.5/3.14159\approx0.159$ mm(4 分)。

6. 解:芯轴的直径:$d=S/[2\cos(\alpha/2)]$(3 分)

$=24/[2\cos(140°/2)]$(3 分)

$=24/(2\times0.34202)=35$ mm(4 分)。

7. 解:

(1)$L_c=(L_1+L_2+L_3+L_4+L_5+L_6)/n$(4 分)。

$=(300.0035+300.0028+300.0022+300.0042+300.0026+300.0024)/6$

$=300.0030$ mm(2 分)。

(2)$\delta=Z_1/2\{Z=[\sum i(L_c-L_i)2]/(n-1)$,其中 $i=1,\cdots,n\}=0.76\ \mu$m(4 分)。

8. 解:平均值 $L=1/5(1\ 000+1\ 012+1\ 004+1\ 006+1\ 008)$(6 分)

$=1\ 006$(4 分)。

9. 解:该点的示值误差:$\delta=\nu-L=80.119-80.121=-0.002$ mm($-2\ \mu$m)(2 分)。

符合 1 级千分尺的要求,因五等量块只能检定 1 级千分尺(2 分),1 级千分尺的示值误差,对于(75～100)mm 千分尺来说(2 分),要求不超过$\pm4\ \mu$m(4 分)。

10. 解:由量杆与量块的温度,线膨胀系数不一致,所引起的量杆误差:

$\Delta=L[a_p(t_p-20)-a(N-20)]=475[10.5\times10^{-6}(20.5-20)-11.5\times10^{-6}(21-20)]$(4 分)

$=475(-6.25\times10^{-6})\approx-0.003$ mm(2 分)。

量杆的实际尺寸:$L_{实}=475.0030+(-0.002)-(-0.003)=475.004$ mm(4 分)。

11. 解:

(1)$1\ 500-1\ 508=-8$ ℃(2 分)。

(2)$-8/1\ 508=-0.53\%\approx-8/1\ 500$(2 分)。

(3)$-8/2\ 000=-0.4\%$(2 分)。

(4)$1\ 508-1\ 500=+8$ ℃(4 分)。

12. 解:

$n=\lambda/2\times K/i=0.56/2\times16/a_1=44.8$(10 分)。

13. 解:

$C_2=a_1(20-t)=3.6\times0.09(20-20.18)$(6 分)

$=-0.058\ \mu$m(4 分)。

14. 解:

$e=e'-0.06665(t-t')$(6 分)

$=1.47963-0.06665(19.8-12.8)=1.01308$ kPa(4 分)。

15. 解:检定员通过显微镜看到的刻线宽度为(4 分):

刻线实际宽度×显微镜总放大倍数$=0.05\times2.5\times8=1$ mm(6 分)。

16. 解:由于两方位上产生的干涉条纹弯曲方向不一致,一方位呈凸形(2 分),另一方位呈凹形(2 分),所以被测面的平面度:$\Delta=(n_1+n_2)\frac{\lambda}{2}=(1+2)\frac{0.6}{2}=0.9\ \mu$m(6 分)。

17. 解:$d=124.7$ mm(5 分),$d_a=136.7$ mm(5 分)。

18. 解:$p=31.4$ mm(3 分),$d_a=420$ mm(3 分),$h=22.5$ mm(4 分)。

19. 解:内径千分尺在测长机上检定时,其示值误差是以千分尺上的示值 r 与测长机上的示值 l 的差值确定,因此该组合尺寸的示值误差:(4 分)

$\delta=r-l=2\ 950.000-2\ 950.013=-0.013$ mm(即$-13\ \mu$m)(6 分)。

20. 解:$d_2=M-3d_m+0.866P$(4 分)

式中 $d_m=\dfrac{P}{2\cos\dfrac{\alpha}{2}}=2.309$(2 分)

所以 $d_2=19.999-3\times2.309+0.866\times4=16.536$(4 分)。

21. 解:由于偏离中心线引起的测量误差应为:$\Delta D=2\times C\times\tan\dfrac{\alpha}{2}$(4 分)

式中 C——测量线偏离量;

α——偏离造成的中心张角。

所以 $\Delta D=2\times C\times\dfrac{C}{D}=2\times1\times\dfrac{1}{50}$ mm$=0.04$ mm(6 分)。

22. 解:用于测量该工件的计量器具的不确定度最好优于(2 分):

$U=0.9A=0.9\times0.003=0.0027$ mm(2 分)

0.0027 mm>0.00256 mm(2 分)

为了降低成本,选用外径千分尺和五等量块配合,进行此项测量最合适(4 分)。

23. 解:立柱的倾斜角度应该与螺纹中径处的螺旋升角相等(4 分),因此倾斜角 ϕ 为:

$\phi=\tan-\dfrac{P}{\pi d_2}$(6 分)。

24. 解:两次检定结果的最大允许差为(4 分):

$0.3\times\sqrt{2}\times\sqrt{2}=\pm0.6''$(6 分)。

25. 解

$\alpha=180-(b-a)=180-(150°36'10''-10°36'27'')$(6 分)

$=40°00'17''$(4 分)。

26. 解:

允许差为$\pm2\times\sqrt{2}=\pm2.8''$(10 分)。

27. 解:

$\dfrac{0.005\ \text{mm}}{1\ 000\ \text{mm}}\times206\ 265=1.031325''$(6 分)

$=1''$(4 分)。

28. 解:检定器移动 105″(3 分),

汽泡移动 24.1−6.4=17.7 个格(3 分),

水准器格值 $E''=i/m=105''/17.7=5.93''$(4 分)。

29. 解:1 英尺=0.3048 m(3 分)

故 0.3048×40=12.192 m=12 m(3 分)

所以 16 N×12 m=192 N·m,换算为法定计量单位是 192 牛顿米(4 分)。

30. 解:1t=1 000 kg=1 000×10^3 g=10^6 g=1 Mg,又 1 kg=2 市斤(4 分)

所以 6 市斤=3 kg=3×10^3 g,分别是 1×10^6 克,1×10^3 千克,3×10^3 克,3 千克(6 分)。

31. 解:$p_1:p_2:p_3=1/\sigma_{12}:1/\sigma_{22}:1/\sigma_{32}$(2 分)

$=1/0.052:1/0.202:1/0.102$(4 分)

$=16:1:4$(4 分)。

32. 解:

(1)1500－1508＝－8℃(2 分)；

(2)(－8)/1508＝－0.53%(2 分)；

(3)(－8)/2000＝－0.4%(2 分)；

(4)1508－1500＝8℃(4 分)。

33. 解：测量次数 n 满足：

$3\sigma/n_1/2<0.005$(2 分)

$0.012/n_1/2<0.005$(2 分)

$n>(12/5)2=5.7$(2 分)

故 n 至少测 6 次(4 分)。

34. 解：$[F]=[m]\cdot[a]$(2 分)

$m=5\text{t}=5\ 000\ \text{kg}, a=9.80665\ \text{m/s}^2$(2 分)

所以$[F]=5\ 000\times9.80665=49\ 033.25\ \text{N}=49\ \text{kN}$(2 分)

作用在汽车底架上的重力为 49 千牛顿(4 分)。

35. 解：1 市斤＝500 g(2 分)

1 磅＝453.6g＝454 g(4 分)

所以 500 g－454 g＝46 g，两者分别是 500 克和 454 克，两者相差 46 克(4 分)。

长度计量工(高级工)习题

一、填 空 题

1. 液压传动是用油液,作为(　　),利用它不可压缩的性质来实现能量转换。

2. 在直流电路中,电流和电压的大小与方向是不随时间变化的;在正弦交流电路中,电流和电压的(　　)是随时间按正弦规律变化的。

3. 金属材料的性能包括物理性能、化学性能、(　　)和工艺性能。

4. 在国家法定计量单位中,长度基本单位的名称是米,符号为 m,它是光在(　　)中在 299 792 458 分之一秒时间间隔内所经路径的长度。

5. 1983 年新米定义不依赖于特定谱线,而是基于把在(　　)中传播的光速定义为物理常数。

6. 光学色散是指介质的(　　)随光的波长或频率变化的物理性质。

7. 一束光垂直通过一未镀膜的光学平行平板,其(　　)损失大约为入射光的 8%。

8. 已知半径为 1 m,弧长为 5 μm 所对应的中心角为(　　)角秒。

9. 我国的法定计量单位(以下简称法定单位)包括:国际单位制的(　　);国际单位制的辅助单位;国际单位制中具有专门名称的导出单位;国家选定的非国际单位制单位;由以上单位构成的组合式的单位;由词头和以上单位所构成的十进倍数和分数单位。

10. 压力的法定计量单位符号,用单位符号表示是(　　)。

11. 功率的法定计量单位符号用单位符号表示是(　　)。

12. 在国际单位制具有专门名称的导出单位中,剂量当量的计量单位名称是(　　),计量单位的符号是 SV。

13. 比热容单位的符号是 J/(kg·K),它的单位名称是(　　)。密度单位的符号是 kg/m^3,它的单位是千克每立方米。

14. 法定计量单位就是由国家以(　　)形式规定强制使用或允许使用的计量单位。

15. 电阻率的法定计量单位名称是(　　),计量单位符号是 Ω·m。

16. 频率的法定计量单位符号用国际单位制基本单位符号表示是(　　)。

17. 电导率的法定计量单位名称是(　　),它的计量单位符号是 $S\cdot m^{-1}$。

18. 电场强度的法定计量单位符号不宜用 K·V/mm,而用(　　)。

19. 在国家选定的非国际单位制单位中,旋转速度的计量单位名称是(　　),计量单位的符号是 r/min。

20. 在国家选定的非国际单位制单位中,长度的计量单位名称是(　　),计量单位符号是 nmile。

21. 能够传导电荷的物体称为(　　),如金属、人体、盐水溶液等。

22. 不能传导电荷的物理称为(　　),如橡胶、塑料等。

23. 电荷有规律的移动而形成(　　),符号为 I,单位为 A(安)。

24. 求刻度尺的刻度误差计算式为(　　)。

25. 对于相同的被测量,(　　)可以评定不同的测量方法的测量精度高低。对于不同的被测量,采用相对误差来评定不同测量方法的测量精度高低较好。

26. 仪表准确度等级是根据仪表的(　　)来划分的。

27. 仪表的允许误差等于(　　)与全量程之积。

28. 修正值与误差的(　　)相同,但符号相反。

29. 准确度主要反映(　　)误差的大小程度,准确度愈高,则该误差愈小。

30. 测量上限为 100 V 的两块电压表 A、B,经检定 A 表的最大示值误差发生在 50 V 处,为 2 V,B 表的最大示值误差发生在 70 V,处为 2.5V,因此 A 表准确度(　　)B 表。

31. 在偏离测量规定条件下或由于测量方法的原因,按某确定规律变化的误差称为(　　)。

32. 量块主要以其长度的(　　)来分等。

33. 平面平晶用于检定量块的研合性和(　　)以及仪器和量具的测量面、工作面的平面度。

34. 测量结果与(　　)之差,称为误差,不考虑正负号的误差称为误差的绝对值。

35. 某量真值为 A 测得值为 B,则绝对误差为(　　),相对误差为 $(B-A)/A$。

36. 为消除系统误差,用代数法加到测量结果上的值称为(　　),该值大小等于未修正测量结果的绝对误差,但符号相反。

37. 某量测量 9 次,标准差为 0.06,则算术平均值的标准差当独立测量时为(　　)。

38. 进行多次测量是为了(　　)和发现粗差。

39. 检定线纹尺时,如果其方位没有完全调整好,则会产生(　　)误差,一般情况下是可以忽略不计的。

40. 二等标准金属线纹尺比较测量时,二尺的温度差应小于(　　)℃,一个测回中二尺温差的变化应小于 0.03 ℃。

41. 深度千分尺的修理项目有底板工作面和(　　)。

42. 当线纹尺的一端离焦距时,会产生(　　)误差,同时,若显微镜光轴在测量纵轴线方向有倾斜,则会产生正弦(一次)误差。

43. 几何光学中光学传播的五个基本定律是:(　　);光的独立传播定律;光的反射定律;光的折射定律;光路可逆定律。

44. 当光线产生反射时,(　　)光线、反射光线、入射点、法线都在同一平面内。

45. 入射角与(　　)角绝对值相同,但符号相反。

46. 两种介质相比,光在其中传播速度较快的一种介质,即折射率小的介质叫光疏介质;反之,折射率大的介质叫(　　)。

47. 当光由空气进入光学玻璃时,(　　)是光密介质。

48. 折射角为 90°的入射角叫做(　　)。

49. 光线发生全反射的条件是:(　　);入射角大于临界角。

50. 我国《计量法》规定,为社会提供公证数据的产品质量检验机构,必须经省级以上人民政府计量行政部门对其计量(　　)和可靠性考核合格。

51. 计量检定人员的考核，由国务院计量行政部门统一命题。具体内容包括计量基础知识、专业知识法律知识、实际操作技能和相应的(　　)。

52. 强制检定的计量标准器具和强制检定的(　　)，统称为强制检定的计量器具。

53. 数显卡尺的读数机构的基本原理是容栅或者是(　　)。

54. 按光栅的透明性能，可以分为透射光栅和(　　)光栅。

55. 不论立式光学计还是接触式干涉仪，其工作台均有平面度要求，那么平面度是指包容(　　)且距离为最小的两平行平面之间的距离。

56. 不论哪种长度计量的光学仪器，检定和使用时均有室温要求，倘若室温偏高标准温度20 ℃时，会出现(　　)误差；室温时高时低，这引起随机误差。

57. 光学仪器中的目镜或物镜，其中心称光心。焦点到(　　)的距离叫焦距。

58. 用光切显微镜的低倍率(例如7×)物镜不能测量较光滑的表面(例如 R_z 小于1 μm)，是因为物镜的数值孔径太小，(　　)太低。

59. 产生光波干涉的必要条件是：频率相同的两束光在相遇点有相同的振动方向和固定的(　　)。

60. 根据GB 1031的规定，给定被测零件表面粗糙度的两项基本要求是：给定粗糙度的参数值和测量时的(　　)。

61. 在长度计量中常用激光的特点是：方向性好、(　　)、相干性好。

62. 在长度测量技术中，基本测量原理有(　　)、最小变形原则。

63. 圆锥螺纹的直径参数是定义在(　　)上，圆锥外螺纹从小端面至基面之间的距离叫基面距。

64. GB 3177对部分计量器具的选择作了具体规定，它对选用游标卡尺、千分尺和放大倍数小于2 000倍的比较仪做了规定，它规定(　　) A 的数值大体为被测工件公差下限的10%，而计量器具的不确定度为 A 值的0.9倍。

65. 在测角仪上检定三角形的角度块，应使两工作面中垂线的交点在工作台回转中心上，四边形角度块应使(　　)在工作台回转中心上。

66. 偶然误差大多服从正态分布规律。其四大特性是：对称性、单峰性、(　　)、抵偿性。

67. 坐标测量机广泛使用光栅、磁栅、同步感应器、激光，作为检测元件，其优点是能采用脉冲技术、数字显示和便于实现(　　)测量。

68. 干涉显微镜是以光波干涉原理为基础的一种光学仪器，它是(　　)和显微镜的组合。

69. 一对渐开线标准齿轮正确啮合的条件是两齿轮的分度圆模数相等、(　　)相等。

70. 齿轮的变位可以分为(　　)变位和角度变位两种。

71. 蜗杆的端面模数与蜗轮的(　　)模数相等。

72. 触针式表面轮廓仪传感器的驱动速度如果偏离原设计的要求，将会使测量结果不可靠，这是因为输入信号(　　)有所改变，从而与仪器电路中滤波器的截止波长不相匹配所造成。

73. 光学分度头的示值误差，主要由(　　)和测微仪示值误差组成。

74. 在圆度仪上测量圆度时有四种评定圆度的方法，其中(　　)法是圆度评定中的标准方法。

75. 接触式干涉仪的工作台是可换的通常备有三种，其中一种为筋形工作台，另两种为球筋工作台、(　　)。筋形工作台平面度用二级开槽平晶和一级平晶检定。

76. 万能工具显微镜的光学定位器(俗称光学灵敏杠杆),其定位测头的球径检定极限误差不超过(　　)。检定或使用光学定位器时,在主显微镜上所要安装的物镜,其放大倍数为3倍。

77. 一等标准玻璃线纹尺用激光干涉比长仪检定,二等标准玻璃线纹尺可用(　　)检定,也可用光电比较仪检定。

78. 检定一等标准金属线纹尺时,采取两种方式,每种方式测量两次,在全长内一种方式两次测量得值的允差应小于(　　)μm。

79. 一等标准金属线纹尺的检定结果取两种方式四次测得值的平均值,检定结果的数值取到微米的(　　)位。

80. 激光干涉比长仪中采用三面镜直角棱镜(立体棱镜)取代平面反射镜,从而避免了因工作台运动的(　　)而使反射光束改变方向。

81. 当射至可动三面直角棱镜(立体棱镜)的光束与棱镜的运动方向有不一致时,会产生(　　)误差,该项误差系数为余弦(二次)误差,一般可忽略不计。

82. 在采用干涉条纹计数的技术中,通常使用正弦和余弦信号输入,其位相差为90°,它的作用是(　　)和判向。

83. 激光干涉比长仪中,动态光电显微镜采用的是(　　)的,光源的电压应是直流的。

84. 激光干涉比长仪中,工作台运动的均匀性可以用(　　)或频谱仪来测量。

85. 螺距是(　　)两牙在中径线上对应两点间的轴向距离。

86. 轮廓微观不平度的间距定义为:含有一个(　　)和相邻轮廓谷的一段中线长度。

87. 轮廓支承长度率 t 为轮廓(　　)长度与取样长度之比。

88. 投影仪的影屏十字线的水平线与工作台纵向移动方向的平行度,对于(　　)影屏不大于40,对于可动影屏不大于60。

89. 投影仪放大倍数的正确性,对于影屏不大于 ϕ600 mm 的,不超过0.08%;对于影屏大于 ϕ600 mm 的,不超过(　　)。

90. 万能测长仪的基座导轨的直线度不超过(　　),用分度值不大于1″的自准直仪检定。

91. 万能测长仪的测量轴与基座导轨面的平行度,在100 mm 长度上不大于0.03 mm,用(　　)检定。

92. 接触式干涉仪的筋形工作台中间筋形的高出度为(　　),球筋工作台的球测头高出度为2～3μm。

93. 投影仪放大倍数的正确性,是采用检定极限误差不超过±0.5 μm 的(　　)和示值误差不超过0.03 mm 的工作玻璃刻度尺检定。

94. 普通螺纹的牙型角是60°,而管螺纹的是(　　),他们的螺纹截形都是三角形。

95. 百分表的主要修理项目有:(1)外观;(2)各部相互作用;(3)(　　);(4)灵敏度;(5)示值稳定性;(6)示值误差。

96. 游标卡尺平面度修理方法是:将游标卡尺立夹在老虎钳上,使量面水平或垂直放置,再用左手手指捏紧量量爪,右手捏紧研磨器,往复拉动旋转。(　　)防止偏斜。

97. 手工研磨器可在平板上一面一面地研,研磨器在平板上一面转动一面移动,并不断调换移动和转动方向进行研磨。粗研用粒度为W20的金刚砂,精研磨用(　　)的金刚砂。

98. 千分尺轴向窜动的修理有(　　)和测微螺标与螺母互研法。

99. 千分尺校对量杆修理的三个项目:恢复工作尺寸、调查和修理外围、(　　)。

100. 深度千分尺的修理项目有底板工作面和(　　)。

101. 千分尺测量面研磨一般在1~2 min左右,并要依次更换(　　)。

102. 千分尺测量面研磨时要不断改变研磨运动方向,研磨(　　)应均匀遍布于研磨器整个工作面。

103. 量块长度比较测量所用的光学比较仪,它们最突出的功能是可以把被测与标准量块之间不易被人们察觉的微小长度差值,放大到人们能够准确察觉的程度。立式接触干涉仪可以把1 μm的测帽移动量放大45 000倍,在人眼观察部位显示出来,它使用了目镜的显微放大和(　　)放大二者相结合的放大系统。

104. 3等量块长度测量的最后结果中,标称尺寸如0.5~100 mm的有效位数保持微米以后2位数。100~1 000 mm的有效位数应保持微米以后(　　)位数。多于有效位数的数均称为多余数,应按圆整规则把它们处理掉。

105. 设测长机测量轴线为X轴,在水平面内与X相垂直的为Y轴,在铅垂面内通过X、Y交点并与水平面相垂直的为Z轴,测量量块长度时,一般采用一对(　　)测帽,调整仪器使测帽与量块相接触并显出某示值,转动工作台可以看到示值变化:以X为轴转动量块时应看到示值变化到不变时、以Y为轴转动量块时应看到示值变化到最小时、以Z为轴转动量块时应看到示值变化到最小时,才是被测量块的长度。

106. 用触针式表面粗糙度测量仪检定表面粗糙度比较样块的粗糙度参数值时,要求仪器的系统误差$\leqslant\pm5\%$,(　　)$\delta\leqslant1\%$。

107. 检定触针式表面轮廓仪的示值误差是使用一组标准多刻线样板,分别依次对仪器各挡垂直放大率进行的。检定时,应在被选择样板工作区域的三个不同位置上各测量三次,取(　　)作为检定结果。

108. 通常用的测量范围为(0~1)mm千分表,其整个工作行程范围内的示值误差不超过5 μm,回程误差不超过(　　)。

109. 内测千分尺的示值误差,用(　　)检定,也可以用5等或2级量块和量块附件组成的内尺寸检定。

110. 不论数显卡尺还是游标卡尺。其圆柱面的内测量爪的基本尺寸为10 mm或20 mm。该尺寸对使用中和修理后的卡尺来说,必然要偏小,但重新确定的合适(或实用)标称尺寸为(　　)。

111. 测量范围至500 mm的千分尺,其测力为6~10 N微分筒锥面的棱边上边缘至固定套管刻线面的距离不大于(　　)。

112. 分度值为2′测量范围为0°~320°的游标角度规,期限刻线宽度为(　　),同一个游标角度规的刻线宽度差不大于0.02 mm。

113. 游标角度规的示值误差不超过分度值,光学角度规的示值误差不超过(　　)。

114. 使用中杠杆式百分表,其测力为0.2~0.6 N,测杆的扭力为(　　)。

115. 杠杆式百分表示值变动性不大于(　　),杠杆式千分表示值变动性不大于0.5 μm。

116. 杠杆式百分表的回程误差不大于3 μm,杠杆式千分表的回程误差不大于(　　)。

117. 杠杆式千分尺的指示表的表盘刻线宽度为0.1~0.2 mm,其刻线宽度差不大于(　　)。

118. 检定水平仪检定器分度值误差，所用的标准器具是立式光学计和(　　)。

119. 杠杆百分表组装时，调整齿轮的(　　)，各齿轮的啮合不宜太紧，以减少摩擦力。

120. 检定游标卡尺或游标卡尺的游标刻线面的棱边至主尺刻线面的距离，是为了控制(　　)。检定千分尺微分筒锥面的端面至固定套管毫米刻线右边缘的相对位置，是为了防止读错数。

121. 框式水平仪或条式水平仪，其任一分度的实际分度值与标称分度值的差值，应不超过标称分度值的20%。水平仪检定器的分度值，其误差不超过标称分度值的(　　)。

122. 渐开线齿形的位置误差在测量中表现为(　　)，在齿轮加工中表现为压力角误差。而齿形形状误差则是齿廓表面的加工质量问题。

123. 正切测齿规的标准圆柱直径(　　)时，其直径偏差不应超过±2 μm；标准圆柱直径大于30 mm时，其直径偏差不应超过±3 μm。

124. 渐开线仪器的综合误差应用(　　)的渐开线样板在仪器上左、右齿廓方向画曲线，通过曲线来判断仪器的形状误差和综合误差。

125. 导程的大小当被测齿轮的半径一定时，与(　　)有关。

126. 齿轮单面啮合检查仪是用于检查齿轮的(　　)误差和切向一齿向综合误差。

127. 齿轮单面啮合综合检查仪的综合误差按规程规定误差大小与被测齿轮的(　　)，而小模数单面啮合综合检查仪则与分度圆直径无关。

128. 齿轮渐开线是一直线沿(　　)作无滑动的纯滚动，该直线上一点的运动轨迹成为渐开线。

129. 渐开线圆柱齿轮的基本齿形是指基准齿条的法向齿形，模数是指(　　)。

130. 角度块检定规程规定，一级角度块工作面的平面度不应大于0.3 μm，工作角检定的极限误差为(　　)。

131. 确定角度块平面度时，在距两端(　　)mm处，允许有0.6 μm的塌边。

132. 正多面棱体检定规程规定，一级正多面棱体工作面与定位面的垂直度为15″；工作角检定的极限误差为(　　)。

133. 在测角仪上检定角度块或棱体时，为了提高测量精度，常采用被测件在度盘均匀分布的多个位置上进行测量，取其(　　)值作为检定结果，以减少度盘分度误差的影响。

134. 一级、二级正多面棱体可分别在最大分度间隔误差不大于0.2″及(　　)的多齿分度台上直接检定。

135. 用技术光波干涉法(白光)检定正多面棱体(或角度块)的平面度时，一条干涉带等于0.3 μm；波长为(　　)μm。

136. 二级正多面棱体的平面度不应大于0.1 μm，工作面与定位面的垂直度不应超过(　　)。

137. 为减小测角仪器度盘的(　　)影响，因而多采用对径符合成像读数的方法。

138. 检定0.2″级多齿分度台时，应使用分度值不大于0.2″的(　　)式自准直仪。

139. 平面角计量器具检定系统框图中，国家基准由精密测角装置基准(面角度)等3个部分组成，计量标准器具分为(　　)个等级。

140. 检定规程规定，一级和二级角度块工作角检定的极限误差分别是(　　)和±12″。

141. 激光的特性包括(   )、方向性好、单色性好或相干性好,使之广泛用于计量中。

142. 使用中1等量块测量面研合性检定时,被检的测量面应与(   )级平晶相研合。

143. 当研合面置于白光下透过平晶观察时,在测量面中心(沿长边方向的为测量面面积1/3的区域内,不包括距边缘0.5 mm部分)区域内应无(   )。

144. 使用中3、4等量块测量面研合性检定时,被检的测量面应与(   )级平晶相研合。

145. 当研合面置于白光下透过平晶观察时,在测量面上可以有任何形状的(   ),但是应无色彩。

146. 钢质量块测量面的表面硬度应不低于HRC(   )或HV800。

147. 严格遵守阿贝(Abbe)原则设计的测长机,仪器的装备长度要比被测量程长1倍以上,这是不利的,前苏联依兹姆(N3M)、德国蔡司(Zeiss)和我国新天光学仪器厂制造的测长机在设计中不采用阿贝原则,但也可以消除一次误差而长度不需很长,这个原则被称为爱帕斯坦原则,它的原文名称为(   )。

148. 百分表游丝预紧量的调整,顺游标方向旋动一般转(   )整圈。

149. 量块根据(   )和其他技术指标分为不同的等,根据量块长度相对标称尺寸的差值和其他技术指标分为不同的级。

150. 工厂常见的测角计量器具有角尺类、水平仪类、(   )及经纬仪类四大类。

151. 平行平晶工作面中心长度偏差不超过±0.01 mm,两工作平面的平面度不大于(   )μm。

152. 平行平晶在检定前需要放置在温度为(   )的恒温室内,不少于10 h。

153. 检定四棱样板直尺两工作面平行度时,应在被检四棱直尺两个(   )的平面上各测定不少于6点,所测得6个点最大与最小读数之差,即为该平面的位置的平行度值。

154. 选择量具仪器时,既要保证测量的(   ),又要求在成本上符合经济原则。

155. 在圆度仪上测量圆度时有四种评定圆度的方法,其中(   )法是圆度评定中的标准方法。

156. 普通螺纹中径名称有四种,其中用最佳三针法测得的中径为(   )中径。

157. 我国平面角检定系统框图里,标准经纬仪检定装置分为两个等,它们分别属标准计量器具的(   )等和四等。

158. 百分表指针配合松动,指针套与轴配合松动比较容易发现,修理时可用表冲子(   ),也可配换新针套。

159. 深度游标卡尺在修理尺身的测量端面与尺框测量面时,可将游标的零刻线与尺身的零线(   ),并将紧固螺钉固紧,然后放在平板上进行研磨。

160. 游标卡尺尺身与尺框的配合松紧,前后移动尺框时应轻松灵活。如推拉起来很吃力,说明(   )。

161. 用手提起游标卡尺固定量爪,尺身垂直向下。当上下抖动游标卡尺时,如下滑则说明(   )。

162. 游标卡尺尺身与尺框松动时,可将弹簧取出,弯曲成适当形状,可消除(   )的现象。

163. 游标卡尺尺身与尺框在尺身上移动太紧,取出弹簧片的形状稍微校直些,可消除(   )现象。

164. 游标卡尺刀口型内测量爪的修理,如尺寸小时用铜锤轻轻地敲击(　　)到稍大尺寸,然后用油石或铸铁研磨研磨两量爪、测量角,修到合格为止。

165. 千分尺棘轮柱销式测力装置,当测力过小时,可将(　　)以增加弹力。如仍达不到测力要求,应换新弹簧。

166. 千分尺棘轮柱销式测力装置,当测力过大时,可将(　　)以减小弹力。如仍达不到测力要求,应换新弹簧。

167. 千分尺平行度失准,可根据测量面的磨损痕迹用平行平晶检查根据(　　)的位置、形状和多少,采取相应措施进行修理。

168. 百分表套筒松动或脱落引起测杆卡住现象的冲击修理方法,可用尖冲子和圆弧冲头在表体与套筒配合孔四周(　　)将套筒剂紧。

169. 百分表套筒松动或脱落引起测杆卡住现象的胶合修理方法,可用(　　)胶合套筒,也有足够的胶合强度。

170. 三等标准金属线纹尺有两个刻线面,其刻线宽度的主要检定工具是(　　)。

171. 测量方法不完善引起的误差称(　　)。

172. 三等标准金属线纹尺检定时,应调整刻度面上的(　　)刻线在读数显微镜测微分化版上的成像同样清晰。

173. 三等标准金属线纹尺 0.2 mm 刻线面的检定应由两名检定员共测量(　　)个测回完成。

174. 万能工具显微镜的读数装置,其示值误差不超过 0.6 μm,用(　　)检定。

175. 万能工具显微镜或大型工具显微镜,用于测量螺纹参数以及测量圆锥体锥度的测量刀,其刻线至刀口的距离偏差不超过(　　)。

176. 不论杠杆百分表还是杠杆千分表,其示值变动性的检定,应将表安装在(　　)上,用半圆柱面侧块进行检定。

177. 用 24 正多面棱体检定光学分度台示值误差 Δ_1 时,要求正反转各检 1 次,取正反方向检定结果的(　　)之差作为 Δ_1 的最后结果。

178. 用奇数面正多面棱体检定光学分度台的示值误差时,一级准确度的分度台用(　　)面检定。

179. 量块按测量误差分为(　　),共六等。

180. 0、1、2 级量块的中心长度制造极限偏差分别与(　　)等量块的中心长度测量极限误差相同。

181. 制造量块最常用的钢材是(　　)。

182. 量块要求其具有尺寸稳定性和(　　)性。

183. 游标卡尺的读数原理是:利用(　　)刻线间距与主尺刻线间距形成游标分度值。

184. 测量时在主尺上读取毫米数,在游标上读取(　　)。

185. 水准仪是测量地面上两点间(　　)差的仪器,因此要求水准仪望远镜的视准轴应处于水平位置。

186. 高一级标准的误差应尽量选为低一级的(　　)～1/10。

187. 求仪表示值误差的计算公式是(　　),求仪表示值引用误差的计算公式是示值引用误差＝示值误差/仪表全量程值。

188. 量具的检定和修理，是计量工作的两个重要环节，是保证全国量值统一的重要手段，是(　　)的重要因素。

189. 量具检修的主要任务，就是准确的找出(　　)，然后用先进的修理方法恢复其原有的准确度。

190. 尺寸公差允许尺寸的(　　)

191. 示值范围在计量器具显示或指示的最低值到(　　)的范围。

192. 视差当指示器(如指针)与刻度表面不在同一平面时由于偏离正确观察方向进行读数或(　　)时所引起的误差。

193. 量值是数值和(　　)的乘积。

194. 量具以固定形势(　　)的计量器具。

195. 抽样检定从(　　)同样的计量器具中。按统计学方法，抽取一定数量样品进行检定，作为代表该批计量器具检定结果的一种检定。

196. 首次检定对新的(　　)进行周期检定的第一次检定。

197. 校准确定计量器具(　　)(必要时也包括确定其他计量性能)的全部工作。

198. 不确定度表示由于(　　)的存在而对被测量值不能肯定的程度。

199. 检定系统是国家法定性技术文件，它用图表结合文字的形式，规定了国家基准、各级标准直至工作准确度和(　　)等的规定。

200. 电动势是反映电源移动(　　)做功的物理量。

二、单项选择题

1. 按我国法定计量单位使用方法规定，计量单位符号 ms 是(　　)。

(A)速度计量单位的符号　(B)时间计量单位的符号

(C)角度计量单位的符号　(D)长度计量单位的符号

2. 法定计量单位加速度的单位名称是(　　)。

(A)每秒每秒米　(B)米每平方秒　(C)米每二次方秒　(D)米秒方

3. 国际单位制的面积单位名称是(　　)。

(A)平米　(B)平方米　(C)米平方　(D)米二次方

4. 某排球队队员身高以法定计量单位符号表示是(　　)。

(A)1m 95 cm　(B)1m 95　(C)1.95 m　(D)195 cm

5. 市场上出售电冰箱，用法定计量单位表示容积，它的单位名称是(　　)。

(A)170 升　(B)170 立升　(C)170 公升　(D)170 升立方

6. 电阻率单位欧姆米的中文符号是(　　)。

(A)欧一米　(B)[欧][米]　(C)欧·米　(D)米一欧

7. 我国目前电能的法定计量单位名称是(　　)。

(A)瓦[特]　(B)千瓦[特]小时　(C)度　(D)度小时

8. 力矩单位“牛顿米”的中文符号是(　　)。

(A)[牛][米]　(B)牛一米　(C)牛·米　(D)米一牛

9. 电能单位“千瓦小时”的中文符号是(　　)。

(A)千瓦一时　(B)[千瓦][时]　(C)千瓦·时　(D)[时][千瓦]

10. 速度单位“米每秒”,用计量单位符号表示,错误的是(　　)。

(A)$m \cdot s^{-1}$　(B)ms^{-1}　(C)m/s　(D)ms

11. 力矩单位“牛顿米”用计量单位符号表示,错误的是(　　)。

(A)m · N　(B)mN　(C)Nm　(D)N · m

12. 符合词头使用规则的倍数计量单位是(　　)。

(A)km/s　(B)kmin　(C)k℃　(D)ks

13. 在列出的单位名称中,属于国际单位制单位名称的是(　　)。

(A)纳克　(B)原子质量单位　(C)盎司　(D)磅

14. 法定计量单位力(包括重力)的计量单位名称是(　　)。

(A)公斤力　(B)牛[顿]　(C)吨力　(D)千克力

15. 法定计量单位压力(压强、应力)的计量单位名称是(　　)。

(A)工程大气压　(B)毫米水银柱　(C)帕斯卡　(D)大气压

16. 伪造、盗用、倒卖强制检定印、证的,没收其非法检定印、证和全部违法所得,可并处(　　)以下的罚款;构成犯罪的,依法追究刑事责任。

(A)3 000 元　(B)2 000 元　(C)1 000 元　(D)500 元

17. 经考核合格投入使用的计量标准,由(　　)负责监督检查。

(A)主持考核的政府计量行政部门　(B)省级人民政府计量行政部门

(C)国务院计量行政部门　(D)市级人民政府计量行政部门

18. 省级以上人民政府有关主管部门建立的各项最高计量标准,由(　　)主持考核。

(A)省级人民政府计量行政部门　(B)国务院计量行政部门

(C)同级人民政府计量行政部门　(D)主管部门

19. 计量标准经负责考核的单位认定考核合格的,由(　　)审查后发给计量标准考核证书,并确定有效期。

(A)主持考核的政府计量行政部门　(B)上级领导机关

(C)本单位　(D)上级主管部门

20. 取得计量标准考核合格证书后,属于社会公用计量标准的,由(　　)审批颁发社会公用计量标准证书,方可使用。

(A)组织建立该项计量标准的政府计量行政部门

(B)主管部门

(C)本单位

(D)上级领导机关

21. 取得计量标准考核证书后,属于部门最高计量标准的,由(　　)批准使用。

(A)组织建立该项计量标准的政府计量部门　(B)主管部门

(C)本单位　(D)上级计量部门

22. 取得计量标准考核证书后,属于企业、事业单位最高计量标准的,由(　　)批准使用,并向主管部门备案。

(A)组织建立该项计量标准的政府计量部门　(B)上级单位

(C)本单位　(D)主管部门

23. 计量器具在检定周期内抽检不合格的,(　　)。

(A)由检定单位出具检定结果通知书　(B)由检定单位出具测试结果通知书
(C)应注销原检定证书或检定合格印、证　(D)由检定单位出具修理报告

24. 实际用以检定计量标准的计量器具是(　　)。
(A)计量基准　(B)副基准　(C)工作基准　(D)测量标准

25. 计量标准器具是指(　　)。
(A)准确度低于计量标准的计量器具
(B)用于检定其他计量标准的计量器具
(C)准确度低于计量基准、用于检定其他计量标准或工作计量器具的计量器具
(D)国家统一量值的计量器具

26. 对计量标准考核的目的是(　　)。
(A)确定其准确度　(B)确认其是否具有开展量值传递的资格
(C)评定其计量性能　(D)评定其计量水平

27. 若对某电压作等精度独立计量9次,得实验标准差S=0.12 V,则算术平均值的不确定度是(　　)。
(A)0.04 V　(B)0.12 V　(C)0.95 V　(D)0.08 V

28. 三只0.1级电阻相串联后,其合成电阻的最大误差是(　　)。
(A)0.3%　(B)0.1%　(C)0.05%　(D)0.2%

29. 有9只不等值的电阻,标准差皆为0.2 Ω且无关,当将它们串联使用时,总电阻的不确定度是(　　)。
(A)1.8 Ω　(B)0.6 Ω　(C)0.2 Ω　(D)1.0 Ω

30. 某计量装置的A类不确定度分别为0.1、0.1、0.2个单位,B类不确定度分别为0.1、0.3个单位,且互不相关,则合成不确定度为(　　)。
(A)0.4个单位　(B)0.16个单位　(C)0.8个单位　(D)0.2个单位

31. 计量的(约定)真值减去计量结果是(　　)。
(A)计量误差　(B)修正值　(C)系统误差　(D)偏差值

32. 数0.01010的有效数字位数是(　　)。
(A)5位　(B)3位　(C)4位　(D)6位

33. 在一个测量列中,测量值与它们的算术平均值之差叫(　　)。
(A)残差　(B)方差　(C)极差　(D)误差

34. 算术平均值的标准差计算公式是(　　)。
(A)$\sigma/n^{1/2}$　(B)$\sigma/x^{1/2}$　(C)$\sigma/(n-1)^{1/2}$　(D)$n^{1/2}/\sigma$

35. 测量结果的权用来表示测量结果(　　)。
(A)不确定度的数值　(B)可信赖程度的数值
(C)标准差的数值　(D)平均值

36. 权相等的测量量叫(　　)。
(A)相对测量　(B)等精度测量　(C)不等精度测量　(D)绝度测量

37. 测量结果的权与其标准差的关系是(　　)。
(A)与标准差平方成反比　(B)与标准差平方成正比
(C)与标准差成正比　(D)与标准差成反比

38. 对某量等精度独立测 n 次,则残差平方和的期望为( )。

(A)n　(B)$n+1$　(C)$n-1$　(D)n^2

39. 对某量等精度独立测 n 次,则残差平方和的方差为( )。

(A)n　(B)$n-1$　(C)$2(n-1)$　(D)$2(n+1)$

40. 正态分布的偏倚系数 γ_i 等于( )。

(A)它的期望　(B)它的标准差　(C)零　(D)残差平方和

41. 分布 $t(\nu)$ 成为正态分布 $N(0,1)$ 的条件为( )。

(A)$\nu\to 1$　(B)$\nu\to 10$　(C)$\nu\to\infty$　(D)$\nu\to-\infty$

42. 最小二乘法原理是平均值原理的( )。

(A)推广　(B)局部情况　(C)同一内容　(D)全部内容

43. 两不确定度分量互相互独立则其相关系数为( )。

(A)0　(B)1　(C)-1　(D)2

44. 两不确定度分量一变大、另一亦变大,一变小、另一亦变小,则其相关系数为( )。

(A)0　(B)1　(C)-1　(D)2

45. 当各分量间相关系数为1时,不确定度合成应用( )。

(A)和方根法　(B)线性和法　(C)其他　(D)均方根法

46. 对某量多次等精度独立测得 n 次,则单次测量与平均值误差间相关系数为( )。

(A)1　(B)$1/n$　(C)$1/n^{1/2}$　(D)$2/n$

47. 已知某仪器最大允许误差为3(置信概率0.9973),则其B类不确定度表征值为( )。

(A)1　(B)2　(C)3　(D)0

48. 计量器具的计量性能(准确度,稳定度,灵敏度等)依据指定规程检定合格后,应开据计量检定证书。经检定不合格的计量器具应填发( )。

(A)检定证书,注明计量器具为不合格

(B)测试数据报告单,给出超差的数据

(C)检定结果通知书,证明该计量器具经检定不合格

(D)不合格报告

49. 用立式接触干涉仪上测量小于3 mm量块的长度时仪器的主工作台采用( )。

(A)球筋工作台　(B)筋工作台　(C)平面工作台　(D)球面工作台

50. 新国家标准GB3505《表面粗糙度术语表面及其参数》规定粗糙度参数 R_z 定义为( )。

(A)在取样长度内5个最大的轮廓峰高的平均值占5个最大的轮廓谷深平均值之和

(B)在取样长度L内,轮廓偏距绝对值的算术平均值

(C)在取样长度内轮廓峰高的平均值与轮廓谷深的平均值之和

(D)在取样长度内轮廓偏距的均方根值

51. 用触针式轮廓仪测量小平面(如:小于3 mm)工件时,应采用带( )的传感器进行测量。

(A)直线参考基面　(B)圆弧形导头　(C)平面导头　(D)槽形导头

52. 大型工具显微镜和万能工具显微镜的测量刀分为平刀口和斜刀口两种,其中斜刀口

的测量刀具是用于(　　)。

(A)测量圆锥体的直径和锥度　(B)测量螺纹中径和螺距

(C)测量圆柱体的直径　(D)测量螺纹的内径

53. 若有一量具工作面的平面度为 0.010 mm,为了达到检定结果的准确起见,该工作面的平面度采用合适的检定方法为(　　)。

(A)用刀口尺以光隙法检定　(B)用平晶以技术光波干涉法检定

(C)用刀口尺以量块比较法检定　(D)用卡尺测量法

54. 千分尺的工作面及校对用量杆工作面,其表面粗糙度 R_a 不大于(　　)。

(A)0.04 μm　(B)0.05 μm　(C)0.063 μm　(D)0.120 μm

55. 若用平晶检测被测件,测量面上的干涉条纹为圆形时,其测量面的凹凸情况可以这样进行判断:在平晶中央加压,若干涉条纹向内跑,则说明测量面中间是(　　)。

(A)平　(B)凸　(C)凹　(D)弧

56. 用等厚干涉法评定平面度时,两条相邻干涉条纹所对应的空气楔厚度为(　　)。

(A)$\lambda/4$　(B)$\lambda/2$　(C)0　(D)$\lambda/3$

57. 量具检定中要求用四等量块检定的量具可用(　　)量块代替。

(A)0 级　(B)1 级　(C)2 级　(D)3 级

58. 万能工具显微镜纵向刻度尺的位置安排(　　)阿贝原则。

(A)符合　(B)不符合　(C)基本符合　(D)基本不符合

59. 按规程规定,检定四棱样板直尺两个工作面的平行度时,使用的仪器是(　　)。

(A)千分尺　(B)万能工具显微镜　(C)立式光学计　(D)测长仪

60. 圆锥螺纹的牙距应在(　　)进行测量。

(A)沿着圆锥螺纹中径母线方向　(B)垂直于牙型角等分中线方向

(C)平行于螺纹轴线方向　(D)沿着圆锥螺纹中径法线方向

61. 齿距累计误差 ΔF_p 是指在分度圆上,任意两个同侧齿面间的实际弧长与(　　)的最大差值。

(A)公称弧长　(B)平均弧长　(C)最大弧长　(D)最小弧长

62. 平面度(　　)正负。

(A)有　(B)没有　(C)正负都可以　(D)只有正

63. 测量直齿圆锥齿轮齿圈径向跳动时,应在垂直于(　　)方向上测量。

(A)齿轮轴线　(B)外圆锥　(C)节圆锥　(D)大端锥面

64. 在工序间检验时,测量基面与(　　)一致。

(A)设计基面　(B)工艺基面　(C)装配基面　(D)参考基面

65. 为减少测量误差,应尽可能使测量过程遵守(　　)原则。

(A)独立　(B)阿贝　(C)相点　(D)泰勒

66. 在比较测试中,造成一个测回中的回零差的主要原因是(　　)。

(A)比较仪存在系统误差　(B)温度的变化

(C)对线误差　(D)视差

67. 在干涉显微镜中所得到的干涉条纹图象,其垂直放大倍率是(　　)的。

(A)固定不变　(B)可随意调整改变

(C)由不同形式的仪器所决定　　(D)按比例改变

68. 用触针式粗糙度轮廓仪测量时，若要获得零件表面较真实的表面轮廓形状，一般应采用(　　)的传感器。

(A)带有圆弧形导头

(B)带有平面形导头

(C)不带任何形式的导头，完全依附于外加的参考基面(或导轨)

(D)针状导头

69. 卧式光学计、万能测长仪或测长机，在检定示值误差之前，需要将安装在两测量杆上的球面测幅调整至正确状态。欲知是否达到正确状态，需看仪器的示值是否处于(　　)。

(A)最小值　　(B)最大值

(C)一方位上最大值　　(D)另一方位上最小值

70. 对万能工具显微镜或大型工具显微镜的主显微镜光轴，顶针轴线和立柱回转轴线相对位置用十字线心轴检定时，使立柱向左和向右摆动，出现十字线心轴的十字线象随着向左和向右偏移，引起这一现象的原因是(　　)。

(A)立柱回转轴线低于顶针轴线　　(B)顶针轴线低于立柱回转轴线

(C)主显微镜光轴不通过立柱回转轴线　　(D)显微镜光轴与顶针轴线不垂直

71. 接触式干涉仪的辅助工作台，其工作面的平面度，采用的检定方法是(　　)。

(A)用平晶以技术光波干涉法检定

(B)用刀口尺(样板直尺)以光隙法检定

(C)用水平仪以节距法检定

(D)用合向水平仪检定

72. 长边尺寸为 1 000 mm 的直角尺，其工作面的平面度或直线度的检定，通常采用的检定方法是(　　)。

(A)用刀口尺以光隙法检定　　(B)用平晶以技术光波干涉法分段检定

(C)用自准直仪以节距法检定　　(D)用水平仪分段检定

73. 下列三种打表法中，(　　)能给出工件的圆柱度。

(A)打圆跳动　　(B)打全跳动　　(C)打直线性　　(D)打径向跳动

74. 在检测评定表面粗糙度时，评定长度应(　　)。

(A)等于取样长度　　(B)大于取样长度

(C)小于取样长度　　(D)包括一个或几个取样长度

75. 按规程规定，检定研磨平尺直线度时，所使用的量仪量具应是(　　)。

(A)样板直尺　　(B)自准直仪　　(C)长平晶　　(D)刀口尺

76. 用比较方法检定渐开线样板时，作为判定基圆半径的齿形误差曲线的(　　)，应与记录纸运动方向平行。

(A)直线　　(B)中线　　(C)平行线　　(D)分平线

77. 采用相对测量法测量齿累积差时，其测量误差随齿数增大而增大，因此测量齿数多的齿轮时常采用(　　)方法检测。

(A)逐齿　　(B)间齿　　(C)跨齿　　(D)相邻齿

78. 在激光干涉比长仪中，为了避免测量过程中因床身变形而造成误差，设计时必须将

(　　)安装在坚固的同一刚体上。

(A)激光管、分光镜、光电显微镜　(B)激光管、分光镜、干涉讯号接收器

(C)分光镜、光电显微镜、固定参考镜　(D)光管、分光镜、干涉镜

79. 激光干涉测长仪中，当保温罩内二氧化碳含量增加或存在有机物气体等其他空气成分时，就会影响(　　)，而这些因素是无法用测量气压、空气温度、湿度来发现的。

(A)干涉带的对比度　(B)显微镜成像的清晰度

(C)空气折射率　(D)激光单色性

80. 若刻线轮廓不对称，但线纹尺处在明焦状态，在倾斜照明下测量，所产生的误差可通过(　　)得到补偿。

(A)从末端开始测量　(B)多次测量

(C)改变尺两端的方向　(D)从始端开始测量

81. 激光干涉比长仪中，求光电显微镜的对线重复性时，规定了需测量 20 个间隔，这是为了(　　)。

(A)提高精度　(B)反映刻线差异的实际情况

(C)操作上的方便　(D)取平均值

82. 线纹尺温度线胀系数的误差 $\Delta\alpha$ 对线纹尺测量结果造成的误差是(　　)。

(A)$\Delta\alpha L\Delta t$(Δt 指测温系统的误差；L 为测量长度)

(B)$\Delta\alpha Lt$(t 系指尺温)

(C)$\Delta\alpha L(20-t)$

(D)$\Delta\alpha L(20+t)$

83. 氦—氖激光波长值 0.632 991 42 μm 是指在(　　)状态下的波长值。

(A)标准　(B)真空　(C)空气　(D)大

84. 一等标准玻璃线纹尺的温度线膨胀系数误差 $\Delta\alpha$，在 10～30 ℃温度范围内要求为(　　)。

(A)$\pm0.2/10^{-6}$℃　(B)$\pm0.5/10^{-6}$℃

(C)$\pm7/10^{-6}$℃　(D)$\pm0.1/10^{-6}$℃

85. 激光干涉比长仪应用的氦-氖激光器，其波长值的检定极限误差应小于(　　)。

(A)0.2×10^{-8}　(B)1×10^{-8}　(C)5×10^{-8}　(D)10×10^{-8}

86. 一、二等标准金属线纹尺上任意两刻线沿(　　)的距离称为两刻线之间的长度。

(A)刻线端点的连线　(B)尺边　(C)测量轴线　(D)沿刻线长度

87. 在激光干涉比长仪的电路中，整形器通常采用(　　)。

(A)触发器　(B)反相器　(C)跟随器　(D)继电器

88. 在激光干涉比长仪的倍率判向电路中，2 路讯号的相位差是(　　)。

(A)45°　(B)90°　(C)180°　(D)30°

89. 在激光干涉比长仪中，激光波长为 λ，当用四倍率电路细分后，它的脉冲当量应是(　　)。

(A)$\lambda/16$　(B)$\lambda/8$　(C)$\lambda/4$　(D)$\lambda/2$

90. 三等标准金属线纹尺 100 mm 和 10 m 间隔的示值误差应不大于(　　)。

(A)±0.02 mm　(B)±0.05 mm　(C)±0.1 mm　(D)±0.01 mm

91. 在三等标准金属线纹尺的检定中,两名检定员同名分划的限差为(　　)。

(A)0.003 mm　(B)0.005 mm　(C)0.01 mm　(D)0.002 mm

92. 线纹尺在相对法比较测量中,不符合阿贝原则的是(　　)。

(A)串联纵动比较测量　(B)并联纵动比较测量

(C)并联横动比较测量　(D)串联横动比较测量

93. 立式光学计示值误差用量块检定时,需要借助玛瑙工作台或三珠工作台进行,其目的是(　　)。

(A)防止量块工作面被损伤　(B)消除量块弯曲影响

(C)便于操作提高效率　(D)便于平稳测量

94. 对 0.2 μm 光学计的示值误差检定,所用的标准器和方法是(　　)。

(A)三等量块以配对法检定　(B)一等量块以直接法检定

(C)二等量块以配对法检定　(D)二等量块以直接法检定

95. 接触式干涉仪和 0.2 μm 光学计,其筋形工作台的中间筋对其他筋的高出度检定用的器具是(　　)。

(A)0 级刀口尺　(B)2 级平晶　(C)开槽量块　(D)棱尺

96. 卧式光学计的测帽,有球面的、平面的,还有窄平面的。其中窄平面的测帽是用于测量(　　)。

(A)平端面零件的长度　(B)球端面量杆的尺寸

(C)圆柱体的直径　(D)螺纹

97. 接触式干涉仪的球筋工作台,其球端比筋面高出 2～3 μm,其目的是为了(　　)。

(A)以点接触检定量块,避免量块受损伤

(B)使球筋工作台便于维护与保养

(C)防止量块本身弯曲给量块检定结果带来影响

(D)提高测量值的重复性

98. 最小条件就是指:被测实际要素对其理想要素的最大变动量为(　　)。

(A)较小　(B)零　(C)最小　(D)最大

99. 大小型工具显微镜,其主显微镜的镜筒移动方向与工作台面的垂直度不超过(　　)。

(A)2′或 0.010 mm/16 mm　(B)3′或 0.014 mm/16 mm

(C)5′或 0.023 mm/16 mm　(D)1′或 0.006 mm/16 mm

100. 不论立式测长仪还是万能测长仪,其读数装置的示值误差不超过(　　)。

(A)0.5 μm　(B)0.3 μm　(C)0.6 μm　(D)1 μm

101. 以技术光波干涉法检定接触式干涉仪球筋工作台面平面度所用的开槽 2 级平晶,其工作面的平面度不大于(　　)。

(A)0.03 μm　(B)0.05 μm　(C)0.10 μm　(D)0.02 μm

102. 对于分度值为 2″的光学分度头,其尾座顶针移动方向对基座工作台面的平行度,在顶针整个行程内不大于(　　)。

(A)0.003 mm　(B)0.005 mm　(C)0.010 mm　(D)0.002 mm

103. 光学分度头的主轴,不论其径向圆跳动还是轴向跳动,该跳动量,对于 5″分度头来说不大于(　　)。

(A)0.002 mm (B)0.0025 mm (C)0.003 mm (D)0.005 mm

104. 对于凸透镜的成像，当物在两倍焦距上，像也在两倍焦距上，则成（ ）。

(A)大小相等倒立实像 (B)缩小的倒立实像

(C)放大的倒立实像 (D)大小相等的实像

105. 不论万能测长仪还是万能测量显微镜，其示值误差检定时，起始点不处于零而是0.500 mm，这是为了（ ）。

(A)提高瞄准的准确度

(B)消除或减少读数显微镜的放大倍数不准确带来的误差

(C)防止数值读错

(D)方便读数

106. 内径千分尺的刻线方向与外径千分尺的刻线方向（ ）。

(A)相同 (B)相反 (C)平行 (D)倾斜

107. 万能测量显微镜的主显微镜臂架沿立柱导轨移动方向与工作台面的垂直度不超过（ ）。

(A)3′ (B)2′ (C)4′ (D)5′

108. 绝大多数长度测量过程都是把被测长度 L 与当作标准的长度 L_s 在仪器上进行比较，测出它们之间差值的过程。L 和 L_s 在仪器上安装的相互位置有一个最佳条件的准则称为阿贝(Abbe)原则，这一原则实质内容为（ ）。

(A)L 应与 L_s 相重合或在其延长线上

(B)L 应与 L_s 在同一水平面内相互平行相距 s

(C)L 应与 L_s 在同一铅垂面内相互平行相距 s

(D)L 应与 L_s 在同一水平面内相互垂直

109. 用柯氏干涉仪测量量块长度时，要使某一波长的谱线引入光学系统，在视野中看到量块和平晶同测量面上两组干涉条纹并读出干涉条纹的小数。为此要引入几个波长的谱线，并读出相应的小数，然后以这些小数来推算出量块的长度，这种测量原理称为（ ）。

(A)等倾干涉条纹小数重合法 (B)等厚干涉条纹小数重合法

(C)干涉条纹的整数和小数一起重合法 (D)干涉条纹叠加法

110. 1、2 级量块长度每年允许变化的最大值为（ ）(L 为量块长度，m)。

(A)$(0.10+2L)\mu$m (B)$(0.05+1L)\mu$m

(C)$(0.02+0.5L)\mu$m (D)$(0.05+0.5L)\mu$m

111. 柯氏干涉仪上直接测量高等级钢质量块时不按定义研合在表面质量和材料与量块相同的辅助面上，而是研合在表面经过抛光的玻璃平晶上，这样做的原因是（ ）。

(A)玻璃抛光面表面质量优于量块，可以减少研合带来的误差

(B)玻璃表面硬度高，耐磨性好，经久耐用

(C)玻璃能透光，易于观察研合的质量好坏

(D)与钢质量块不易研合

112. 经过改装扩大量程的柯氏(1 m)干涉仪，直接测量高等级 100～1 000 mm 量块的长度时，研合量块作为辅助面的平晶测量面上，除量块宽度的中间部位以外，其余部位都镀以金属反射膜，它的作用是（ ）。

(A)为了增加平晶表面的反光强度,便于调整时找光点

(B)为了增加平晶表面反光强度,以改善平晶表面干涉条纹与量块表面干涉条纹的匹配强度

(C)为了挡住平晶非测量面反射的光线来干扰测量使用的干涉条纹图形

(D)可使平晶测量面相互之间产生一组干涉条纹以便于读数

113. 把研合好平晶的量块组合体放入柯氏干涉仪,由工作台升降可使量块相对于参考镜在测量光路上的共轭像作上下移动,在直接测量高等级量块长度时,应使参考镜在测量光路上位于(　　)。

(A)量块朝上的那个测量面位置

(B)量块上、下测量面之间量块长度一半的位置

(C)量块朝下那个测量面与平晶相研合的位置

(D)量块上、下测量面之间量块长度三分之一的位置

114. 立式接触干涉仪的光波干涉系统,可以把人眼无法察觉的测帽位置微量的位移量放大到人眼很容易察觉的干涉条纹相对于刻度尺的位移量,该尺上刻度间隔是不变的,但示值(每一刻度所代表的测帽移动量)在 0.05～0.2 μm 之间任意选取,这主要是由于(　　)。

(A)目镜的放大倍数是可变的

(B)测帽移动的速度是可变的

(C)与测帽连动的平面反射镜与参考镜之间的夹角是可变的

(D)与测帽连动的平面反射镜与参考镜之间的夹角是不变的

115. 立式接触干涉仪和柯氏干涉仪光学系统中都配有补偿镜,它的作用是(　　)。

(A)获得量块和平晶上对比度良好的干涉条纹

(B)获得全消色的 0 次干涉条纹

(C)吸收光波干涉中不需要的杂光

(D)增强反光强度

116. 检定触针式轮廓仪的虚假信号时,是在最高垂直放大率的条件下,对(　　)进行测量,观察其结果。

(A)R_a 为 0.1 μm 左右的多刻线样板　　(B)精磨加工样块

(C)1 级平晶　　(D)标准粗糙度样板

117. 垂直表面加工纹理的平面与表面相交所得的轮廓线称作(　　)。

(A)纵向轮廓　　(B)横向轮廓　　(C)斜向轮廓　　(D)垂直轮廓

118. 杠杆式百分表示值变动性的检定,是在测杆受力相隔 180°两个方位上进行,每一方位上的检定,应使表的示值(　　)。

(A)大致处于工作行程的中点　　(B)分别在工作行程的始、终 2 点

(C)处于工作行程的始、中、终 3 点　　(D)处于工作行程的 2/3 点的位置

119. 分度值为 0.02 mm/m 框式水平仪,其下工作面为基面的零位误差不超过(　　)。

(A)分度值的 1/2　　(B)分度值的 1/3　　(C)分度值的 1/4　　(D)分度值的 1/8

120. 百分表测量杆受径向力对示值影响的检定所用的检定器具是(　　)。

(A)向力工具　　(B)尺寸为 10 mm 五等量块

(C)半径为 10 mm 半圆柱侧块　　(D)径向间隙测力计

121. 某一量具工作面的平面度，若在白光情况下用平晶以技术光波干涉法检定时，受检工作面的平面度一般不大于(　　)。

(A)0.01 mm　(B)0.02 mm　(C)0.03 mm　(D)0.005 mm

122. 若有一量具工作面的平面度为 0.01 mm，为了达到检定结果的准确起见，该工作面的平面度采用合适的检定方法为(　　)。

(A)用刀口尺以光隙法检定　(B)用平晶以技术光波干涉法检定

(C)用刀口尺以量块比较法检定　(D)用千分尺测量法检定

123. 内测千分尺的示值误差，对于测量范围 0～50mm 的，不超过(　　)。

(A)±8 μm　(B)±4 μm　(C)±6 μm　(D)±2 μm

124. 千分尺的测微螺杆，其轴向窜动量和径向摆动量应不大于(　　)。

(A)0.005 mm　(B)0.10 mm　(C)0.020 mm　(D)0.008 mm

125. 渐开线仪器的量值传递，主要是(　　)大小准确性的传递。

(A)齿形误差　(B)基圆误差　(C)形状误差　(D)周节累计误差

126. 一条通过轴线并与轴线成一定夹角的直线，一面旋转一面沿轴向位移所形成的螺旋面称为(　　)。

(A)渐开螺旋面　(B)法向直线螺旋面

(C)阿基米德螺旋面　(D)切向螺旋面

127. 在渐开线仪器上测量齿轮的齿形，测量头的测量点位置处于被测齿轮的基圆以内时，测量头的运动轨迹为(　　)。

(A)理论渐开线　(B)延长渐开线　(C)缩短渐开线　(D)基圆的切线

128. 公法线千分尺微分筒锥面棱边上边缘至固定套管纵刻线表面的距离在工具显微镜上检定，也可以用 0.4 mm 的塞尺置于固定套管刻线表面上以比较法检定。这一检定应在微分筒一转内不少于(　　)位置上进行。

(A)2 个　(B)3 个　(C)1 个　(D)4 个

129. 齿厚偏差是指在分度圆上齿厚实际值与(　　)之差。

(A)平均值　(B)公称值　(C)最大值　(D)最小值

130. 齿轮螺旋线计量器具检定系统中规定螺旋线量值传递主要是(　　)量值大小的传递。

(A)螺旋角　(B)导程　(C)分度圆半径　(D)基圆半径

131. 光学测角仪器度盘的 0°与此 180°的直径误差理论上应该(　　)。

(A)相等　(B)不相等

(C)绝对值相等，符号相反　(D)为零

132. 正多面棱体工作面的面积越小，平面度对测角结果的影响(　　)。

(A)越大　(B)无关　(C)越小　(D)非线性变化

133. 用比较法检定二级角度块时，是以(　　)为标准进行比较测量。

(A)自准直仪　(B)测角仪器　(C)一级角度块　(D)光学分度头

134. 测量正多面棱体的平面度，要求在水平和垂直两上方向上进行，若两方向的平面度有凸有凹时，则(　　)作为该面平面度的测量结果。

(A)取凸、凹面的最大值　(B)取凸、凹面测量值之和

(C)取凸、凹面测量值之差 (D)取凸、凹面测量值的平均值

135. 下列反射镜中,( )可用作45°角入射的高反射镜。

(A)平行平板光学玻璃 (B)镀银高反射镜

(C)垂直入射的介质膜高反射镜 (D)平面镜

136. 1983年的新"米"定义推荐( )用Kr86等光谱灯复现"米"。

(A)可以 (B)不可以 (C)必须 (D)不必须

137. 下列光中,( )光在石英玻璃中速度最大。

(A)红 (B)黄 (C)紫外 (D)绿

138. 光电效应证明了光( )。

(A)是直线传播 (B)的波动性 (C)是横波 (D)的粒子性

139. 评定圆度误差时,由于采用不同的评定方法而导致对被测零件合格与否发生争执的情况下,应按( )(或图纸上规定的检测方案)来仲裁。

(A)最小二乘法 (B)最小区域法

(C)最小外接圆法 (D)最大内切圆法

140. 下列各条中,正确的是( )。

(A)各种量具的示值误差与分度值相等,例如0.02的卡尺的示值误差就是0.02

(B)万能工具显微镜的光圈调整原则是保证有合适的照明亮度,使影像达到最清晰

(C)用正弦尺测角的误差与角度大小无关,因而得到广泛应用

(D)现行国际规定的渐开线花键基准齿形的压力角有30°和45°两种

141. 当主、副长光栅的栅距相等,两组栅线间有一小夹角时,莫尔条纹的方向是( )。

(A)与两光栅刻线夹角的平分线垂直 (B)与副光栅刻线相平行

(C)与主光栅刻线相平行 (D)与主副光栅刻线相垂直

142. 用平面平晶检查平面度时,若出现3条直的,互相平行而等间隔的干涉条纹,则其平面度为( )。

(A)0.9 μm (B)0 (C)1.8 μm (D)0.27 μm

143. 在卧式测长仪上用内测钩测量光面环规找转折点时,在水平面前后移动找( )值,绕水平轴摆动找最大值。

(A)最大 (B)正 (C)负 (D)最小

144. 按规程规定,检定四棱样板直尺两个工作面的平行度时,使用的仪器是( )。

(A)千分尺 (B)万能工具显微镜

(C)立式光学计 (D)卧式测长仪

145. 对直线度进行评定时,最终仲裁的评定方法是( )。

(A)两端点连线法 (B)最小条件法 (C)最小二乘法 (D)包容法

146. 按规程规定,检定研磨面平尺直线度时,所使用的量仪量具应该是( )。

(A)样板直尺 (B)自准直仪 (C)长平晶 (D)水平仪

147. 在检定平晶平面度时,如果用手触摸平晶进行调整的时间过长,会使平晶的平面度( )。

(A)变凹 (B)变凸 (C)不变 (D)变化不确定

148. 内螺纹的牙顶是指( )。

(A)螺纹凸起部分的顶端(即小径处) (B)螺纹最大直径(外径)处
(C)理论基本三角形的顶尖处 (D)理论基本三角形的根尖处

149. 接触式干涉仪采用的干涉原理是( )。
(A)等倾干涉 (B)等厚干涉 (C)球面干涉 (D)平面干涉

150. 中、高精度的光学经纬仪采用对径符合成象,这是为了( )。
(A)消除度盘直径误差 (B)简化仪器结构性
(C)消除度盘偏心误差 (D)消除仪器系统误差

151. 经纬仪是一种角度测量仪器,仪器正常工作时,测角的系统误差主要来源是( )。
(A)照准误差 (B)00 级 (C)0 级 (D)超级

152. 手工研磨器可在平板上一面一面地研,研磨器在平板上一面转动一面移动,并不断调换移动和转动方向进行研磨。粗研用粒度为 W20 的金刚砂,精研磨用( )的金刚砂。
(A)W100 (B)W60 (C)W40 (D)W10

153. 千分尺轴向窜动的修理有( )和测微螺标与螺母互研法。
(A)研磨法 (B)挤压法 (C)转换法 (D)锁紧调节螺母法

154. 测量法中,支撑工型平尺的两个支撑点距两端的距离为平尺全长的( )处。
(A)1/3 (B)1/4 (C)1/2 (D)2/9

155. 光学合像水平仪与框式水平仪比较,突出的特点是( )。
(A)通用性好 (B)精度低 (C)测量范围大 (D)专用性好

156. 被测表面必须位于距离为公差值 t 且平行于基准平面的两平行平面之间的区域的公差是( )。
(A)线对线的平行度公差 (B)线对面的平行度公差
(C)面对线的平行度公差 (D)面对面的平行度公差

157. 劳动法规定:妇女享有与男子平等的( )权利。在录用职工时,除国家规定的不适合妇女的工种或者岗位外,不得以性别为由拒绝录用妇女或者提高对妇女的录用标准。
(A)上岗 (B)工资 (C)工作 (D)就业

158. 劳动合同是劳动者与用人单位确立劳动关系、明确双方权利和义务的协议。建立( )应当订立劳动合同。
(A)协议关系 (B)权利关系 (C)用人关系 (D)劳动关系

159. 劳动法规定:订立和变更劳动合同,应当遵循平等自愿、协商一致的原则,不得违反法律、行政法规的规定。劳动合同依法订立即具有( )约束力,当事人必须履行劳动合同规定的义务。
(A)法规 (B)规章 (C)法律 (D)法规

160. 劳动法规定:用人单位( )劳动合同,工会认为不适当的,有权提出意见。
(A)撤销 (B)违约 (C)推翻 (D)解除

161. 安全生产法规定:从业人员发现直接危害及人身安全的( )时,有权停止作业或者在采取可能的经济措施后撤离作业场所。
(A)稳定情况 (B)无关情况 (C)一般情况 (D)紧急情况

162. 因生产安全事故受到损害的从业人员,除依法享有工伤社会保险外,依照有关民事法律尚有获得赔偿的权利的,有权向本单位提出( )要求。

(A)终身补助　(B)修养　(C)息工　(D)赔偿

163. 安全生产法规定:从业人员在作业过程中,应当严格遵守本单位的(　　)和操作规程,服从管理,正确佩戴和使用劳动防护用品。

(A)工序流程　(B)文明生产制度
(C)技术规程　(D)安全生产规章制度

164. 千分表的齿轮式传动系统,采用(　　)三级传动机构。

(A)液压系统　(B)传动系统　(C)齿轮　(D)齿条

165. 千分表测头测量面的表面粗糙度,按不同材质,钢为 R_a (　　)、硬质合金为 R_a 0.2 μm、宝石为 R_a 0.05 μm。

(A)0.1 μm　(B)0.2 μm　(C)0.3 μm　(D)0.4 μm

166. 用于测量零件的高度和精密画线的是(　　)。

(A)钢直尺　(B)游标卡尺　(C)千分尺　(D)高度游标卡尺

167. 关于游标卡尺,下列说法中错误的是(　　)。

(A)游标卡尺的小数部分是借助游标尺刻线与尺身刻线对齐时的格数乘游标卡尺精度得来的
(B)由于游标卡尺刻线不准,因而在测量中易发生粗大误差
(C)游标卡尺测量时,应使量爪轻轻接触零件被测表面,保持合适的测量力
(D)游标卡尺不能测量公差精度大于其自身误差的尺寸

168. 游标分度值为 0.02 mm 的游标卡尺,当游标上第 9 格刻线对齐尺身时,游标卡尺小数部分的读数应为(　　)mm。

(A)0.18　(B)0.09　(C)0.02　(D)0.29

169. 游标分度值为 0.02 的游标卡尺,当游标上的零线与尺身上第 15mm 刻线接近,游标上第 50 格刻线与尺身上第 64mm 刻线对齐,此时游标卡尺的正确读数应为(　　)。

(A)16 mm　(B)15 mm　(C)64 mm　(D)14 mm

170. 下列选项中,正确使用外径千分尺的方法是(　　)。

(A)可用千分尺测量毛坯　(B)测量时,手握住隔热手柄
(C)工件旋转时也可测量　(D)应用砂纸将尺上锈污去除

171. 关于外径千分尺的特点,下列说法中错误的是(　　)。

(A)使用灵活,读数准确　(B)测量精度比游标卡尺高
(C)测量范围广　(D)外径千分尺可以用来测量精密孔径

172. 关于量块的使用方法,下列说法中错误的是(　　)。

(A)在使用前,先在汽油中洗去防锈油,并用鹿皮或绸缎将其擦干
(B)使用时不得用手接触测量面
(C)使用后为了保护测量面不碰伤,应使量块研合在一起存放
(D)要防止腐蚀性气体侵蚀量块

173. 用游标卡尺测量轴颈时,应使尺身与轴线保持(　　)。

(A)平行　(B)垂直　(C)倾斜　(D)延长

174. 用外径千分尺测量轴颈时,千分尺测量杆中心线与轴线应(　　)。

(A)平行　(B)垂直　(C)倾斜　(D)延长

175. 用来测量批量大,精度较高的中小型零件,可采用(　　)测量。

(A)游标卡尺　(B)杠杆千分尺　(C)尖头千分尺　(D)都行

176. 对于成批大量生产的工件,为了提高检测效率,应选用(　　)测量。

(A)卡尺　(B)千分尺　(C)塞规　(D)环规

177. 适宜于沟槽类零件测量的量具是(　　)。

(A)游标卡尺　(B)外径千分尺　(C)量规　(D)尖头千分尺

178. 内径量表的分度值为(　　)。

(A)0.1 mm　(B)0.2 mm　(C)0.01 mm　(D)0.02 mm

179. 内径千分尺主要用于测量(　　),也可用来测量槽宽和机体两个内端面之间的距离等内尺寸。

(A)大孔径　(B)小孔径　(C)塞规尺寸　(D)量块尺寸

180. 止规作用是防止孔的实际要素(　　)孔的上极限尺寸。

(A)小于　(B)大于　(C)等于　(D)不等于

181. 关于塞规测量时的注意事项,下列说法错误的是(　　)。

(A)把塞规送进孔时不要倾斜,而应顺着孔的轴线插入

(B)塞规在孔内不可以随便转动,以免塞规受到不必要的磨损

(C)如果塞规被孔"咬住"拔不出来,可用普通的榔头敲打

(D)要用塞规过端的全部测量范围(全长)进行测量,不允许只用前端部位测量

182. 百分表校正后(即转动表盘,使零刻度线对准长指针),若测量时长指针沿逆时针方向转过 20 格,指向标有 80 的刻度线,则测量杆沿轴线相对于测头方向(　　)。

(A)缩进 0.2 mm　(B)缩进 0.8 mm　(C)伸出 0.2 mm　(D)伸出 0.8 mm

183. 将万能角度尺的直尺、角尺和锁紧头全部取下,利用基尺和扇形尺的测量面进行测量,所测量的范围为(　　)。

(A)0°～50°　(B)50°～140°　(C)140°～230°　(D)230°～320°

184. 将万能角度尺的角尺拆下来,将直尺直接装在扇形板的夹板上,利用基尺和直尺的测量面进行测量,按尺身上的第二排刻度表示的数值读数(　　)。

(A)0°～50°　(B)50°～140°　(C)140°～230°　(D)230°～320°

185. 一般用标准锥度量规检验锥度接触面要在(　　)以上,而且靠近大端。

(A)30%　(B)50%　(C)75%　(D)90%

186. 关于正弦规,下列说法中错误的是(　　)。

(A)正弦规测量角度是采用间接测量的方法

(B)正弦规测量角度必须同量块和指示量仪(百分表或千分表)结合起来使用

(C)使用正弦规只能测量外圆锥角,而不能测量内圆锥角

(D)正弦规有很高的精度,可作精密测量用

187. 下面不能被直线度所限制的是(　　)。

(A)平面外的直线　(B)平面内的直线

(C)直线回转体上的素线　(D)平面与平面的交线

188. 下面不属于直线度类型的是(　　)。

(A)给定平面内的直线度　(B)给定平面外的直线度

(C)给定方向上的直线度 (D)任意方向上的直线度

189. 用打表法测量直线度时,不需要使用的量具是( )。

(A)百分表 (B)表座与表架 (C)偏摆仪 (D)游标卡尺

190. 用打表法测量直线度时,适当的百分表压缩量为( )。

(A)1.5～2 圈 (B)1～2 圈 (C)2～2.5 圈 (D)2.5～3 圈

191. 用打表法测量直线度时,表头与被测表面必须( )。

(A)倾斜 (B)平行 (C)相交 (D)垂直

192. 普通三角形螺纹的代号为( )。

(A)G (B)M (C)L (D)T

193. 下面字母中用以表达外螺纹公差等级的是( )。

(A)c (B)d (C)e (D)b

194. 下面字母中表示螺纹旋合长度的是( )。

(A)L (B)S (C)N (D)M

195. 不能用来检测外螺纹中径的量具是( )。

(A)螺旋千分尺 (B)公法线千分尺 (C)内径千分尺 (D)螺纹千分尺

196. 用螺纹通止规检测螺纹时,止规的旋入量不能超过( )个螺距。

(A)2 (B)3 (C)4 (D)5

197. 三针测量法判断外螺纹中径是否合格,下列参数中需要进行计算的是( )。

(A)螺距 (B)量针外母线的跨距

(C)螺纹中径极限尺寸 (D)量针直径

198. 若螺纹公称直径是 M36,检测螺纹外径时,应选用外径千分尺的量程为( )。

(A)0～25 mm (B)0～50 mm (C)25～50 mm (D)50～75 mm

199. 适宜于成批生产的螺纹检测方法是( )。

(A)螺纹通止规测量法 (B)三针测量法

(C)投影仪测量法 (D)螺纹千分尺测量法

200. 不能对三角形外螺纹进行定量检测的方法是( )。

(A)通止规测量法 (B)三针测量法

(C)投影仪测量法 (D)螺纹千分尺测量法

三、多项选择题

1. 科学计量是指( )、先行性的计量科学研究。

(A)基础性 (B)探索性 (C)研究性 (D)理论性

2. 工程计量也称工业计量,是指各种工程、工业企业中的应用计量,相关的( )的消耗、工艺流程的监控以及产品质量性能的测试等。

(A)能源 (B)材料 (C)工艺 (D)设计

3. 测量准确度是( )之间的一致程度。

(A)精度高 (B)测量结果 (C)被测量真值 (D)测量误差值

4. 卡尺类量具有结构简单,使用方便,它可测量零件的( )、高度、盲孔、阶梯、凹槽等。

(A)刻线宽度 (B)圆度 (C)孔径和圆柱尺寸 (D)深度

5. 卡尺类从结构型式分有( )、数量卡尺、带表卡尺、数显深度卡尺、游标高度卡尺、圆标高度卡尺等。

(A)内径卡规 (B)游标卡尺 (C)深度游标卡尺 (D)外径卡规

6. 杠杆表示值变动性原因也包括有关指针转动、连轴齿轮转动、齿轮在轴孔间的间隙和啮合不佳、测力不稳及其装卡不妥、紧固状态不佳、( )。

(A)压板过紧 (B)游丝变形 (C)预紧力不足 (D)螺钉松动

7. 杠杆表数值误差超差的主要原因是杠杆传动比误差呈线性变化,反映在( )和传动比的变化上。

(A)测头 (B)磨损 (C)齿轮磨损 (D)齿条磨损

8. 百分表的示值变动检查方法是,在工作行程的( )位置分别调整指针对准某一刻线,以较慢和较快的速度移动测量各5次内最大读数和最小读数之差。

(A)上、下 (B)始 (C)中 (D)末

9. 百分表在使用时,测头遭到突然的冲撞,瞬时作用力很大,所以对测杆的( )啮合的部位极易损坏,将造成崩齿情况。

(A)测杆 (B)套筒 (C)齿条 (D)齿轮

10. 杠杆指示表的测杆要求,在外力作用下,测杆能在表体轴线方向( )平稳转动不少于90°,在转动后的任意位置作用应平稳可靠。

(A)向上 (B)向下 (C)向左 (D)向右

11. 杠杆百分表检修的过程是( ),最后进行装配和校试。

(A)先表体部件 (B)传动部分 (C)读数部分 (D)夹持部分

12. 三爪内径千分尺示值误差检定时,采用以4等1级量块进行检定合格的( ),检定三爪内径千分尺的示值误差。应在其全行程的测量范围内,以均布的四个受检点进行,不包括调整下线位置。

(A)校对 (B)环规 (C)检定 (D)塞规

13. 三爪内径千分尺应在使用前校对环规的实际尺寸,以检查( ),如零位不佳,应对其示值进行调整至符合要求。

(A)零位 (B)正确性 (C)测量 (D)精度

14. 在检定和使用三爪内径千分尺时,当量爪以三点定心的方式与被测孔壁接触时,就不宜较大幅度地拉动或摆动,以防止( ),抽出三爪内径千分尺时,应注意顺势与方向的平稳。

(A)测力受损 (B)套筒磨损 (C)量爪受损 (D)孔壁划伤

15. 杠杆千分尺工作原理是,通过测微螺杆的旋转,使测砧的微小直线位移,经杠杆( )与放大,变成指示机构的角位移,从而在分度盘得出指针的指示读数。

(A)齿轮机构 (B)凸轮机构 (C)传动 (D)移动

16. 杠杆千分尺的微分螺杆机构与千分尺相同,但其测力装置不采用棘轮,而是在测砧尾端是螺旋弹簧,使测力相对较为稳定,杠杆千分尺的弓架刚性好,测量( )亦有所提高。

(A)数据 (B)结果 (C)精度 (D)测量效率

17. 千分表安装时测杆的齿条部位不宜与( )太紧。通常在去除测力弹簧平放千分表后以手推动测杆,由于游丝力矩的作用可使测杆归位,若不复位,应调整啮合的间隙。

(A)轴齿轮 (B)啮合 (C)齿条 (D)齿轮

18. 内径表的测量范围,通常有 6～10 mm,10～18 mm,(　　),50～100 mm,100～160 mm,160～250 mm,250～450 mm。

(A)1～2 mm　(B)18～35 mm　(C)35～50 mm　(D)600～1000 mm

19. 内径表定位护桥变形的原因包括:护桥端部的局部磨损,护桥受外力引起(　　),导向机构变形或配合间隙过大。

(A)缺损　(B)变形　(C)断裂　(D)失效

20. 内径表示值变动性包含(　　)。

(A)指示表　(B)读数器　(C)杠杆机构　(D)内径表的表体

21. 千分表修理原则:先将外观和表体部分加以整修,先外后内,再修传动系统(　　),示值误差则最后修理。

(A)测力　(B)示值变动性　(C)表体　(D)移动系统

22. 万能角度尺分度值为 2′,(　　),即:游标的分度把主尺 29 格的一段弧长分为 30 格,则主尺的一格和游标的一格之间的差值为 2′。

(A)主尺分度每格 2°　(B)游标每格为 20′

(C)主尺分度每格 1°　(D)游标每格为 2′

23. 光滑极限量规是一种控制工件极限尺寸的(　　)、具有孔或轴的最大极限尺寸和最小极限尺寸为标准测量面测量器具。

(A)有刻线　(B)无刻线　(C)定值量具　(D)可直接读数的

24. 套管尺的工作原理是:套管尺的主体为(　　),套管内有伸缩式的刻度管。定位器上带有读数窗,可与刻度管配合进行读数。

(A)圆柱形　(B)正方形　(C)套管　(D)游标尺

25. 套管尺是一种用来测量铁路(　　)及储存液体的卧式罐内尺寸的专用量具。

(A)罐车　(B)化工塔槽　(C)铁轨　(D)搬道叉

26. 套管尺的结构的不同分为(　　)刻度管两种。

(A)三节　(B)单节　(C)双节　(D)四节

27. 千分表的杠杆传动系统,采用不等臂的杠杆结构,其变化规律为正弦曲线,通过调整断臂尺寸,使正弦结构的误差得到一定的补偿,实现(　　)。

(A)减小　(B)示值误差　(C)加大　(D)正弦曲线上升

28. 千分表安装时测杆与(　　)啮合太紧,就不会影响游丝力矩的作用不能测杆归位。

(A)齿条　(B)轴齿轮　(C)游丝　(D)齿轮

29. 光栅式指示表检定仪采用计量光栅尺作为长度标准,通过莫尔条纹的明暗变化,由光电转化为电信号,并经(　　)后进入数显电路,再由微处理器进行各项误差显示。

(A)数据处理　(B)储存　(C)放大　(D)细分

30. 光学计按其结构型式分为(　　)两种

(A)工作台可调整　(B)立柱带升降装置　(C)带投影装置　(D)目镜装置

31. 万能工具微镜是一种多用途的光学(　　)方法测量,可用于游标卡尺刻线宽度的检测。

(A)机械式　(B)电控式　(C)三坐标　(D)两坐标

32. 千分表检定仪示值误差的要求:在任意 1 mm、2 mm、5 mm 范围内应分别不大于(　　)。

(A)3 μm　(B)1 μm　(C)1.5 μm　(D)2 μm

33. 百分表检定仪示值误差要求:在任意(　　)范围内应不大于 2 μm、3 μm、4 μm。

(A)1 mm　(B)10 mm　(C)25 mm　(D)50 mm

34. 数显式百分表检定仪示值误差的要求:在(　　)范围内均应不大于 3 μm,任意 0.1 mm 范围内应不大于 2 μm。

(A)30 mm 范围内　(B)10 mm 范围内　(C)任意 1 mm　(D)任意 0.1 mm

35. 数显测高仪的分辨力为(0.1～1)μm,量程有 500 mm、800 mm、1 000 mm。仪器分为(　　)。

(A)00 级　(B)0 级　(C)1 级　(D)2 级

36. 百分表的传动机构有(　　)三种。

(A)齿条齿轮式　(B)杠杆齿轮式　(C)齿轮与齿轮式　(D)涡轮蜗杆式

37. 百分表在测量时不需要校对零位,可自制各种测头,百分表测头自制有滚花测头、(　　)等。

(A)针状测头　(B)叶片测头　(C)刀口测头　(D)平测头

38. 对数显类卡尺除检定示值误差外,还要进行细分误差测量,对于栅距为 5.08 mm,0～300 卡尺,还应选择(　　),作为细分误差的测量。

(A)1 mm,2 mm,3 mm,4 mm,5 mm

(B)或 61 mm,122 mm,183 mm,244 mm,295 mm

(C)2 mm,4 mm,6 mm,8 mm,10 mm

(D)或 61 mm,122 mm,183 mm,244 mm,300 mm

39. 外径千分尺根据测量范围分为(　　),两测量面的平行度最大允许误差均为±4 μm。

(A)75～100 mm　(B)0～25 mm　(C)50～75 mm　(D)25～50 mm

40. 数显千分尺根据测量范围分为(　　),两测量面的平行度的最大允许误差均为±2 μm。

(A)0～25 mm　(B)25～50 mm　(C)50～75 mm　(D)75～100 mm

41. 框式水平仪是利用液面水平恒定的原理以水准器直接显示角位移,测量相对(　　)微小倾斜角度的一种通用角度计量器具。

(A)水平位置　(B)铅直位置　(C)倾斜角　(D)45°角

42. 水平仪受温度变化影响较大,产生测量误差,为了尽量减小测量误差,水平仪测量平板时,将水平仪置于平板上稳定(　　)后方可使用。

(A)1 h　(B)2 h　(C)3 h　(D)4 h 以上

43. 平晶用于检测(　　)、测量仪器、量规工作面的平面度。

(A)粗工件　(B)量块　(C)量具　(D)角度

44. 影响游标卡尺测量精度的主要因素有:(　　)、测量变化误差、温度误差。

(A)测量方法误差　(B)卡尺结构原理误差

(C)读数误差　(D)刻线误差

45. 影响千分尺的不确定分量有测微螺杆的螺距误差、分度及刻度线误差、(　　)、测力变化误差及视差等。

(A)人为误差　　(B)测量面的平面误差
(C)平行度误差　　(D)粗大误差

46. 孔径千分尺是利用螺旋副原理，通过(　　)使三个测量爪做径向位移，使其与被测内孔接触，对内孔尺寸进行读数。

(A)旋转塔形　(B)移动锥形　(C)螺杆　(D)棘轮

47. 杠杆千分尺作比较测量避免了(　　)的影响，提高了测量的准确度。

(A)微分筒示值误差　(B)对测量结果　(C)视差　(D)径向窜动误差

48. 孔径千分尺的测量爪有(　　)。孔径千分尺一般都带有接长杆，用以测量深孔的直径。

(A)球形　(B)圆柱形　(C)矩形　(D)刀口形

49. 杠杆千分尺是利用螺旋副原理和尺架内的杠杆传动机构，通过(　　)以及指示表，在指示表上读取两测量面之间微小轴向位移量的外径千分尺。

(A)螺纹　(B)固定套筒　(C)杠杆　(D)微分筒

50. 尖头千分尺是利用螺旋副原理对弓形尺架上(　　)分割的距离进行读数的量具。

(A)指针　(B)测杆　(C)两锥形球　(D)测量面。

51. 内径百分表由(　　)组成，用以测量孔的直径和孔的形状误差。

(A)百分表　(B)游标卡尺　(C)专用表架　(D)外径尺寸

52. 塞规是孔用根限量规，它的通规是根据孔的(　　)的，止规是按孔的上极限尺寸设计的。

(A)下极限尺寸　(B)确定　(C)绝对误差　(D)相对误差

53. 角度可以采用(　　)进行测量。

(A)万能角度尺　(B)千分尺　(C)游标卡尺　(D)角度样板

54. 锥度可以采用(　　)进行测量。

(A)三坐标测量机　(B)锥度量规　(C)外径千分尺　(D)正弦规

55. 万能角度尺结构主要由(　　)、基尺、锁紧头、角尺和直尺组成。

(A)主尺　(B)游标尺　(C)锥度尺　(D)辅助尺

56. 直线度是限制(　　)变动量的一项指标。

(A)被测实际直线　(B)理想直线　(C)峰值线　(D)波动曲线

57. 直线度类型分为(　　)及任意方向上三类型。

(A)平面外　(B)平面上　(C)给定平面内　(D)给定方向上

58. 打表法测量直线度是将被测量零件、百分表、千分表、表架等测量器件以一定方式支承在工作台上，测量时使(　　)产生相对移动，读出数值，从而进行误差测量。

(A)百分表　(B)千分表　(C)游标卡尺　(D)被测工件

59. 用百分表测量圆柱表面素线的直线度误差时，应该以百分表的(　　)之差作为直线度误差，并以各素线直线度误差的最大值作为圆柱面线的直线误差。

(A)最大读数　(B)最小读数　(C)平均值　(D)理论值

60. 三角形螺纹的牙型代号是 M，分为(　　)两类。

(A)梯形　(B)圆弧　(C)粗牙　(D)细牙

61. 三角形螺纹的主要参数包括(　　)及中径、对顶径公差等级等。

(A)牙型角　　(B)公称直径　　(C)螺距　　(D)牙形半角

62. 螺纹的旋向分为(　　)两种，通常对右旋螺纹，可以省略标注，对于左旋螺纹，则需要标左或字母 LH。

(A)左旋　　(B)外旋　　(C)内旋　　(D)右旋

63. 外螺纹的公差带位置包括了(　　)几种，内螺纹则包括了 G 和 H 两种，基本偏差值为零的是 h 和 H 两种。

(A)e　　(B)g　　(C)f　　(D)h

64. 螺纹定性检测主要采用(　　)两种，其中用于内螺纹检测的称为塞规，用于外螺纹检测的称为环规。

(A)塞规　　(B)环规　　(C)角度规　　(D)光滑量规

65. 对于比较精密的外螺纹往往采用三针法检测，使用前应根据(　　)。

(A)螺距　　(B)选择三针　　(C)环规　　(D)螺纹千分尺

66. 公法线千分尺是利用螺旋副的原理，对弧形尺架上两盘形测量面分隔的距离进行读数的测量器具，主要适用于(　　)的测量。

(A)齿轮　　(B)螺纹　　(C)孔径　　(D)阶梯

67. 杠杆千分尺测微螺杆的轴向窜动量检定不大于指示表的(　　)。

(A)首次检定为 2 个分度　　(B)后续检定为 2.5 个分度

(C)首次检定为 0.5 个分度　　(D)后续检定为 1 个分度

68. 孔径千分尺当微分筒刻线与固定套管纵刻线对准后，微分筒锥面的端面与固定套管毫米刻线的右边缘应相切。相切范围，(　　)。

(A)压线在 0～0.5 mm 范围内　　(B)离线在 0～0.1 mm 范围内

(C)压线在 0～0.1 mm 范围内　　(D)离线在 0～0.05 mm 范围内

69. 指示表在示值误差检定后，取(　　)行程同一点误差之差的最大值为回程误差。

(A)上　　(B)正　　(C)反　　(D)下

70. 铁路轮对内距量规外观检定检具上应有(　　)、出厂日期、制造厂名(代号或商标)、出厂编号和 MC 标志。

(A)量规名称　　(B)性能　　(C)型号　　(D)用途说明

71. 圆柱直角尺基本尺寸有 200×80、(　　)、800×160、125×200，其精度分为 00 级和 0 级。

(A)150×80　　(B)315×100　　(C)500×125　　(D)400×110

72. 矩形直角尺基本尺寸有 125×80、200×125、(　　)、800×500 其精度分为 00 级、0 级、1 级。

(A)315×200　　(B)500×315　　(C)300×150　　(D)400×180

73. 刀口形角尺基本尺寸有 50×32、(　　)、160×100、200×125，其精度分为 0 级、1 级。

(A)63×40　　(B)80×50　　(C)100×63　　(D)125×80

74. 塞尺的外观首次检定，塞尺的工作面应无(　　)，后续检定的塞尺工作面允许有不影响使用计量特性的外观缺陷。

(A)划痕　　(B)毛刺　　(C)锈斑　　(D)允许有外观缺陷

75. 塞尺的相互作用检定，塞尺与保护板的联系应可靠，塞尺绕联接杆转动应灵活，不得有(　　)现象。

(A)锈斑　(B)松动　(C)毛棘　(D)卡滞

76. 铁路轮对内距量规专用检具测量面两测头的表面粗造度 R_a 值分别不大于(　　)。

(A)0.1 μm　(B)0.2 μm　(C)0.63 μm　(D)1.25 μm

77. 铁路轮对内距量规微分筒上的零刻线与固定套管纵刻线对准时,最大(　　)。

(A)压线应不大于 0.1 mm　(B)离线应不大于 0.05 mm

(C)压线应不大于 0.05 mm　(D)离线应不大于 0.1 mm

78. 宽座刀口形直角尺基本尺寸有 50×40、75×50、100×70、150×100、(　　)、750×400、1000×550,其精度分为 0 级、1 级。

(A)200×130　(B)250×165　(C)300×200　(D)500×300

79. 内测千分尺根据测量范围通常使用的是(　　)、50～75 mm、75～100 mm、100～125 mm、125～150 mm 规格的。

(A)5～20 mm　(B)20～35 mm　(C)5～30 mm　(D)25～50 mm

80. 内测千分尺用的校对环规标称尺寸(　　)mm,直径偏差±0.0012 mm。

(A)5　(B)25　(C)50　(D)75

81. 孔径千分尺用的校对环规标称尺寸 6、8、10、14、17(　　)mm,直径偏差±0.0012 mm。

(A)25　(B)35　(C)40　(D)55

82. 量具按其用途分为(　　)。

(A)万能量具　(B)标准量具　(C)专用量具　(D)精密量具

83. 引起千分尺示值误差的主要因素是:测砧和测量杆工作面对测量轴线的垂直度或者两工作面的平行度(　　),微分的筒的分度误差以及测量力的变化。

(A)粗大误差　(B)螺纹付误差　(C)工作面的平面度　(D)测量误差

84. 外径千分尺的工作原理是:利用等进螺旋原理将丝杆的角度旋转运动转变为测量杆的直线位移,当丝杆相对于螺母传动时,(　　)成正比。

(A)微分筒刻度量值　(B)丝杆的旋转角度

(C)测杆轴线位移量　(D)测杆螺距量

85. 游标卡尺的读数原理是:利用游标卡尺的(　　)游标分度值,测量时,在主尺上读取毫米数,在游标上读取小数值。

(A)游标刻线间距　(B)与主尺刻线间距差形成

(C)毫米刻线间距　(D)与主尺量爪角差形成

86. 服从正态分布的偶然误差特性有(　　)及抵偿性。

(A)对称性　(B)单峰性　(C)有界性　(D)独立性

87. 检内径百分表的示值误差只检正行程,内径百分表测量孔径时,总是在被测孔的(　　),活动测头是在逐渐压缩(正反行程)的情况下进行测量,轴向平面内的最小转折点就是正向行程转向反向行程的临界点。由于反向行程不起作用,因此不用检反向行程。

(A)轴向平面找最小转折点　(B)找最小转折点

(C)径向平面找最小转折点　(D)找最大转折点

88. 量块平面度的定义,包容量块测量面且(　　),即为量块该测量面的平面度。

(A)距离为最小 (B)两个平行面之间的距离

(C)距离为最大 (D)两个平行面的之间角度

89. 光波干涉的条件为两列光波在空间叠加形成明暗相间的干涉条纹，具有相同的波长、(　　)、具有相近的光强，使形成的干涉条纹对比度适于观测。

(A)具有固定的位相差 (B)具有相同的偏振方向

(C)具有远光 (D)具有近光

90. 测量线和被测线代表(　　)的线段的方向。

(A)公称尺寸 (B)标准量 (C)和被测量长度 (D)和被测量误差

91. 线纹尺的比较测量中其误差来源主要有标准尺的检定误差、显微镜的对准误差、线纹尺的安装误差、显微镜的调整误差、(　　)。

(A)测量力的误差 (B)测量温度的误差

(C)测量粗大误差 (D)线纹尺温度线膨胀系数的误差

92. 三等标准金属线纹尺的检定项目有外观、刻线宽度、刻线面粗糙度、刻线面沿测量轴线平面度、尺底面沿测量轴线平面度、(　　)。

(A)尺边直线度 (B)示值误差 (C)正行程误差 (D)反行程示值误差

93. 有一端铣加工的比较样块，其 R_a 公称值为 1.6 μm，并测知其微观不平度间距为 0.5 mm 左右，当用触针式轮廓仪检定时，采用 2.5 mm 截止波长测量时。它比 0.5 mm 大五倍，(　　)，所以能获得较真实的结果。

(A)信号 (B)基本上没有被衰减 (C)被衰减 50% (D)被衰减 10%

94. 测量范围为 0°～320°，分度值为 2′的游标角度规，其示值误差检定，当游标角度规上安装直角尺和直尺时，检定点为 15°10′、30°20′、45°30′和 50°，只装上直角尺时检定为 50°、(　　)几点。

(A)51° (B)60°40′ (C)75°50′ (D)90°

95. 千分尺的示值误差，在检定之前，应将测量下限校准后进行，用等的量块对千分尺测量下限校准时，是根据(　　)进行校准。

(A)量块 (B)的实际尺寸 (C)的公称尺寸 (D)的误差尺寸

96. 对分度值为 0.02 mm 的游标卡尺，零、尾标记重合度分别为(　　)mm。

(A)±0.01 (B)±0.02 (C)±0.005 (D)±0.010

97. 压力角是齿轮传动中渐开线齿面上一点 A 受到一个压力 P 的作用后，齿轮将沿用半径 OA 方向旋转。A 点的运动方向与 AO 垂直，则(　　)的夹角 a 就是渐开线上 A 点的压力角。

(A)力的方向 (B)和齿轮运动方向

(C)渐开线齿面方向 (D)和齿轮旋转方向

98. 齿距偏差是在分度圆上实际(　　)之差。

(A)齿顶距 (B)齿距 (C)与公称齿距 (D)与齿根距

99. 在自准式测角比较仪上检定二级角度块时，对仪器调整的主要项目是(　　)。

(A)调整仪器工作台的台面与回转轴垂直

(B)调整自准直仪的光轴垂直于回转轴

(C)调整自准直仪十字分划板平行于回转轴

(D)调整仪器目镜

100. 角度块为精密角度量具,它可作为标准角直接与其它角度进行比较测量,如用于(　　)的示值误差,角度块也要用于精密机床加工过程中的角度调整。

(A)检定万工显　　(B)检定游标角度规

(C)检定光学角度规　　(D)检定千分尺

101. 为了适应各种测量的需要,测长机和万能测长仪的工作台设有五个功能,即(　　)、沿水平轴和垂直轴摆动。

(A)上下升降　　(B)前后移动　　(C)左右滑动　　(D)纵横向移动

102. 投影仪物镜的场曲用网格板检定。在采用透射光,分别安装各倍物镜情况下进行。检定时,将网格板放在玻璃工作台上后调整工作台,使影屏中心位置出现清晰的网格板影象,这时调整固定在仪器主体上的百分表,使其测头与工作台接触,并记下表的示值。再调整工作台,使影屏边缘(　　)出现清晰的网格板影象,并观看百分表的示值变化,如此检定三次,取其平均值,即为物镜场曲的测得值。

(A)上下或前后　　(B)上下或左右　　(C)上下或旋转　　(D)上下或移动

103. 用十字线心轴检定工具显微镜光轴、顶针轴线和立柱回转轴线相对位置时,当立柱向左右摆动时,出现心轴十字线象向一个方向偏移,当立柱向(　　)摆动时,出现十字线影象向一个方向偏移。

(A)左　　(B)右　　(C)上　　(D)下

104."标准间隙"由量块、平晶、刀口尺组成。先将两块等尺寸的量块研合在平晶的两端,当中再分别研上比这两块量块小 1 μm,小 2 μm…组成高差分别为−1 μm,−2 μm,−3 μm…的量块阶梯,再将 0 级刀口尺搁在上面,从侧面将看到(　　)…不同宽度的标准间隙(光缝)。

(A)1 μm　　(B)2 μm　　(C)3 μm　　(D)20 μm

105. 用工具显微镜测量丝杠螺距时,产生误差的主要因素有:仪器的示值误差、定位误差、丝杠在垂直和水平两个方向与测量方向不平行引起的误差、(　　)。

(A)相对误差　　(B)瞄准误差　　(C)温度误差　　(D)绝对误差

106. 在万工显上用影像法测量时,光圈的直径大小对工件的轮廓形状有直接影响:测量同一工件尺寸时,光圈大小不引入误差,即与(　　)。

(A)光亮　　(B)光圈　　(C)大小无关　　(D)有关

107. 螺纹牙形两侧面与螺纹轴切面形成的交角称为螺纹牙形角。螺纹牙在中径线上的一点与该点沿螺纹牙面绕着螺纹轴心线旋转一整周时所处的另一对应点之间的轴向距离,称为螺纹导程,(　　)。

(A)单线螺纹导程　　(B)多线螺纹导程　　(C)等于 2 倍的螺距　　(D)等于螺距

108. 万能工具显微镜上用测量刀测量螺纹的工作步骤(达到可以读数为止):

(1)根据螺距与螺旋升角选择测量刀,一般选用 0.3 mm 的测量刀;

(2)在中央主显微镜上换上 3 倍物镜,并在物镜上装上半镀银反光镜;

(3)清洗并装上测量垫板和测量刀,并加上弹簧压板;

(4)升降中央显微镜,使目镜中能呈现清晰的测量刀刻线像;

(5)旋转中央显微镜立柱,使沿螺旋线方向倾斜一个被测螺纹的螺旋升角;

(6)对测量刀，使(　　)，但注意不要使刃口在测件表面产生相对滑动；

(7)立柱回至零位，对准测刀刻线。

(A)刃口　(B)轮廓边缘密合　(C)测量刀　(D)相对滑动

109. 采用万能工具显微镜测量环规状的工件孔径测量方法有(　　)。

(A)光学灵敏杠杆对准测孔　(B)影像法测孔

(C)测量刀测孔　(D)极坐标法测孔

110. 万能测长仪测量环规状的工件孔径测量方法有(　　)。

(A)影像法测孔　(B)电眼瞄准万能测长仪测孔

(C)象点法　(D)内测钩测孔

111. 调整立式光学计工作台面与测量杆轴线相垂直的方法步骤如下：将 $\phi 8$ mm 的平面测帽装在测量杆上，选尺寸为 5 mm 左右的一块量块在工作台面上，使平面测帽的前、后(或左、右)半个工作面先后与量块相接触，根据两次读数值的差异，调整工作台前、后(或左、右)的两个调节螺钉，直至量块在(　　)位置上与测帽半个工作面相接触的读数差值小于 0.2 μm 为止。

(A)前　(B)后　(C)左　(D)右

112. 在螺纹标准中规定螺纹牙型半角公差，因为牙型半角误差影响螺纹的旋合性和螺纹接触质量，有时虽然牙型全角正确，但仍可能(　　)牙型不对称而不能旋合，所以在螺纹标准中规定牙型半角公差，而不是规定螺纹牙型全角公差。当牙型半角达到公差要求了，牙型全角就会得到控制。

(A)左　(B)上　(C)下　(D)右

113. 在万能测长仪上，用双测钩法测量孔径时，为了保证被测孔径的(　　)相重合，必须进行以下调整：首先应调整工作台的水平位置，通过找最小转折点的方法使测量轴线和基准轴线相平行，然后可前后移动工作台以找最大转折点的方法来确定横向位置。

(A)测量轴线　(B)与基准轴线　(C)理论直线　(D)工件轴线

114. 用万能工具显微镜测量时，提高读数的准确度方法为定读数显微镜的第一个读数时，应定在视野的中央，即 500 处附近，这样可减少读数显微镜的放大倍数误差，提高对准精度。使用读数显微镜对线时，采用单向瞄准的方法来提高(　　)。

(A)测量精度　(B)读数的稳定性　(C)对准精度　(D)测量误差

115. 真值是被测量的真正大小。在实用中，应根据误差的需要，用尽可能接近真值的约定真值来代替真值。实际工作中，如仪表指示值加上修正值后. 可作为的约定真值，如(　　)的误差相比，前者为后者的 1/3～1/10 时，则认为前者是后者的约定真值。

(A)相对误差　(B)标准器　(C)与被检器　(D)允许误差

116. 回程误差是对同一个量进行测量时，当测杆向(　　)两个方向移动时所得的示值的差别。

(A)正　(B)反　(C)左　(D)右

117. 公差配合是基本尺寸相同的(　　)公差带之间的关系。

(A)孔　(B)轴　(C)大　(D)小

118. 基孔制是(　　)，改变轴的基本偏差得到各种配合。

(A)轴的基本偏差　(B)孔的基本偏差　(C)一定　(D)变动

119. 粗差是明显(　　)的误差,一般在测量中的粗差需要删除。

(A)歪曲　　(B)测量结果　　(C)方法　　(D)手段

120. 正确度是表示测量结果中的系统误差(　　)的程度。

(A)相对误差　　(B)大　　(C)小　　(D)绝对误差

121. 修正值是为消除系统误差用(　　)的值。

(A)代数法　　(B)加到测量结果上　　(C)误差比率　　(D)修正测量误差

122. 检定规程是为评定计量器具的计量性能,作为检定依据的具有国家(　　)。

(A)工艺性　　(B)法律性　　(C)技术文件　　(D)技术参数

123. 零值误差是被测的量为零值时,计量器具(　　)的示值。

(A)偏离　　(B)零值　　(C)差值　　(D)修正值

124. 计量器具检定是指为评定计量器具的计量特性,确定其是否符合法定要求所进行的(　　)。

(A)全部　　(B)工作　　(C)流程　　(D)程序

125. 周期检定是根据检定规程的周期,对计量器具所进行的(　　)。

(A)首检　　(B)随后　　(C)检定　　(D)测试

126. 计量标准的使用,经计量检定合格、具有所需要的环境条件、具有称职的(　　)使用人员具有完善的管理制度。

(A)保存　　(B)维护　　(C)校对　　(D)测量

127. 计量器具新产品是指在全国范围内从未生产过的,对原有产品在结构、(　　)特征等方面做了重大改进或者在全国范围内已经定型而未生产过的计量器具。

(A)性能　　(B)材质　　(C)技术　　(D)文件

128. 计量器具新产品的定型是由省级以上人民政府计量行政部门对属于在全国范围内从未生产过的计量器具新产品所进行的全面试验、审核和批准,它包括定型(　　)批准两部分。

(A)鉴定　　(B)型式　　(C)使用　　(D)调试

129. 计量器具的定型鉴定是对计量器具新产品样机的计量性能进行全面审查、考核,确定其在正常使用条件下的计量性能和(　　)等非正常使用条件下,它的计量性能为计量器具的型式批准提供技术依据。

(A)模拟运输　　(B)储存　　(C)干扰　　(D)精度

130. 法定计量检定机构的职责是负责研究建立(　　),进行量值传递,执行强制检定和法律规定的其他检定、测试任务、起草技术规范,为实施计量监督提供技术保证并承办有关计量监督工作。

(A)企业标准　　(B)计量基准　　(C)社会公用　　(D)计量标准

131. 计量检定印有(　　)检定合格印(包括:錾印、喷印、钳印和漆封印)、注销印。

(A)检定证书　　(B)检定结果通知书

(C)检定合格证　　(D)测试报告

132. 检定证书和检定结果通知书的填写要求必须字迹清楚、(　　),并加盖检定单位印章。

(A)数据无误　　(B)有检定

(C)核验主管人员签字　　　　　　　　(D)非专业行政领导签字

133. 计量标准考核的内容有:计量标准设备配套齐全,技术状况良好,并经主持考核的有关人民政府计量行政部门指定的计量检定机构检定合格。具有计量标准正常工作所需要的温度、(　　)、防腐蚀、抗干扰等环境条件和工作场所。计量检定人员应取得所从事的检定项目的计量检定证件。具有完善的管理制度,包括计量标准的保存、维护、使用制度,周期检定制度和技术范围。

(A)湿度　　(B)防尘　　(C)防振　　(D)人员

134. 内径表示值变动性包含(　　)。

(A)指示表　　(B)读数器　　(C)杠杆机构　　(D)内径表的表体

135. 千分表修理原则:先将外观和表体部分加以整修,先外后内,再修传动系统,(　　),示值误差则最后修理。

(A)测力　　(B)示值变动性　　(C)表体　　(D)移动系统

136. 光滑极限量规是一种控制工件极限尺寸的(　　)、具有孔或轴的最大极限尺寸和最小极限尺寸为标准测量面测量器具。

(A)有刻线　　(B)无刻线　　(C)定值量具　　(D)可直接读数的

137. 套管尺的工作原理:套管尺的主体为(　　),套管内有伸缩式的刻度管。定位器上带有读数窗,可与刻度管配合进行读数。

(A)圆柱形　　(B)正方形　　(C)套管　　(D)游标尺

138. 套管尺是一种用来测量铁路(　　)及储存液体的卧式罐内尺寸的专用量具。

(A)罐车　　(B)化工塔槽　　(C)铁轨　　(D)搬道叉

139. 基轴制是(　　),改变孔的基本偏差得到各种配合。

(A)轴的基本偏差　　(B)一定　　(C)变动　　(D)孔的偏差

140. 千分表的杠杆传动系统,采用不等臂的杠杆结构,其变化规律为正弦曲线,通过调整断臂尺寸,使正弦结构的误差得到一定的补偿,实现(　　)。

(A)减小　　(B)示值误差　　(C)加大　　(D)正弦曲线上升

141. 千分表安装时测杆与(　　)啮合太紧,就不会影响游丝力矩的作用不能测杆归位。

(A)齿条　　(B)轴齿轮　　(C)游丝　　(D)齿轮

142. 光栅式指示表检定仪采用计量光栅尺作为长度标准,通过莫尔条纹的明暗变化,由光电转化为电信号,并经(　　)后进入数显电路,再由微处理器进行各项误差显示。

(A)数据处理　　(B)储存　　(C)放大　　(D)细分

143. 光学计按其结构型式分为(　　)。

(A)工作台可调整　　　　　　　　(B)立柱带升降装置

(C)带投影装置　　　　　　　　(D)目镜装置

144. 万能工具微镜是一种多用途的光学(　　)方法测量,也可用于游标卡尺刻线宽度的检测。

(A)机械式　　(B)电控式　　(C)三坐标　　(D)两坐标

145. 数显测高仪的分辨力为(0.1～1)μm,量程有 500 mm、800 mm、1 000 mm。仪器分为(　　)。

(A)00 级　　(B)0 级　　(C)1 级　　(D)2 级

146. 对数显类卡尺除检定示值误差外,还要进行细分误差测量,对于栅距为5.08 mm,0～300卡尺,还应选择(　　),作为细分误差的测量。

(A)1 mm,2 mm　(B)3 mm,4 mm　(C)6 mm,7 mm　(D)4 mm,5 mm

147. 平面平晶用于检测(　　)工作面的平面度。

(A)测量仪器　(B)量块　(C)量具　(D)量规

148. 公法线千分尺是利用螺旋副的原理,对弧形尺架上两盘形测量面分隔的距离进行读数的测量器具,主要适用于(　　)的测量。

(A)齿轮　(B)螺纹　(C)孔径　(D)阶梯

149. 杠杆千分尺是利用螺旋副原理和尺架内的杠杆传动机构,通过(　　)以及指示表,在指示表上读取两测量面之间微小轴向位移量的外径千分尺。

(A)螺纹　(B)固定套筒　(C)杠杆　(D)微分筒

150. 尖头千分尺是利用螺旋副原理对弓形尺架上(　　)分割的距离进行读数的量具。

(A)指针　(B)测杆　(C)两锥形球　(D)测量面

151. 内径百分表由(　　)组成,用以测量孔的直径和孔的形状误差。

(A)百分表　(B)游标卡尺　(C)专用表架　(D)外径尺寸

152. 塞规是孔用限量规,它的通规是根据孔的(　　)的,止规是按孔的上极限尺寸设计的。

(A)下极限尺寸　(B)确定　(C)绝对误差　(D)相对误差

153. 测量角度可以采用以下(　　)等量具。

(A)万能角度尺　(B)千分尺　(C)游标卡尺　(D)角度样板

154. 锥度可以采用(　　)进行测量。

(A)三坐标测量机　(B)锥度量规　(C)外径千分尺　(D)正弦规

155. 万能角度尺结构主要由(　　)、基尺、锁紧头、角尺和直尺组成。

(A)主尺　(B)游标尺　(C)锥度尺　(D)辅助尺

156. 直线度是限制(　　)变动量的一项指标。

(A)被测实际直线　(B)理想直线　(C)峰值线　(D)波动曲线

157. 直线度类型分为(　　)及任意方向上三类型。

(A)平面外　(B)平面上　(C)给定平面内　(D)给定方向上

158. 打表法测量直线度是将被测量零件、百分表、表架等测量器件以一定方式支承在工作台上,测量时使(　　)产生相对移动,读出数值,从而进行误差测量。

(A)百分表　(B)千分尺　(C)游标卡尺　(D)被测工件

159. 用百分表测量圆柱表面素线的直线度误差时,应该以百分表的(　　)之差作为直线度误差,并以各素线直线度误差的最大值作为圆柱面线的直线误差。

(A)最大读数　(B)最小读数　(C)平均值　(D)理论值

160. 万能渐开线检查仪的工作原理是在基圆上产生渐开线的方法。它可以测量直齿或斜齿、外啮合或内啮合的圆柱齿轮及(　　)的渐开线齿形误差。

(A)插齿刀　(B)剃齿刀　(C)齿条　(D)圆弧齿轮

161. 测量齿轮径向跳动时,球形测头的选择是根据被测齿轮的模数选择的。测量(　　)。

(A)齿圈的径向跳动 (B)一周的最大变动量
(C)一周的最小变动量 (D)一周的平均变动量

162. 新国标将螺纹精度分为(　　)三种。
(A)精密 (B)中等 (C)精度 (D)粗糙

163. 检定合格印章应清晰完整。磨损、残缺的检定合格印证应(　　)。
(A)更换 (B)停止使用 (C)报废 (D)勉强再使用

164. 在长度测量技术中,基本测量原理有阿贝原则、(　　)。
(A)量精密度测量原则 (B)最小变形原则
(C)封闭原则 (D)最短测量链原则

165. 扭簧比较仪是应用扭簧作为尺寸的转换和扩大的传动机构,使测杆的(　　)。
(A)直线位移 (B)变为指针的角位移
(C)杠杆位移 (D)扭簧位移

166. 用平晶以技术光波干涉法检定一量具工作面的平面度时,出现的(　　),其干涉原理是等厚干涉。
(A)干涉图案 (B)干涉条纹 (C)干涉环 (D)干涉光束

167. 量值传递:通过检定,将国家基准所复现的计量单位量值通过标准逐级传递到工作用的计量器具,以保证对被测对象所测得的量值的(　　)。
(A)公准 (B)准确 (C)一致 (D)有效

168. 测量误差是(　　)之间的差。
(A)测量结果 (B)与被测量的真值 (C)仪器准确度 (D)与温度误差

169. 万能工具显微镜坐标法进行测量是在万能工具显微镜由(　　)进行测量。
(A)直角坐标 (B)极坐标 (C)圆柱坐标 (D)三坐标

170. 万能工具显微镜有几种目镜头,根据分划板刻度线的不同分为(　　)。
(A)测角目镜头 (B)螺纹轮廓目镜头
(C)圆弧轮廓目镜头 (D)双向目镜头

171. 万能工具显微镜目镜头用途是测角目镜头用于(　　)尺寸。圆弧轮廓目镜头用于测量圆弧半径。螺纹轮廓目镜头用于测量螺纹轮廓。双向目镜头用于测量小孔中心距。
(A)角度测量 (B)螺纹测量 (C)坐标测量 (D)立体测量

172. 对外螺纹螺距进行测量,对小螺纹可采用干涉法测量。对大螺距大螺旋角螺纹可用(　　)法测量。
(A)光学灵敏杠杆法 (B)投影影象法 (C)样板法 (D)旋入法

173. 重复性测是是在相同条件下、(　　)、相同使用条件,在极短时间内对一个量多次测量所得结果的一致性。
(A)相同方法 (B)相同测量器具 (C)相同操作者 (D)相同地点

174. 按国家计量总局不确定度规定,A、B两类不确定度其定义是:(　　)。
(A)用统计方法计算的叫A类 (B)用测量方法叫A类
(C)用其它方法计算的叫B类 (D)用随机法叫B类

175. 机械零件生产过程中,产品质量受到(　　)、测量和环境的影响。
(A)人 (B)机 (C)材料 (D)方法

176. 同轴度是指(　　)的不同轴程度,其公差带是以基准轴线。

(A)被测轴线　(B)基准轴线　(C)基面线　(D)工件素线

177. 端面圆跳动的被测要素一般为回转体零件的(　　),并且与基准轴线垂直,测量方向与基准轴线平行。

(A)端面　(B)台阶面　(C)圆柱表面　(D)圆柱素面

178. 垂直度是指加工后零件上的(　　)或轴线相对于该零件上作为基准的面线或轴线不垂直的程度。

(A)倾角　(B)面　(C)线　(D)弧面

179. 垂直度误差一般分为(　　)和面对面。

(A)弧对面　(B)线对面　(C)面对线　(D)线对线

180. 位置度包括(　　)和面的位置度。

(A)点　(B)线　(C)矢量　(D)向量

181. 平面度采用打表法来测量,测量时将被测工件用可调千斤顶安置在平台上,以标准平台为测量基面,按三点法或四点法调整(　　)平行。

(A)被测面　(B)标准平台　(C)工件倾斜面　(D)工件弧面

182. 圆度是控制(　　)的截面及球面零件的任意截面圆程度的指标。

(A)直径面　(B)半径误差　(C)圆柱面　(D)圆锥面

183. 基准符号由(　　)和细连线组成。

(A)大写字母　(B)基准方格

(C)涂黑或空的三角形　(D)加粗

184. 孔的上、下极限偏差分别用(　　)表示,轴的上、下极限偏差分别用 e_s、e_i 表示,

(A)E_S　(B)E_I　(C)D_S　(D)D_I

四、判 断 题

1. 三坐标测量机可以测量复杂工件,但不能替代多种表面测量工具及昂贵的组合量规。(　)

2. 精密工业二维尺寸的微小零件可以用光学投影仪测量。(　　)

3. 样块比较法测量属于定性测量方法,显微镜比较法属于定量测量方法。(　　)

4. 内径千分尺的读数方法与外径千分尺相同,套筒上的刻线尺寸与外径千分尺相同,另外它的测量方向和读数方向也都与外径千分尺相同。(　)

5. 利用基尺、角尺、直尺的不同组合,可进行 0°～350°范围内角度测量。(　　)

6. 对于同轴度误差检测,采用普通 V 形块替代基准线是常用方法之一。(　　)

7. 稳定性:在规定工作条件内,计量器具某些性能随时间保持不变的能力。(　　)

8. 直接测量:无需对被测的量值作任何处理。(　　)

9. 间接测量:直接测量的量与被测的量之间有已知函数关系从而得到该被测量值的测量。(　)

10. 测量误差:测量结果与被测量的真值之间的差。(　　)

11. 绝对误差:测量结果和被测量真值之间的差,即:绝对误差=测量结果－被测量的真值。(　)

12. 相对误差:测量的绝对误差与被测量的真值之比。( )

13. 方法误差:测量方法完善所引起的误差。( )

14. 计量标准:按国家规定的准确度等级,作为检定依据用的计量器具或物质。( )

15. 测试:具有试验性质的测量。( )

16. 测量力:测量过程中计量器具与被测工件之间的接触力。( )

17. 等精度测量:在测量条件恒定(所采用的计量仪器、外界条件以及测量者)有变的情况下,对某一量的测量。( )

18. 国家(计量)基准:用来复现和保存计量单位,具有现代科学技术所能达到的最高准确度的计量器具,经国家鉴定并批准,作为统一全国计量单位量值的最高依据。( )

19. 量的真值:一个量在被观测时,该值本身所具有的真实大小。( )

20. 测得值:从计量器具直接反映或经过必要的计算而得出的量值。( )

21. 实际值:满足规定准确度的用来代替真值使用的量值。( )

22. 粗大误差:超出在规定条件下预期的误差。( )

23. 绝对值:考虑正负号的误差值。( )

24. 器具误差:计量器具本身所具有的误差。( )

25. 测量的重复性:在实际相同的测量条件下(如用同一方法,同一观测者,用同一计量器具,在同一实验室内,于很短时间间隔内),对同一被测的量进行连续多次测量时,其测量结果间的一致程度。( )

26. 某测量值为 2 000,真值为 1 997,测量误差为 3,修正值为−3。( )

27. 测量结果与被测量真值之间的差是系统误差。( )

28. 国家法定计量单位就是国际单位制单位。( )

29. 水平仪的用途除了测量相对水平位置的倾斜度外,还可以测量平面的平面度。( )

30. 工具显微镜的测量刀刻线至刀口的距离有 0.3 mm 和 0.9 mm 两种,用于螺纹测量的为 0.3 mm。( )

31. 接触式干涉仪的球筋工作台,其球端比筋面高出 2~3 μm,其目的是为了以点接触检定量块,避免量块受损伤。( )

32. 贝塞尔点是支承在距其两端各为 0.211L 处的两个支承点。( )

33. 平面度有正有负。( )

34. 激光的特性是亮度高,方向性好,单色性好或相干性好,使之广泛用于计算机中。( )

35. 当温度上升较快时,平面度变凹。( )

36. 对于粗刨、滚铣等微观不平度间距较大的加工表面,应选择比规定引用值较大的基本长度值。( )

37. 等和级的关系是:1 级块规可作 4 等使用。( )

38. 用等厚干涉法测量平直度时,两条相邻暗条纹所对应的空气楔厚度为 $\lambda/4$。( )

39. 为了提高测微计的细量精度,在测量时应尽量使用仪器刻度的中间部位。( )

40. 万能工具显微镜纵向刻度尺的位置安排符合阿贝原则。( )

41. 柯氏干涉仪两束光产生干涉时,干涉条纹的定位面是在量块和与量块相研合平晶的

测量面上。(　　)

42. 产生光波干涉的必要条件是:频率相同的两束光在相遇点有相同的振动方向和固定的相位差。(　　)

43. 检定光切显微镜示值误差时,若被检仪器有四组物镜,应该对常用的一组物镜进行检定。(　　)

44. 两相邻轮廓最高点之间的轮廓部分称作轮廓的单峰。(　　)

45. 立式光学计的可升降的工作台,其升降范围应不小于 3 mm;具有凸轮升降机构的光管,升降范围应不小于 1 mm。(　　)

46. 万能测长仪的基座导轨的直线度不超过 15″,用分度值不大于 1″的自准直仪检定。(　　)

47. 不论立式测长仪还是万能测长仪,其读数装置的示值误差不超过 0.6 μm。(　　)

48. 不论框式水平仪还是条式水平仪,其 V 形工作面为基面的零位,用心轴检定时,当 V 形面交角为 α。V 型槽宽度为 c 的情况下,则心轴的直径 d 为:$d=c/[2\cos(\alpha/2)]$。(　　)

49. 我国法定计量单位制中,规定平面角的表示方法是 SI 单位与六十进制的度、分、秒并用。(　　)

50. 齿轮渐开线函数是表示齿轮展开角的一个函数。(　　)

51. 齿轮螺旋线计量器具检定系统中规定螺旋线量值传递主要是导程量值大小的传递。(　　)

52. 用比较法检定二级角度块时,是以一级角度块为标准进行比较测量。(　　)

53. 光学测角仪器度盘的 0°与 180°的直径误差理论上应该绝对值相等,符号相反。(　　)

54. 圆分度器件整圆内相邻刻线间隔误差的总和应为零。(　　)

55. 光出射度的单位是勒克斯。(　　)

56. 国际单位制中,光波波长的主单位是米。(　　)

57. 关于发光强度单位坎德拉的新定义是在 1979 年由国际计量大会通过的。(　　)

58. BDQ-7 型光强标准灯的规定色温是 856K。(　　)

59. 量值传递:通过检定,将国家基准所复现的计量单位量值通过标准逐级传递到工作用的计量器具,以保证对被传对象所测得的量值的准确和一致。(　　)

60. 齿厚偏差是在分度圆上齿厚的实际值与平均值之差。(　　)

61. 正多面棱体工作面的面积越小,平面度对测角结果的影响越小。(　　)

62. 量值传递:通过检定,将国家基准所复现的计量单位量值通过标准函数传递到工作用计量器具,以保证对被测对象所测得的量值的准确和一致。(　　)

63. 灵敏度(放大比),计量器具对被测的量变化的反应能力。对于给定的被测量值,计量器具的灵敏度 S 用被观测变量的增量 ΔL 与其相应的被测的量的增量 ΔX 之商来表示,即$S=\Delta L/\Delta X$。(　　)

64. 灵敏阈(灵敏限)是引起计量仪器(仪表)示值可察觉变化的被测的量的最小变化值。(　　)

65. 尺寸链,在机器装配或零件加工过程中,各个尺寸组成的尺寸段叫尺寸链。(　　)

66. 齿轮周节累积误差,在分度圆上,任意两个同侧齿面间的实际弧长与公称弧长的最大

差值。(　　)

67. 齿轮齿圈径向跳动,在齿轮一转范围内,测头在齿槽内或轮齿上,与齿高中6部双面接触时相对于齿轮轴线的最大变动量。(　　)

68. 齿轮公法线长度变动,在齿轮一周范围内,实际公法线长度最大值与最小值之差。(　　)

69. 齿轮周节偏差是在分度圆上,实际周节与公称周节之差。(　　)

70. 齿轮基节偏差是实际基节与公称基节之差。(　　)

71. 齿形误差是在端截面上,齿形工作部分内的齿圈跳动。(　　)

72. 齿轮的切向综合误差是被测齿轮与理想精确的测量齿轮单面啮合转动时,相对于测量齿轮的转角,在被测齿轮一转内,被测齿轮实际转角与理论转角的最大差值。以分度圆弧长计算。(　　)

73. 量值是数值和计量单位的乘积。(　　)

74. 计量单位是有明确定义和名称并命其数值为1的一个固定量。例:1 m,1 kg,1 s。(　　)

75. 计量装置是为确定被测量值所必需的计量器具和辅助设备的总体。(　　)

76. 比对是在规定条件下,对相同准确度等级的同类基准、标准或工作用计量器具之间的量值进行比较。(　　)

77. 稳定度是在规定工作条件内,计量器具某些性能随时变动的能力。(　　)

78. 轮廓算术平均偏差 R_a 是在取样长度内,轮廓偏距绝对值的算术平均值。其近似表达式为 $R_a=1/n$。(　　)

79. 轮廓最大高度 R_y 是在取样长度内轮廓峰顶线与轮廓谷底线之间的距离。(　　)

80. 微观不平度的10点高度 R_z 是在取样长度内,5个最大的轮廓高峰的平均值与5个最大的轮廓谷深的平均值之和。(　　)

81. 测量力是测量过程中给予计量器具的外力。(　　)

82. 量块的中心长度是量块一个测量面的中点,至与此量块另一测量面相研合辅助体表面之间的垂直距离。(　　)

83. 量块的平面平行性偏差是量块测量面上任意点(不包括距测量面边缘0.5 mm的区域)的长度与中心长度之差的最大绝对值。(　　)

84. 量块的研合性是两块量块互相迭合时,彼此能牢固而紧密地贴附在一起的性能。(　　)

85. 研磨器是用来进行研磨加工的工具。(　　)

86. 锥度是圆锥大端和小端的半径差与圆锥长度之比。(　　)

87. 等精度测量是在测量条件恒定(所采用的测量仪器、外界条件以及测量者)不变的情况下对某一量的测量。(　　)

88. 调整误差:是由于测量前未能将计量器具或被测件调整在正确位置(或状态)所造成的误差。(　　)

89. 示值变动性:在测量条件改变的的情况下,对同一被测的量进行单次测量读数是示值变动性。(　　)

90. 读数误差:由于观察者对计量器具示值读数不正确所引起的误差。(　　)

91. 视差:当指示器(如指针)与刻度表面不在同一平面时,由于偏离正确观察方向进行读数或瞄准时所引起的误差。( )

92. 估读误差:由于估读指示器位于相邻刻度标记间的相对位置而引起的读数误差。( )

93. 回程误差(滞后误差或变差):在相同条件下,计量器具正反行程在同一点示值上被测量值之差的绝对值。( )

94. 修正值:为消除系统误差用代数法加到测量结果上的值。( )

95. 不确定度:表示由于测量误差的存在而对被测量值不能肯定的程度。( )

96. 校准是确定计量器具示值(必要时也包括确定其它计量性能)的全部工作。( )

97. 直角尺为求精确测量结果,可将直角尺翻转180°再测量一次,取2次算术平均值为其测量结果,可消除直角尺本身的偏差。( )

98. 公制螺纹塞规M6×1.0-6h,选用了三针直径0.866 mm去测螺纹塞规中径。( )

99. 螺纹量规主要用来检查螺纹工件的螺纹孔或螺栓的中径质量。( )

100. 卡规用于检验光滑圆柱、轴等制件的长度尺寸。( )

101. 计量器具用防锈油制取方法:医用凡士林和变压器油按1∶2比例微火熬制而成。( )

102. 用正弦尺测量的角度50°。( )

103. 正弦尺测量的角度小于45°。( )

104. 500 mm 0级刀口尺直线度2 μm。( )

105. 300 mm、400 mm 0级刀口形直尺直线度2 μm。( )

106. 光隙法测量时,若间隙大于2.5 μm透光颜色为白光。( )

107. 光隙法测量时,若间隙为1~2 μm时,透光颜色为红光。( )

108. 光隙法测量时,若间隙为1 μm时,透光颜色为蓝色。( )

109. 光隙法测量时,若间隙为0.5~1 μm时,透光颜色为紫色。( )

110. 内径千分尺具有锁紧装置。( )

111. 当需要把内径千分尺取出孔时,必须反向转动微筒,使量爪退回,再顺着孔轴心线抽出内径千分尺。( )

112. 内径千分尺可测量工件精度等级为IT7。( )

113. 螺纹千分尺是直进式千分尺,即当两测量头卡住螺纹牙齿后测头只作轴向位移而不随测杆移动。( )

114. 螺纹千分尺按上平面测头是不能作为外径千分尺使用。( )

115. 公法线千分尺在测量齿圈大致成120°角的三个位置上测量三次,并取三次测量的平均值作为公法线长度的最终结果。( )

116. 测量公法线长度时,若用量块为标准进行比较测量,不能提高测量精度。( )

117. 当平晶与量块表面接触后,在一边加压,出现相互平行的直线干涉条纹时,可判定该平面度无误差。( )

118. 合象水平仪由于测量范围大,被测面只需大致调平即测导轨直线和大工件表面平面度。( )

119. 游标卡尺由于游标与主尺的刻面不在同一平面上,故测量时不容易产生视

差。( )

120. 游标卡尺没有测力控制装置,测力不稳定,测力大小完全由于推力,带主观性,测量数据不稳定。( )

121. 无视差游标卡尺主尺两侧边制成棱柱型,使其主尺和标尺的刻线面处于同一平面内。( )

122. 千分尺在测量前,不需要观察位准性,不会影响测量准确尺。( )

123. 内径千分尺具有测量力装置。( )

124. 内径千分尺测量方位的寻找,为减小测量误差,在内测件径向截面要找到最大值,轴向截面找到最小值。( )

125. 内测千分尺校对零位时,可直接用外径千分尺进行。( )

126. 杠杆千分尺其具有尺架刚性好,有测力控制装置,因此测力稳定。( )

127. 量块按级使用直接使用的标称长度尺寸,不需要误差修正。( )

128. 量块按等使用时使用量块的实际尺寸,测量精度要求低,不需要误差修正。( )

129. 需要多块量块组合某一尺寸,一般不得超过 6 块。( )

130. 游标卡尺上应标有分度值、生产厂标志和工厂编号。( )

131. 游标卡尺圆弧内量爪尺寸 b,最常用的一般为 10 mm,对 500 mm 以上的游标卡尺圆弧内量爪尺寸 b 为 5～20 mm。( )

132. 高度游标卡尺规格:0～50 mm,0～200 mm,0～300 mm。( )

133. 高度游标卡尺最小分度值有 0.02 mm、0.05 mm。( )

134. 高度游标卡尺用于测量高度尺寸,并适用于比较测量形状与位置误差及精密的划线工作。( )

135. 高度游标卡尺可作为精密划线工具后,就不需要按计量器具周期检定计划进行送检。

136. 电子数显卡尺有容栅式、光栅式、齿条码盘式,最常用的为容栅式。( )

137. 电子数显卡尺由机械量爪、刻度尺身、电子显示器组成。( )

138. 推动电子数显卡尺尺框,使两量爪测量面合扰接触,此时显示“00.00”说明“零位”正确。( )

139. 电子数显卡尺显示的数字不断闪动或数字不稳定说明钮扣电池充足。( )

140. 千分尺的校对量杆只用于校对千分尺“零位”,就不另要求进行周期检定。( )

141. 所有量程的千分尺均应配有校对量杆。( )

142. 内测千分尺常规:5～30 mm,25～50 mm,分度值 0.01 mm。( )

143. 内测千分尺校对“零位”使用校对环规,测量的结果与环规的标称尺寸相符,“零位”示值正确。( )

144. 内测千分尺测量时量爪不需要与被测件整个母线接触便可获得很高的精度。( )

145. 板厚千分尺常用规格 0～10 mm,0～15 mm,0～25 mm。( )

146. 内径千分尺由固定测头、接长杆、锁紧装置、固定套筒、测微头、活动测头组成。( )

147. 螺纹千分尺不宜用于测量高精度的螺纹中径,测量 6 级～9 级精度的外螺纹中

径。( )

148. 公法线千分尺是一种主要用于齿轮测量的量具。( )

149. 水平仪一格为角度值,是线性值。( )

150. 框型水平仪按大小分有 200 mm×200 mm、300 mm×300 mm、400 mm×400 mm。( )

151. 电感测量仪的精度值很高,分度值 1 格就达到 0.0001 mm。( )

152. 将一根 1 m 长的水平平尺放在调整好的水平的平板上再将水平仪放在平行平尺上,此时水平仪水泡处在中间仪置。( )

153. 一根 1 m 长的平行平尺放在调整好水平的平板上将水平仪放在平行尺上,平行平尺的右端塞入一块 0.02 mm 厚的塞尺,这时水平仪水泡向右移动一格这时水平仪示值为 0.02/1 000 水平仪。( )

154. 奇数沟千分尺主要用于测量齿轮螺距,奇数沟千分尺有三沟。( )

155. 奇数沟千分尺主要用于测量具有奇数等分沟槽,如丝锥、铰刀等。( )

156. 内径百分表工作原理是将活动测头的直线位移转变为百分表指针的角位移。( )

157. 内径百分表是测量内孔尺寸的精密量具,可直接测量孔径尺寸。( )

158. 杠杆百分表分度值有三种 0.01 mm、0.02 mm、0.04 mm。( )

159. 精度是反映误差准确性的程度。( )

160. 误差的绝对值与绝对误差是两个相同的概念。( )

161. 各种量具的示值误差与分度值相等。( )

162. 用一级千分尺测量一标称直径 25 mm 的圆棒,其测量极限误差为±0.008 mm;如果千分尺上读数值为 24.968 mm,那么正确有效的测量值是 24.97 mm。( )

163. 杠杆千分尺示值误差用 4 等或 1 级量块检定,先检杠杆部分的示值误差,然后检总误差。( )

164. 气动测量仪是属于绝对测量。( )

165. 测微计的检定,其测力变化应不大于 150 g。( )

166. 扭簧比较仪是应用扭簧作为尺寸的转换和扩大的传动机构,使测杆的直线位移变为指针的角位移。( )

167. 有很多场合,并不使用量块的绝对长度,而是成对使用两块量块长度的相对长度。( )

168. 渐开线的形状并非取决于基圆的大小。( )

169. 测量范围为(50~75)mm 的千分尺,其量程为 50 mm。( )

170. 用平晶以技术光波干涉法检定一量具工作面的平面度时,出现的干涉条纹或干涉环,其干涉原理是等厚干涉。( )

171. 人眼对不同波长的单色辐射具有相同的灵敏度。( )

172. 用带深度尺的游标卡尺测量孔深时,只要使深度尺的测量面紧贴孔底,就可得到精确数值。( )

173. 因为大型游标卡尺在测量中对温度变化不敏感,所以一般不会引起测量误差。( )

174. 为了方便，可以用游标卡尺的量爪当做划规等划线工具使用。(　　)

175. 分度值为 0.1 mm，0.05 mm 和 0.02 mm 的游标卡尺可分别用来进行不同精度的测量。(　　)

176.0 级精度的外径千分尺比 1 级精度的外径千分尺精度高。(　　)

177. 用游标卡尺测量工件时，测力过大或过小均会影响测量的精度。(　　)

178. 当游标卡尺尺身的零线与游标零线对准时，游标上的其他刻线都不与尺身刻线对准。(　　)

179. 分度值为 0.05 mm 的游标卡尺，其读数原理是尺身上 20 mm 等于上 19 格的刻线宽度。(　　)

180. 游标卡尺的读数方法分读整数、读小数、求和三个步骤。(　　)

181. 用游标卡尺测量内孔直径时，应轻轻摆动卡尺，以便找出最小值。(　　)

182. 带深度尺的游标卡尺当其测深部分磨损或测量杆弯曲时不会造成测量误差。(　　)

183. 游标卡尺使用结束后，应将游标卡尺擦净上油，平放在专用盒内。(　　)

184. 用千分尺测量时，只须将被测件的表面擦干净，即使是毛坯也可测量。(　　)

185. 千分尺不允许测量带有研磨剂的表面。(　　)

186. 一般孔与轴的配合中，往往孔的公差等级选用要比轴低一级。(　　)

187. 三坐标测量机可以测量复杂工件，但也能替代多种表面测量工具及昂贵的组合量规。(　　)

188. 所谓便携式三坐标测量机是可以随身携带的三坐标测量机。(　　)

189. 对于大批相同零件的测量，采用手动式三坐标测量机是最佳选择。(　　)

190. 普通中碳钢硬度可以用布氏硬度计进行测量。(　　)

五、简 答 题

1. 国际单位制中具有专门名称的导出单位韦伯的定义是什么？
2. 国际单位制中具有专门名称的导出单位特斯拉的定义是什么？
3. 国际单位制中具有专门名称导出单位亨利的定义是什么？
4. 国际单位制中具有专门名称的导出单位摄氏度的定义是什么？
5. 国际单位制中具有专门名称的导出单位流明的定义是什么？
6. 国际单位制中具有专门名称的导出单位勒克斯的定义是什么？
7. 中华人民共和国法定计量单位中具有专门名称的导出单位有几个？其名称是什么？
8. 国家选定的非国际单位制单位升的定义是什么？
9. 国家选定的非国际单位制单位能的电子伏定义是什么？
10. 国家法定的非国际单位制单位分的定义是什么？
11. 国家选定的非国际单位制单位小时的定义是什么？
12. 国家法定的非国际单位制单位天的定义是什么？
13. 国家选定的非国际单位制单位角秒的定义是什么？
14. 国家选定的非国际单位制单位角分的定义是什么？
15. 国家选定的非国际单位制单平面角度的定义是什么？

16. 国家选定的非国际单位制单位转每分的定义是什么?

17. 国家选定的非国际单位海里的定义是什么?

18. 国家选定的非国际单位制单位“速度”节的定义是什么?

19. 什么叫权?

20. 什么叫等精度测量? 什么叫不等精度测量?

21. 在不等精度测量中,某测量结果的权为零,是什么意思? 另一测量结果的权为无穷大,是什么意思?

22. 发现系统误差是好事还是坏事?

23. 已知投影误差 $\delta=1-\cos\alpha$,α 在 $(0,A)$ 上均匀分布,问投影误差的最大误差是多少? 期望是多少? 标准差是多少?

24. 简述数据修约规则内容。

25. 对含有粗差的异常值如何处理和判别?

26. 使用某一准则剔除异常值时,用一次还是几次?

27. 什么是量值传递?

28. 什么是稳定性?

29. 什么是直接测量?

30. 什么是间接测量?

31. 什么是测量误差?

32. 什么是绝对误差?

33. 什么是相对误差?

34. 什么是方法误差?

35. 什么是计量标准?

36. 什么是测试?

37. 什么是测量力?

38. 什么是等精度测量?

39. 什么是国家(计量)基准?

40. 什么是量的真值?

41. 什么是测得值?

42. 什么是实际值?

43. 什么是粗大误差?

44. 什么是误差的绝对值?

45. 什么是器具误差?

46. 什么是测量的重复性?

47. 测量范围至 500 mm 的千分尺,其示值误差检定哪些点? 用几等或几级量块检定?

48. 量块修理中常用的研磨粉有哪些? 常用的润滑剂和研磨液有哪些?

49. 不作研合使用的专用系列的量块,在周期检定的时候,为什么也要检定测量面的研合性?

50. 激光器是由哪几部分组成?

51. 什么是计量光学仪器? 它包括哪几类?

52. 用接触式比较仪与标准量块相比较的方式测量被测量块长度时，多数都有测力作用在量块上，并且因接触变形而使量块的长度发生变化，请用文字说明在通常情况下虽有变形但不影响被测量块长度的原理。

53. 三坐标测量机的测量原理是什么？

54. 检定触针式轮廓仪的垂直放大倍率和仪器示值误差需分别采用什么型式的样板？为什么不能只用一种样板？

55. 转台式圆度仪的工作原理是什么？

56. 服从正态分布偶然误差的四大特性是什么？

57. 对万能工具显微镜示值误差的要求是多少？检定方法是什么？

58. 不论检定投影仪的放大倍数还是检定投影仪的分辨率，当采用不同倍数的物镜时，为什么要更换相应的聚光镜？

59. 简述测长机微米光学系统光学元件松动的原因及修复方法。

60. 合理安排量具修理顺序的原则是什么？

61. 电动轮廓仪的基本工作原理是什么？

62. 接触式干涉仪光学系统中的补偿镜，设置的目的是什么？对它有何要求？

63. 举例叙述量块长度的修正量，并写出其数学表达式。

64. 国际标准化组织(ISO)量块的国际标准(ISO 3050—1978)中怎样定义量块的长度？

65. 按级检定的量块，简述其测量方法选择的原则。

66. 简述等厚干涉与等倾干涉的区别。

67. 线纹尺的比较测量中，如何应用两支线纹尺检查比较仪的系统误差？写出其误差表达式。

68. 简述在激光干涉比长仪的干涉光路中为什么使用立体棱镜而不用平面镜。

69. 简述在相对法比较测量中，影响三等标准金属线纹尺测量精度的因素有哪些。

70. 已知被测零件的微观不平度间距为 0.4 mm，用触针式轮廓仪检测时，为了可靠地测得粗糙度 R_a 参数值，应采用多大截止波长值？

71. 简述普通三角形螺纹的标记及常用测量方法。

72. 测量器具的选择需要考虑哪些要素？

73. 简述使用涂色法检测锥度的步骤。

74. 使用 90°角尺应注意哪些事项？

75. 什么是主动测量与被动测量？

六、综 合 题

1. 电流对人体来说是说危险的，0.05 A 的电流就能致人于死地，人体的电阻大约为 800 Ω，求对人体的危险电压。通常说的安全电压应是多少？

2. 容积单位 5 立方米，换算为多少毫升？

3. 10 吨力，换算为多少千牛顿？

4. 容积单位 10 立方米，换算为多少升？

5. 航程单位海里、时间小时与航速单位节，三者有何关系？

6. 1 千克力每秒，换算为多少瓦特？

7. 1千克力米，换算为多少焦耳？

8. 功的单位尔格，1尔格合多少焦耳？

9. 黏度单位1千克力秒每平方米，换算为多少帕斯卡秒？

10. 某容器的容积为2×10^{-2}立方米，用毫升表示是多少？

11. 功率为1米制马力，用法定计量单位瓦特表示是多少？

12. 压力单位为1百巴，合多少兆帕斯卡？

13. 1工程大气压等于多少帕斯卡？

14. 某人的血压为80～120 mmHg，用法定计量单位表示，是多少千帕斯卡？

15. 电能为1千瓦小时，合多少焦耳？

16. 1磅力秒每平方英尺，合多少帕斯卡秒？

17. 1瓦特小时，合多少焦耳？合多少千焦耳？

18. 1磅力英尺每秒，合多少瓦特？

19. 对某量作了两组测量，第一组测量次数$n_1=6$，第二组测量次数$n_2=8$，设每次测量标准差相同，且第一组结果权为3，求第二组结果的权。

20. 根据有效数字算：

(1)13.65＋0.0082－1.632＋0.002

(2)703.21×0.35/4.022

21. 用某方法测得某尺寸$L_1=100.0$ mm±0.05 mm，用另一方法测得另一尺寸$L_2=10.0$ mm±0.01 mm，从相对误差考虑，哪一方法测量精度高？

22. 对某量等精度独立测25次，单次测量标准差为4，求平均值标准差。

23. 某量测量结果为6.378501，保留小数点后第3位，结果应是什么？

24. 对某量测10次，最大残差为4，试用最大残差法求单次测量标准差。已知$1/k_9=0.59$，$1/k_{10}=0.57$。

25. 某量误差为4，相对误差为2%，求该量真值。

26. 某量独立测两次，得其值和权为$l_1=100$，$p_1=2$，$l_2=102$，今最佳值为101，求p_2。

27. 某计算机的舍入为全舍，取至整数，该舍入误差为随机误差，问其他可能取值与期望是多少？设原始数计至0.1位。

28. 已知某测量结果含独立不确定度分量s_i，v_i，u_i，求合成不确定度。

29. 分度值为0.02 mm的游标卡尺，游标深度尺和游标高度尺，其游标刻度线面的棱尺至尺体刻线面的距离$h=0.20$ mm，当读数时偏移刻线面垂直方向$S=35$ mm情况下，仪器视差为多少？

30. 内径千分尺的测微头和接长杆的组合尺寸在测长机上检定时其中一组合尺寸2 950.000 mm，得测长机上的示值为为2 950.013 mm，试求该组合尺寸的示值误差是多少？

31. 已知被测螺纹牙形半角$\alpha/2=30°$，牙距$p=4$ mm，用最佳三针测得M值为19.999 mm，求螺纹中径值。

32. 欲测ϕ40hs的轴径，为了降低测量成本，应采用什么测量器具最合适？已知：IT8＝0.039 mm，安全域度$A=0.003$ mm，卡尺的不确定度为0.02 mm，外径千分尺和五等量块配合相对测量，其不确定度为0.00256 mm，分度值为0.001 mm的扭簧比较仪的不确定度为

0.0011 mm。

33. 用游标卡尺在 40 ℃环境温度下，测量 100 mm 长的铝棒，求因温度带来的测量误差 ΔL。已知：$\alpha_{卡尺}=11.5\times10^{-6}/℃$；$\alpha_{铝}=24\times10^{-6}/℃$

34. 用立式测长仪测量 90 mm 长的工件，若测量轴线与工作台倾斜度 $20'$，求因此产生的测量误差。

35. 将 $45°12'06''$ 换算成弧度(取至小数后第四位)。

长度计量工(高级工)答案

一、填空题

1. 工作介质	2. 大小与方向	3. 机械性能
4. 真空	5. 真空	6. 折射率
7. 反射	8. 1	9. 基本单位
10. Pa	11. W	12. 希[沃特]
13. 焦[耳]每千克开[尔文]	14. 法令	15. 欧[姆]米
16. Hz	17. 西[门子]每米	18. MV/m
19. 转每分	20. 海里	21. 导体
22. 绝缘体	23. 电流	24. 刻度误差=刻度值-实际值
25. 绝对误差	26. 最大引用误差	27. 最大引用误差
28. 绝对值	29. 综合	30. 高于
31. 系统误差	32. 平均值	33. 权
34. 被测量真值	35. $B-A$	36. 修正值
37. 0.02	38. 提高测量结果精度	39. 余弦(二次)
40. 0.05	41. 测量杆	42. 余弦(二次)
43. 光的直线传播定律	44. 入射	45. 反射
46. 光密介质	47. 光学玻璃	48. 临界角
49. 光线从光密介质到光疏介质	50. 检定测试的能力	51. 计量技术规范
52. 工作计量器具	53. 光栅	54. 反射
55. 实际表面	56. 系统	57. 光心
58. 分辨能力	59. 相位差	60. 取样长度值
61. 单色性好	62. 阿贝原则	63. 基面
64. 安全裕度	65. 两对角线的交点	66. 有界性
67. 自动	68. 干涉仪	69. 分度圆压力角
70. 高度	71. 轴向	72. 频率
73. 度盘误差	74. 最小区域	75. 平面工作台
76. ±0.5 μm	77. 激光干涉比长仪	78. 0.4
79. 十分之一	80. 直线度	81. 系统
82. 倍率	83. 双管差动	84. 频率仪
85. 相邻	86. 轮廓峰	87. 支承
88. 固定式	89. 0.06%	90. 15″
91. 杠杆式千分表或测微表	92. 0.3～0.6 μm	93. 标准玻璃刻度尺

94. 55°
95. 测力
96. 研磨时主要顺着测量面用力要均匀
97. W10
98. 锁紧调节螺母法
99. 工作面平面度和平行度
100. 测量杆
101. 研磨器
102. 轨迹
103. 光波干涉
104. 1
105. 球面
106. 随机误差
107. 平均值
108. 2 μm
109. 专用环规
110. 0.1 mm 的整数倍
111. 0.4 mm
112. 0.08～0.12 mm
113. ±5′
114. 3～8 N
115. 3 μm
116. 2 μm
117. 0.03 mm
118. 4 等或者 1 级量块
119. 啮合量
120. 视差
121. 5%
122. 基圆误差
123. 小于或等于 30 mm
124. 两种不同基圆半径
125. 螺旋角
126. 切向误差
127. 分度圆直径有关
128. 基圆
129. 法向模数
130. ±5″
131. 3
132. ±0.5″
133. 算术平均
134. 0.5″
135. 0.6
136. 30″
137. 偏心
138. 光电
139. 6
140. ±5″
141. 亮度高
142. 1
143. 光斑
144. 2
145. 光斑
146. 63
147. Eppenstein
148. 1/2
149. 长度的测量误差
150. 角度规类
151. 0.1
152. (20±3)℃
153. 相互垂直
154. 准确度
155. 最小区域
156. 单一
157. 三
158. 缩孔
159. 对准
160. 太紧
161. 太松
162. 松动
163. 移动太紧
164. 量爪
165. 弹簧拉长
166. 弹簧压缩
167. 干涉带
168. 缩孔
169. 万能胶
170. 光学读数显微镜
171. 方法误差
172. 首、尾两端
173. 2
174. 3 等量块
175. ±0.5 μm
176. 具有筋形工作台的支架
177. 最大值与最小值
178. 17 和 23
179. 1、2、3、4、5、6
180. 3、4、5
181. 轴承钢 GCr15
182. 耐磨
183. 游标卡尺的游标
184. 小数值
185. 高度
186. 1/3
187. 示值误差＝仪表指示值－计量检定值
188. 提高产品质量
189. 失准的原因
190. 变动量
191. 最高值
192. 瞄准
193. 计量单位
194. 复现量值
195. 一批
196. 计量器具
197. 示值误差
198. 测量误差
199. 检定的方法
200. 正电荷

二、单项选择题

1. B	2. C	3. B	4. C	5. A	6. C	7. B	8. C	9. C
10. B	11. B	12. A	13. A	14. B	15. C	16. B	17. A	18. C
19. A	20. A	21. B	22. C	23. C	24. C	25. C	26. B	27. A
28. B	29. B	30. A	31. B	32. C	33. A	34. A	35. B	36. B
37. A	38. C	39. C	40. C	41. C	42. A	43. A	44. B	45. C
46. C	47. A	48. C	49. A	50. A	51. A	52. B	53. C	54. A
55. C	56. B	57. B	58. B	59. C	60. C	61. A	62. B	63. C
64. B	65. B	66. B	67. B	68. C	69. B	70. B	71. B	72. C
73. B	74. D	75. C	76. B	77. C	78. C	79. C	80. C	81. B
82. C	83. B	84. B	85. C	86. C	87. A	88. B	89. B	90. A
91. B	92. B	93. B	94. C	95. C	96. C	97. C	98. C	99. B
100. C	101. C	102. B	103. B	104. A	105. B	106. B	107. B	108. B
109. B	110. B	111. C	112. B	113. B	114. C	115. B	116. C	117. B
118. A	119. C	120. C	121. B	122. C	123. A	124. B	125. B	126. C
127. B	128. B	129. B	130. A	131. A	132. A	133. C	134. B	135. B
136. A	137. A	138. D	139. B	140. D	141. A	142. B	143. D	144. C
145. B	146. C	147. A	148. A	149. B	150. C	151. C	152. D	153. D
154. D	155. C	156. D	157. D	158. D	159. C	160. D	161. D	162. D
163. D	164. C	165. A	166. D	167. B	168. A	169. B	170. B	171. D
172. C	173. B	174. B	175. B	176. A	177. D	178. C	179. A	180. B
181. C	182. C	183. D	184. B	185. C	186. C	187. A	188. B	189. D
190. B	191. D	192. B	193. C	194. A	195. C	196. A	197. C	198. C
199. A	200. A							

三、多项选择题

1. AB	2. AB	3. BC	4. CD	5. BC	6. BD	7. AB
8. BCD	9. CD	10. CD	11. ABC	12. AB	13. AB	14. CD
15. AC	16. CD	17. AB	18. BC	19. AB	20. AD	21. AB
22. CD	23. BC	24. AC	25. AB	26. BC	27. AB	28. AB
29. CD	30. CD	31. AD	32. BCD	33. ABC	34. BC	35. BCD
36. ABD	37. ABCD	38. AB	39. BCD	40. AB	41. AB	42. BC
43. BC	44. BC	45. BC	46. AB	47. AB	48. ABC	49. BC
50. CD	51. AC	52. AB	53. AD	54. ABD	55. AB	56. AB
57. CD	58. ABD	59. AB	60. CD	61. BC	62. AD	63. ABCD
64. AB	65. AB	66. AB	67. CD	68. AB	69. BC	70. AC
71. BC	72. AB	73. ABCD	74. ABC	75. BD	76. AB	77. CD
78. ABCD	79. CD	80. AB	81. AB	82. ABC	83. BC	84. BC

85. AB 86. ABC 87. AB 88. AB 89. AB 90. BC 91. BD
92. AB 93. AB 94. BCD 95. AB 96. CD 97. AB 98. BC
99. ABC 100. BC 101. ABC 102. AB 103. AB 104. ABC 105. BC
106. BC 107. AD 108. AB 109. AB 110. BCD 111. ABCD 112. AD
113. AB 114. BC 115. BC 116. AB 117. AB 118. BC 119. AB
120. BC 121. AB 122. BC 123. AB 124. AB 125. BC 126. AB
127. ABC 128. AB 129. ABC 130. BCD 131. ABC 132. ABC 133. ABC
134. AB 135. AB 136. BC 137. AC 138. AB 139. AB 140. AB
141. BC 142. CD 143. CD 144. AD 145. ABC 146. ABD 147. ABCD
148. AB 149. CD 150. BC 151. AC 152. AB 153. AD 154. ABD
155. AB 156. AB 157. CD 158. ACD 159. AB 160. AB 161. AB
162. ABD 163. ABD 164. BCD 165. AB 166. BC 167. BC 168. AB
169. ABC 170. ABCD 171. ABC 172. AB 173. ABCD 174. AC 175. ABCD
176. AB 177. AB 178. BC 179. BCD 180. AB 181. AB 182. CD
183. ABC 184. AB

四、判 断 题

1. × 2. √ 3. × 4. × 5. × 6. × 7. √ 8. × 9. √
10. √ 11. √ 12. √ 13. × 14. √ 15. √ 16. √ 17. × 18. √
19. √ 20. √ 21. √ 22. √ 23. × 24. √ 25. √ 26. √ 27. ×
28. × 29. √ 30. × 31. × 32. × 33. × 34. √ 35. × 36. √
37. √ 38. × 39. √ 40. × 41. √ 42. √ 43. × 44. × 45. √
46. √ 47. × 48. √ 49. √ 50. × 51. × 52. √ 53. × 54. √
55. × 56. √ 57. √ 58. √ 59. √ 60. × 61. × 62. √ 63. √
64. √ 65. × 66. √ 67. √ 68. √ 69. √ 70. √ 71. × 72. √
73. √ 74. √ 75. √ 76. √ 77. × 78. √ 79. √ 80. √ 81. ×
82. √ 83. √ 84. √ 85. √ 86. × 87. √ 88. √ 89. √ 90. ×
91. × 92. √ 93. √ 94. × 95. √ 96. √ 97. √ 98. × 99. √
100. √ 101. √ 102. × 103. √ 104. √ 105. × 106. √ 107. √ 108. √
109. √ 110. × 111. √ 112. √ 113. √ 114. × 115. √ 116. × 117. √
118. √ 119. × 120. √ 121. √ 122. × 123. × 124. √ 125. × 126. √
127. √ 128. × 129. × 130. √ 131. √ 132. × 133. × 134. √ 135. ×
136. √ 137. √ 138. √ 139. × 140. × 141. × 142. √ 143. √ 144. ×
145. √ 146. √ 147. √ 148. √ 149. × 150. √ 151. √ 152. √ 153. √
154. × 155. √ 156. √ 157. × 158. × 159. × 160. × 161. × 162. √
163. √ 164. × 165. × 166. × 167. × 168. × 169. × 170. √ 171. ×
172. × 173. × 174. × 175. √ 176. √ 177. √ 178. × 179. × 180. √
181. × 182. × 183. × 184. × 185. √ 186. √ 187. × 188. × 189. ×
190. √

五、简 答 题

1. 答:韦伯(Wb)是单匝环路的磁通量当它在1秒内均匀减小到零时,环路内产生1伏特的电动势(2分)。1 Wb=1 V·1 s(3分)。

2. 答:特斯拉(T)是1韦伯磁通量均匀而垂直通过1平方米面积的磁通量密度(2分)。1T=1 Wb/1 m^2(3分)。

3. 答:亨利(H)是一闭回路的电感,当此回路中流过的电流以1安培每秒均匀变化时,回路中产生出伏特的电动势(2分)。1 H=1 V·s/A(3分)。

4. 答:摄氏度(℃)(2分)是用以代替开尔文表示摄氏温度的专门名称(3分)。

5. 答:流明(lm)是发光强度为1坎德拉的均匀点光源在1球面度立体角内发射光通量(2分)。1lm=1 cd·sr(3分)。

6. 答:勒克斯(lx)是1流明的光通量违均匀分布在1平方米表面上产生的光照度(2分)。1lx=lm/1 m^2(3分)。

7. 答:有19个(4分)。其名称是:赫[兹]、牛[顿]、帕[斯卡]、焦[耳]、瓦[特]、库[仑]、伏[特]、法[拉]、欧[姆]、西[门子]、韦[伯]、特[斯拉]、亨[利]、摄氏度、流[明]、勒[克斯]、贝可[勒尔]、戈[瑞]、希[沃特](1分)。

8. 答:升(L)(2分)是1立方分米的体积(3分)。

9. 答:电子伏(eV)等于1个电子在真空中通1伏特电位差所获得的动能(2分)。

1 eV=1.6021892×10^{-19}(3分)。

10. 答:分(min)是60秒的时间(2分)。1 min=60 s(3分)。

11. 答:小时(h)是60分的时间(2分)。1 h=60 min(3分)。

12. 答:天(日)是24小时的时间(2分)。1 d=24 h(3分)。

13. 答:角秒(″)是1/60角分的平面角(2分)。1″=(1/60)′(3分)。

14. 答:角分(′)是1/60的平面角(2分)。1′=(1/60)°(3分)。

15. 答:度(°)π/180弧度的平面角(2分)。1°=(π/180)rad(3分)。

16. 答:转每分(r/min)是1分的时间内旋转1周的转速(2分)。1 r/1 min=(1/60)s^{-1}(3分)。

17. 答:海里(n mile)是1852米的长度(2分)。1n mile=1 852 m(3分)。

18. 答:节(kn)是1海里每小时的速度(2分)。1 kn=1n mile/h(3分)。

19. 答:在不同条件下对同一量进行测量时,测量结果的质量不同,用数字表征测量结果的质量指标叫权(2分)。权与测量结果的方差σ^2成反比,即权$P\propto 1/\sigma^2$。(3分)

20. 答:权相等的测量叫等精度测量(2分),权不相等的测量叫不等精度测量(3分)。

21. 答:某测量结果权为零,则它在计算加权平均值中不起作用,可认为该值是含粗差的异常值,故可从测量列中剔除(2分)。另一测量结果权为无穷大,则在计算加权平均值中只有它起作用,别的结果都不起作用,可认为该值是被测量的真值(3分)。

22. 答:发现系统误差是好事,这样可以提高精度,改进工作(2分)。反之,若一项测量中包含有系统误差而不去把它找出,则会误认为测量精度很高而造成损失(3分)。

23. 答:最大误差为$\Delta=1-\cos A\approx A^2/2$(2分),期望为$\Delta/3$,标准差为$3\Delta/10$(3分)。

24. 答:

(1)若舍去部分大于保留末位 0.5,则末位加 1(1.5 分);

(2)若舍去部分小于保留末位 0.5,则末位不变(1.5 分);

(3)若舍去部分等于保留末位 0.5,则当末位为奇时,末位加 1,当末位为偶时,末位不变(2 分)。

25. 答:对含有粗差的异常值应从测量数据中剔除(1 分)。在测量过程中,若发现有的测量条件不符合要求,可将该测量数据从记录出划去,但须注明原因(1 分)。在测量进行后,要判断一个测量值是否异常值,可用异常值发现准则(1 分)。如格拉布斯准则、来伊达 3σ 准则等。(2 分)

26. 答:不是一次,而是要接连用(1 分),以把所有异常值发现出来(1 分),使用几次(1 分),是一直进行下去(1 分),直至满足准则不存在异常值为止(1 分)。

27. 答:通过检定,将国家基准所复现的计量单位量值通过标准逐级传递到工作用的计量器具(2 分),以保证对被测对象所测得的量值的准确和一致(3 分)。

28. 答:在规定工作条件内(2 分),计量器具某些性能随时间保持不变的能力(3 分)。

29. 答:无需对被测的量与其他实测的量(2 分)进行函数关系的辅助计算而直接得到被测量值的测量(3 分)。

30. 答:直接测量的量与被测的量之间有已知函数关系(2 分)从而得到该被测量值的测量(3 分)。

31. 答:测量结果(2 分)与被测量的真值之间的差(3 分)。

32. 答:测量结果和被测量真值之间的差(2 分),即:绝对误差=测量结果-被测量的真值(3 分)。

33. 答:测量的绝对误差(2 分)与被测量的真值之比(3 分)。

34. 答:测量方法(2 分)不完善所引起的误差(2 分)。

35. 答:按国家规定的准确度等级(2 分),作为检定依据用的计量器具或物质(3 分)。

36. 答:具有试验(2 分)性质的测量(3 分)。

37. 答:测量过程中计量器具(2 分)与被测工件之间的接触力(3 分)。

38. 答:在测量条件恒定(所采用的计量仪器、外界条件以及测量者)不变的情况下(3 分),对某一量的测量(2 分)。

39. 答:用来复现和保存计量单位(1 分),具有现代科学技术所能达到的最高准确度的计量器具(1 分),经国家鉴定并批准(1 分),作为统一全国计量单位量值的最高依据(2 分)。

40. 答:一个量在被观测时(2 分),该值本身所具有的真实大小(3 分)。

41. 答:从计量器具直接反映(2 分)或经过必要的计算而得出的量值(3 分)。

42. 答:满足规定准确度(2 分)的、用来代替真值使用的量值(3 分)。

43. 答:超出在规定条件(2 分)下预期的误差(3 分)。

44. 答:不考虑(2 分)正负号的误差值(3 分)。

45. 答:计量器具本身(2 分)所具有的误差(3 分)。

46. 答:在实际相同的测量条件下(如用同一方法,同一观测者,用同一计量器具,在同一实验室内,于很短时间间隔内)(1 分),对同一被测的量进行连续多次测量时(2 分),其测量结果间的一致程度(2 分)。

47. 答:测量范围至 500 mm 的千分尺,其示值误差的受检点为 $A+5.12$,$A+10.24$,$A+$

15.36,A+21.5 和 A+25 mm(1 分)。A 为测量下限,如(25～50)mm 千分尺 A 为 25 mm(1 分)。对于 0 级千分尺用 4 等量块或 1 级量块检定(1 分)。对于 1 级千分尺,用 5 等或 2 级量块检定(2 分)。

48. 答:常用的研磨粉有:刚玉、碳化硅、磁化硼、金刚石粉、氧化铝、氧化铁等(2 分)。常用的润滑剂和研磨液有:煤油、汽油、酒精、松节油、变压器油、硬脂、动物脂肪、凡士林和石蜡等几种(3 分)。

49. 答:量块的工作尺寸是由两个测量面之间的距离来决定的(1 分)。测量面的表面粗糙度、平面度和外观的其他缺陷等影响表面质量的好坏,测量面表面质量决定量块工作尺寸的准确度(1 分),因此测量面的表面质量,是必须保证完好的。为监控量块测量面的表面质量,可以单项地检定表面粗糙度、平面度和表面缺陷,但是研合的好坏是反映了上述各单项技术要求的好坏,从这个意义上讲,研合性检定是量块表面质量一种综合性的检定方法(1 分),是比测量面表面质量单项检定更为简便易行的方法。为保证量块工作尺寸准确,测量面表面质量是必须保证的。因此,周期检定时,量块测量面的研合性是必须检定的(2 分)。

50. 答:激光器是由工作物质(1.5 分)、激励能源(1.5 分)和光学谐振腔三部分组成(2 分)。

51. 答:利用光学原理对长度、角度和轮廓尺寸进行测量的光学仪器称为计量光学仪器。它包括:长度计量仪器、坐标测量仪器(1 分)、投影仪器(1 分)、角度和平直度仪器(1 分)以及表面粗糙度仪器(2 分)。

52. 答:在通常比较测量中,由于标准和被测量块都是由相同材料制成的,在测量力作用下产生的接触变形在被测和标准量块上都是相同的(1.5 分),被测量块因接触变形使测得的长度变短了(1.5 分),标准量块因接触变形使被测量块测得的长度变长了,作用相反,大小相同,相互抵消了,因此在通常的情况下可以不考虑对测量结果的影响(2 分)。

53. 答:三座标测量机的测量过程的实质是将几何模型量转化成数字量,测量机要完成上面的过程(1.5 分),必须要有一个功能完善的迹量及数据处理系统。三座标测量机的数据采集,是在确定的座标系内进行的(1.5 分),通过校准及定义过的三维探头采集另件表面上的一系列有意义的点,然后通过数学处理,求得由这些点组成的特定几何元素的位置及形状(2 分)。

54. 答:检定轮廓仪的垂直放大倍率误差,需采用与仪器各挡放大倍率相应的沟槽深塔尔I标准单划线或组合阶梯;检定仪器示值误差需采用具有一定几何形状的平行沟槽的标准多刻线样板(1.5 分)。这两类形式的样板不能互相代替。显然单刻线样板没有模拟实际表面的连续的沟槽(1.5 分),不能像多刻线样板那样给出粗糙度参数值,无法检定仪器示值误差。而多刻线样板则不像单个沟槽那样能准确地与已知沟槽深度进行比对,以考核仪器的垂直放大率(2 分)。

55. 答:转台式圆度仪是一种工作台和主轴一起回转的仪器,测量前把被测工装卡在工作台上,调节纵向调节或和横向调节钮,使零件的主轴线与仪器的主轴线同轴(1.5 分)。测量时使传感器测头与零件被测表面接触,主轴与工作台一起回转带动被测零件转动,而使传感器静止在工作台架某一位置(按需要上下调整)上(1.5 分),传感器就将被测零件上垂直于轴线截面的实际轮廓转换成电信号,再经电路处理,由记录器描绘出测台轮廓图形(2 分)。

56. 答:

(1)对称性:大小相等、符号相反的误差数目相等(1分);

(2)单峰性:绝对值小的误差比绝对值大的误差数目多(1分);

(3)有界性:绝对值很大的误差实际不出现(1分);

(4)抵偿性,误差平均值趋于零(2分)。

57. 答:要求不超过$(1+L/100)\mu m$,检定方法如下:将标准刻度尺固定在仪器玻璃工作台中间的位置使其零位刻线与仪器标尺的零位方向一致,装好轮廓目镜,调整工作台(1.5分),使标准刻度尺轴线平行于纵向滑板的移动方向,仪器纵向毫米刻度尺大致位于零位,用轮廓目镜的双线分划板瞄准标准刻度尺的零刻线,每隔25mm检一点(1.5分),分别检定仪器纵向毫米刻度的八个位置,并从读数显微镜中读出各被检段对零刻线的偏差,其任意两尺寸段的差值均不应超过仪器的示值误差要求,用上述方法,对仪器横向毫米刻度尺进行检定(2分)。

58. 答:为了在投影仪的影屏上得到足够的亮度,由于不同倍数的物镜,其物方视野直径也不同,光通量不同,放大倍数愈大,视野愈小,光通量愈小(1.5分),影屏上的明亮度和成像清晰度也随之降低。为了提高高倍物镜的影屏亮度,应用一只聚光镜把光线聚集在更小的面积上(为该物键的视野大小),低倍的视野大(1.5分),聚光照明的面积相应大些,因此投影仪的物镜要与相应的聚光镜一起作用。对于一般投影仪,其物境与聚光镜是一一对应的,只有少数投影仪以两个物镜合用一个聚光镜,如台式投影仪,其50×和20×物镜合用一个聚光镜(2分)。

59. 答:

(1)微米标尺像相对指标线斜向运动主要是由于测量轴柱组中反光镜位置不正确造成的,调整测量轴柱组,使其绕光轴转动即可恢复(2分)。

(2)微米标尺像在现场中上下移动,其主要原因是由于微米光学系统中直角棱镜松动造成。打开头座右侧盖板,松开直角棱镜座,紧固螺钉,旋转直角镜座,使微米标尺移动到视场中间即可修复(3分)。

60. 答:合理安排量具修理顺序的原则如下:

(1)尽量使已修好的部位为下一步修理创造必要的有利条件(2分);

(2)受某一部分影响的项目应后修,使后修的部分不影响已修好部分的质量(2分);

(3)与其他修理项目关系不大的部分,修理顺序不受限制,可根据具体情况而定(1分)。

61. 答:电动轮廓仪的基本工作原理是装有测量触针的传感器由驱动装置以恒定的速度拖动,沿被测表面滑动,触针的尖端半径很小,一般为2~5 μm或10~12 μm(2分),因此能够探入到轮廓的谷底。触针随着表面峰谷的起伏作用相应地垂直位移,并转换成作为电桥两臂的传感器中的电感线圈内的电感量的变化,把这个经过调制的载波加以放大,然后再相敏检波进入记录仪,描绘出表面轮廓图形(2分),或把载波信号输入R_C网络滤波器,滤除波度高低频信号,再放大,整流送到积分表,从积分表读出R_a值(1分)。

62. 答:在接触式干涉仪光学系统中设置补偿镜的目的是为了对各种颜色的光学实现等光程(2分),使在白光干涉时不引起色散,保证干涉条纹清晰(1分)。补偿镜的材料、折射率与厚度应和分光镜一样。补偿镜与光轴成45°,且与分光镜平行(2分)。

63. 答:在量块长度给出的测量结果中,为消除示值差而引入的量称为量块长度修正量(2分),例如标称(或名义)尺寸$l=5$ mm的量块假定其实测尺寸为$L=4.99998$ mm,其修正量:$C=L-l=4.99998-5=-0.00002$ mm或$C=-0.02$ μm(3分)。

64. 答:量块一个测量面上一个特定的点,至与此量块另一测量面相研合的(2分),其材料和表面结构与此量块相同的刚性平面之间的垂直距离定义为量块的长度(3分)。

65. 答:按计量学原理,一般测量方法的选择原则,要求其测量方法的误差δ为测量允许偏差量的确1/3～1/10,高精度的可以取到2/3。因此按级检定量块时(1分),检定规程JJG100规定:

检定0级量块时,中心长度测量的极限误差应不超过2等(1分)。

检定1级量块时,中心长度测量的极限误差应不超过3等(1分)。

检定2级量块时,中心长度测量的极限误差应不超过4等(1分)。

检定3级量块时,中心长度测量的极限误差应不超过5等(1分)。

66. 答:在平板干涉体系中,两相干光束的程差随平板厚度不同而变化(1分),其入射角保持不变,这种干涉称之为等厚干涉。两相干光束的程差随光束入射角不同而变化(1分),而平板的厚度保持不变,这种干涉称之为等倾干涉(3分)。

67. 答:将A尺(长度为L_A)装在a显微镜下,B尺(长度为L_B)装在b显微镜下(1分),测量出B尺对A尺的偏差(ΔL_1)。然后两尺相互交换位置,求出A尺相对B尺的偏差(1分),取两次测量结果的平均值即为系统误差Δf。

其误差表达式为:$\Delta L_1=(L_B-L_A)+\Delta f$;$\Delta L_2=(L_A-L_B)+\Delta f$

两式相加得系统误差:$\Delta f=(\Delta L_1+\Delta L_2)/2$(3分)。

68. 答:当作台运动时因导轨的直线度而使平面镜的法线产生微小的偏转度(1.5分),从而必变了反射光束的方向,造成干涉条纹的变化(1.5分)。但立体棱镜能始终保持入射光束与反射光束的平行(2分)。

69. 答:影响三等标准金属线纹尺测量精度的主要因素有:

(1)标准尺尺长修定值的误差(0.5分);

(2)被检尺和标准尺的对线误差(0.5分);

(3)被检尺和标准尺温度的测量误差(1分);

(4)被检尺和标准尺温度线膨路系教的误差(1分);

(5)仪器导轨直线度及读数显微镜、被检尺、标准尺的调整误差(1分);

(6)读数显微镜测微分度值的误差(1分)。

70. 答:为可靠地测定零件表面粗糙度数值,截止波长值一般应大于粗糙度间距的五倍,并且应采用标准规定的取样长度系列值(2分)。

此例中,截止波长值应大于0.4×5=2 mm,再结合标准化系列的规定,测量时截止波长应选取2.5 mm(3分)。

71. 答:(1)普通三角形螺纹的标记为如下:螺纹牙型　公称直径×螺距(导程/线数)　旋向一中径公差带代号　顶径公差代号一旋入长度(1.5分)。(2)普通三角形螺纹的常用测量方法有通止规测量法、三针测量法、螺纹千分尺测量法(1.5分)、显微镜影像法(2分)。

72. 答:(1)被测工件的精度要求(1分);(2)被测工件的尺寸大小(1分)、形状结构(1分)、材料及被测表面的位置(1分);(3)被测工件的生产批量、生产方式与生产成本(1分)。

73. 答:(1)在圆锥体外表面或锥度套规的内表面,顺着母线,用显示剂均匀地涂上三条线(圆周方向均布)(1.5分);(2)把套规在圆锥体上转动几次,转动角度不大于1/3周(1.5分);(3)拿出套规,根据显示剂的擦去情况判断工件锥度的正确性(2分)。

74. 答:(1)使用前,应检查 90°角尺,各工作面和边缘是否被碰伤,将工作面和被测表面擦洗干净(1.5 分);(2)测量时,应注意 90°角尺安放位置,不要歪斜(1.5 分);(3)使用和存放时,应注意防止角尺工作边弯曲变形(2 分)。

75. 答:主动测量是对正在加工过程中的产品进行的测量(2 分),而被动测量则是对已经完成加工后的产品进行的测量(3 分)。

六、综 合 题

1. 解:用欧姆定律计算其危险电压:$V=IR=0.05\times800=40$ V(6 分)

故通常取安全电压为 36 V 以下(6 分)。

2. 解:1 m^3=1 000 dm^3,1 dm^3=1 000 cm^3=1 000 mL(4 分)

所以 5 m^3 = 5 000×1 000 cm^3 = 5×10^6 cm^3 = 5×10^6 mL,即 5×10^6 毫升(5 兆毫升)(4 分)。

3. 解:1tf=10kgf,1kgf=9.80665 N(4 分)

所以 1tf=1000×9.80665 N=9806.65 N=9.80665 kN

10tf=10×9.80665 kN=98.0665 N≈98 kN(4 分)

即 98 千牛顿(2 分)。

4. 解:1 m^3=1 000 dm^3,1 dm^3=1 0000 L(4 分)

所以 1 m^3=10×1 000 dm^3=10 000 dm^3=10 000 L,即为 10 000 升(6 分)。

5. 解:1kn=1n mile/1h(4 分)

所以三者关系是 1 节等于 1 海里每小时(6 分)。

6. 解:1 kgf=9.80665 N,1 J=1 N·m,1 W=1 J/s(4 分)

所以 1 kgf·m/s=9.80665 N·m/s=9.80665 J/s=9.80665 W≈9.8 W,即 9.8 瓦特(6 分)。

7. 解:1 kgf =9.8066 5 N·m(6 分)

=9.80665 J≈9.8 J,即 9.8 焦耳(4 分)。

8. 解:1dyn=1 g×1 cm/s^2,1 cm=1×(10^{-2}m)=1×10^{-4} m^2(2 分)

1g=1×10^{-3} kg,1N=1 kg·m/s,1 J=1 N·m(2 分)

所以 1erg=1dyn·1 cm=1 g·cm^2/s^2=1×10^{-3} kg·[1×(10^{-2}m)^2]/s^2

=10^{-3}·10^{-4} kg·m^2/s^2=1×10^{-7} N·m=1×10^{-7}J(2 分)

所以 1 尔格合 1×10^{-7}焦耳(4 分)。

9. 解:1kgf=9.80665 N,1Pa=1 N/m^2(4 分)

所以 1kgf·s/m^2=9.80665 N·s/m^2=9.80665 Pa·s≈9.81 Pa·s(4 分)

即换算为 9.81 帕斯卡秒(2 分)。

10. 解:1m^3=1 000 L=10^6 mL(4 分)

所以 2×10^{-2} m^3=2×10^{-2}×10^6 mL=2×10^4 mL,即 2×10^4 毫升(6 分)。

11. 解:1 kgf=9.80665 N,1 J=1 N·m,1 W=1 J/s(4 分)

1 米制马力=75 kgf·m/s=75×9.80665 N·m/s(4 分)

=735.49875 J/s=735.49875 W≈735.5 W

即 1 米制马力用法定计量单位瓦特表示是 735.5 瓦特(2 分)。

12. 解:1 bar=105 N/m^2,1 Pa=1 N/m^2(4 分)

所以 1 hbar=100 bar=100×10^5 N/m^2=1×10^7 Pa=10 MPa,即 10 兆帕斯卡(6 分)。

13. 解:1 kgf=9.80665 N,1 cm^2=1×(10^{-2} m)^2=1×10^{-4} m^2(4 分)

所以 1 at =1 kgf/cm^2=9.80665 N/(1×10^{-4} m^2)(4 分)

=9.80665×10^4 N/m^2=98.0665 kPa≈0.1 MPa(2 分)。

14. 解:1 mmHg=133.322 Pa(4 分)

所以 80 mmHg=80×133.322 Pa=10665.76 Pa≈10.7 kPa(2 分)

120 mmHg=120×133.322 Pa=15998.64 Pa≈16 kPa(2 分)

即 10.7 千帕斯卡至 16 千帕斯卡(4 分)。

15. 解:1 J=1 W·h=3 000 W·s=3.6 kJ(4 分)

所以 1 kW·h=1 000×3.6 kJ=3.6 MJ,合 3.6 焦耳(6 分)。

16. 解:1 bf=4.44822 N,1ft=0.3048 m;1ft^2=(0.3048)^2≈0.0929 m^2(4 分)

所以 1 bf·s/ft^2=4.44822 N·s/0.0929 m^2=47.8802 Pa·s≈47.9Pa·s(4 分)

合 47.9 帕斯卡秒(2 分)。

17. 解:1 h=3 600 s,1 J=W·s(4 分)

所以 1 W·h=3 600 W·s=3 600 J=3.6 kJ,合 3 600 焦耳,合 3.6 千焦耳(6 分)。

18. 解:1 ft=0.3048 m,1bf=4.44822 N;1 J=1 N·m,1 W=1 J/s(4 分)

所以 1 bf·ft/s =(4.44822 N×0.3048 m)/s(2 分)

=1.35582 N·m/s=1.35582 J/s=1.35582 W

合 1.35582 瓦特(4 分)。

19. 解:$p_1:p_2=1/\sigma_{12}:1/\sigma_{22}=n_1:n_2=6:8$(4 分),故 $p_2=8p_1/6=4$(6 分)。

20. 解:

(1)13.65+0.008−1.632+0.002=12.028≈12.03(4 分)。

(2)703×0.35/4.02=61.2≈61(6 分)。

21. 解:

(1)第一法相对误差 0.05/100=0.05%(4 分)

(2)第二法相对误差 0.01/10=0.1%(4 分)

故第一法精度高(2 分)。

22. 解:4/251/2=0.8(10 分)。

23. 解:6.379(10 分)。

24. 解:$\sigma=\max|v|/k_{10}=0.57\times4=2.3$(10 分)。

25. 解:4/2%=200(10 分)。

26. 解:由 $L_p=(p_1l_1+p_2l_2)/(p_1+p_2)$(3 分),得 $101=(2\times100+p_2\times102)/(2+p_2)$(3 分),解之得 $p_2=2$(4 分)。

27. 解:可能取值−0.1,−0.2,−0.3,−0.4,−0.5,−0.6,−0.7,−0.8,−0.9(4 分),期望为[(−0.1)+(−0.2)……+(−0.8)+(−0.9)]/9=−0.5(6 分)。

28. 解:$\sigma=(s_i^2+u_i^2)^{1/2}$(10 分)。

29. 解:以目力读数时,一般明视距离 $H=250$ mm(3 分),由于两刻线面高低不一致和读数时偏离刻线面的垂直方向则引起的视差(3 分):$\Delta=h\cdot s/H=(0.2\times35)/250=0.028$ mm

(4 分)。

30. 解:内径千分尺在测长机上检定时(2 分),其示值误差是以千分尺上的示值 r 与测长机上的示值 l 的差值确定(4 分),因此该组合尺寸的示值误差:

$\delta=r-l=2\ 950.000-2\ 950.013=-0.013$ mm(即:$-13\ \mu$m)(4 分)。

31. 解:$d_2=M-3d_m+0.866p$,式中 $d_m=p/(2\cos\alpha/2)=2.309$(4 分)。

所以 $d_2=19.999-3\times2.309+0.866\times4=16.536$(6 分)。

32. 解:用于测量该工件的计量器具的不确定度最好优于(3 分)$U=0.9A=0.9\times0.003=0.0027$ mm,因为 $0.0027>0.00256$,所以为了降低成本(3 分),选用外径千分尺和五等量块配合进行此测量最合适(4 分)。

33. 解:$\Delta L=L[\alpha_{铝}(T_{铝}-20)-\alpha_{卡尺}(t_{卡尺}-20)]$(4 分)

$=L[(\alpha_{铝}-\alpha_{卡尺}(t-20)]$

$=L\times\Delta\alpha\times\Delta t$

$=100\times10^3\times(24-11.5)\times10^{-6}\times20$(4 分)

$=25\ \mu$m(2 分)。

34. 解:测长仪符合阿贝原则,产生的误差为余弦误差(4 分)。

所以 $\Delta L=L(1-\cos\alpha)=90\times(1-\cos20')$(2 分)

$=90\times(1-0.999983)\approx0.002$ mm(即:$2\ \mu$m)(4 分)。

35. 解:$6''=6\times2\pi/(360\times60\times60)$(3 分)

$=0.00003$ rad

$12'=12\times2\pi/360\times60$

$=0.00349$ rad

$45°=45\times2\pi/360$

$=0.78540$ rad(3 分)

所以 $45°12'06''=0.7889$ rad(4 分)。

长度计量工(初级工)技能操作考核框架

一、框架说明

1. 依据《国家职业标准》注,以及中国北车确定的“岗位个性服从于职业共性”的原则,提出长度计量工(初级工)技能操作考核框架(以下简称:技能考核框架)。

2. 本职业等级技能操作考核评分采用百分制。即:满分为 100 分,60 分为及格,低于 60 分为不及格。

3. 实施“技能考核框架”时,考核制件(活动)命题可以选用本企业的加工件(活动项目),也可以结合实际另外组织命题。

4. 实施“技能考核框架”时,考核的时间和场地条件等应依据《国家职业标准》,并结合企业实际确定。

5. 实施“技能考核框架”时,其“职业功能”的分类按以下要求确定:

(1)“测试与修理”属于本职业等级技能操作的核心职业活动,其“项目代码”为“E”。

(2)“量具工件交接”、“准备工作”与“测试检修后工作”属于本职业等级技能操作的辅助性活动,其“项目代码”分别为“D”和“F”。

6. 实施“技能考核框架”时,其“鉴定项目”和“选考数量”按以下要求确定:

(1)按照《国家职业标准》有关技能操作鉴定比重的要求,本职业等级技能操作考核制件的“鉴定项目”应按“D”+“E”+“F”组合,其考核配分比例相应为:“D”占 22 分,“E”占 70 分,“F”占 8 分。

(2)依据中国北车确定的“核心职业活动选取 2/3,并向上取整”的规定,在“E”类鉴定项目——“测试与修理”的全部 6 项中,至少选取 4 项。

(3)依据中国北车确定的“其余‘鉴定项目’的数量可以任选”的规定,“D”和“F”类鉴定项目——“量具工件交接”、“准备工作”与“测试检修后工作”中,至少分别选取 1 项。

(4)依据中国北车确定的“确定‘选考数量’时,所涉及‘鉴定要素’的数量占比,应不低于对应‘鉴定项目’范围内‘鉴定要素’总数的 60%,并向上取整”的规定,考核制件的鉴定要素“选考数量”应按以下要求确定:

①在“D”类“鉴定项目”中,在已选定的 2 个或全部鉴定项目中,至少选取已选鉴定项目所对应的全部鉴定要素的 60%项,并向上保留整数。

②在“E”类“鉴定项目”中,在已选的 4 个鉴定项目所包含的全部鉴定要素中,至少选取总数的 60%项,并向上保留整数。

③在“F”类“鉴定项目”中,对应“测试检修后工作”的 3 个鉴定要素,至少选取 1 项;对应“进行数据处理”,选取所对应的全部 3 项鉴定要素。在已选定的 1 个或全部鉴定项目中,至少选取已选鉴定项目所对应的全部鉴定要素的 60%项,并向上保留整数。

举例分析:

按照上述"第6条"要求，若命题时按最少数量选取，即：在"D"类鉴定项目中选取了"按要求填写检修内容"、"检修方案学习领会相关的技术资料"2项，在"E"类鉴定项目中选取了"测试工件检验"、"游标卡尺的检定修理"、"百分表的检定修理"、"千分尺的检定修理"4项，在"F"类鉴定项目中分别选取了"进行数据处理"1项，则：

此考核制件所涉及的"鉴定项目"总数为7项，具体包括："按要求填写检修内容"、"检修方案学习领会相关的技术资料"、"测试工件检验"、"游标卡尺的检定修理"、"百分表的检定修理"、"千分尺的检定修理"、"进行数据处理"。

此考核制件所涉及的鉴定要素"选考数量"相应为16项，具体包括："按要求填写检修内容"鉴定项目包含的全部6个鉴定要素中的4个，"检修方案学习领会相关的技术资料"鉴定项目包含的全部3个鉴定要素中的2个，"测试工件检验"、"游标卡尺的检定修理"、"百分表的检定修理"、"千分尺的检定修理"4个鉴定项目包括的全部12个鉴定要素中的8个鉴定要素，"进行数据处理"鉴定项目包含的全部3个鉴定要素中的2个。

7. 本职业等级技能操作需要两人及以上共同作业的，可由鉴定组织机构根据"必要、辅助"的原则，结合实际情况确定协助人员的数量。在整个操作过程中，协助人员只能起必要、简单的辅助作用。否则，每违反一次，至少扣减应考者的技能考核总成绩10分，直至取消其考试资格。

8. 实施"技能考核框架"时，应同时对应考者在质量、安全、工艺纪律、文明生产等方面行为进行考核。对于在技能操作考核过程中出现的违章作业现象，每违反一项(次)至少扣减技能考核总成绩10分，直至取消其考试资格。

注：按照中国北车规定，各《职业技能操作考核框架》的编制依据现行的《国家职业标准》或现行的《行业职业标准》或现行的《中国北车职业标准》的顺序执行。

二、长度计量工(初级工)技能操作鉴定要素细目表

职业功能	鉴定项目				鉴定要素		
	项目代码	名称	鉴定比重(%)	选考方式	要素代码	名称	重要程度
量具测试工件交接	D	礼仪	6	任选	001	主动、热情、认真地对量具、测试工件交接	Z
					002	对客户提出的要求，认真地对待，做到有问必答	Z
					003	请麻烦您填写一下委托检验书要求内容信息	X
		按要求填写检修内容			001	量具、测试工件台账登记	Y
					002	填写工件所测量的形位误差及几何量尺寸	Y
					003	向委托方确认测量基准	X
					004	向委托方确认执行标准	Y
					005	提供相关的技术条件及相关图纸	Y
					006	掌握游标卡尺、千分尺、百分表的状态	X
		向客户了解测试件技术要求			001	游标卡尺外量爪、内量爪的修理方法	Y
					002	游标卡尺测量面的修理方法	Y
					003	千分尺示值不稳的修理方法	Y
					004	百分表指针松动的修理方法	Y

续上表

鉴定项目					鉴定要素		
职业功能	项目代码	名称	鉴定比重(%)	选考方式	要素代码	名称	重要程度
检验准备工作	D	检修方案学习领会相关的技术资料	16	任选	001	测试工件、量具检定、修理初步方案	Y
					002	立式光学计使用方法	Y
					003	比较测量用5等量块组合方法	Y
		检测修理用工具、量具、仪器的准备工作			001	检定量块用立式光学计卧式光学计准备	Y
					002	角度量规测量用正弦尺、检验平板、量块的准备	Y
					003	平面度测量用平面平晶及组合标准光隙准备准备	Y
					004	螺纹中径测量用三针的准备	Y
					005	检定卡尺、外径千分尺专用量块的准备	Y
					006	检定百分表时百分表检定仪的准备	Y
					007	百分表、千分尺检定用量具测力仪的准备	Y
测试与修理	E	仪器使用	70	至少选择4项	001	立式光学计正确使用	X
					002	卧式光学计正确使用	X
					003	正确使用调整量具测力仪	X
					004	正确使用调整百分表检定仪	X
		测试工件检验			001	用三针测量普通螺纹的中径	X
					002	用立、卧式光学计检定五等量块	Y
					003	用正弦尺检验角度规	Y
		游标卡尺的检定修理			001	游标卡尺0～200 mm以下的检定	X
					002	游标卡尺内、外量爪磨损的修理	X
					003	游标卡尺弹力过小、过大的修理	X
		百分表的检定修理			001	百分表0～3 mm的检定	X
					002	百分表测头的更换及修理	X
					003	百分表长针和小针指针松动的修理	X
		千分尺的检定修理			001	外径千分尺0～100 mm以下的检定	X
					002	外径千分尺测力的修理	X
					003	外径千分尺压、离线的修理	X
		量块的检定修理			001	等量块检定	X
					002	等量块表面浮锈的修理	X
					003	等量块表面粗糙度的修理	X
测试与修理后工作	F	标准器具的清洗	8	任选	001	立、卧式光学计的清洗	Z
					002	量块、平面平晶的清洗	Z
					003	量具、检验平板的清洗	Z

续上表

职业功能	鉴定项目				鉴定要素		
	项目代码	名称	鉴定比重(%)	选考方式	要素代码	名称	重要程度
测试与修理后工作	F	进行数据处理	8	任选	001	对测试记录进行一般的数据处理	X
					002	对原始测量数据分析进行一般的计算处理	X
					003	对检定结果符合,出具"检定合格证书"	X
		记录原始数据			001	经计量检测的零部件、量具应建立计量台账	Y
					002	经计量检测的零部件、量具检定做好记录原始数据	Y
					003	建立计量器具历史台账	X

注:重要程度中 X 表示核心要素,Y 表示一般要素,Z 表示辅助要素。下同。

长度计量工(初级工)
技能操作考核样题与分析

职 业 名 称：________________

考 核 等 级：________________

存 档 编 号：________________

考核站名称：________________

鉴定责任人：________________

命题责任人：________________

主管负责人：________________

中国北车股份有限公司劳动工资部制

职业技能鉴定技能操作考核制件图示或内容

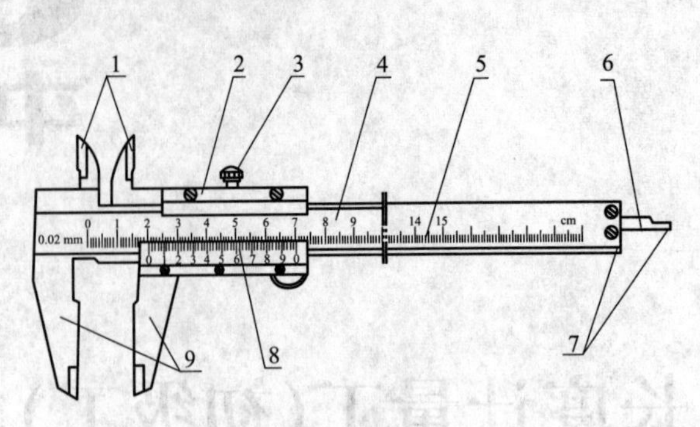

游标卡尺简图

1—刀口内量爪;2—尺框;3—紧固螺钉;4—尺身;5—主标尺;
6—深度测量杆;7—深度测量面;8—游标尺;9—外量爪

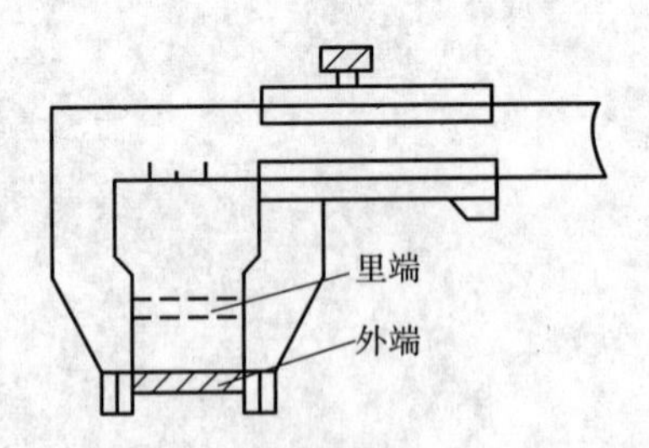

游标卡尺示值误差测量位置示意图

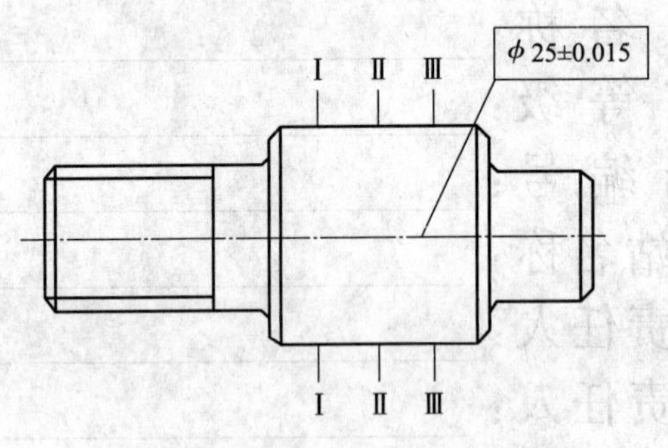

立式光学计测量圆柱工件直径尺寸简图

职业名称	长度计量工
考核等级	初级工
试题名称	1. 游标卡尺弹力过小、过大的修理 2. 检定游标卡尺 0～150 mm 3. 立式光学计测量工件直径尺寸 ϕ25±0.015 mm
材质等信息:工件材料　工具钢	

职业技能鉴定技能操作考核准备单

职业名称	长度计量工
考核等级	初级工
试题名称	1. 游标卡尺弹力过小、过大的修理 2. 检定游标卡尺 0～150 mm 3. 立式光学计测量工件直径尺寸 ϕ25±0.015 mm

一、修理游标卡尺游标卡尺弹力过小、过大的修理材料准备

1. 研磨平板准备 100×100 mm1 块。
2. 游标卡尺研磨器 1 块。
3. 小异型油石 3 块。
4. 研磨材料准备。
5. 改锥、仪表锤等工具。

二、游标卡尺检定 0～150 mm 用具检的准备

1. 细纱手套一付。
2. 120 号航空汽油一瓶 1 L。
3. 清洗用塘瓷盘一个。
4. 绸布一块。
5. 标准检具清单。

序号	名　　称	规　　格	数　　量	备　　注
1	专用卡尺量块	5～191 mm	1 套	5 等
2	量块	10 mm	1 块	5 等
3	外径千分尺	0～25 mm	1 把	0 级

三、立式光学计检测工件直径尺寸 ϕ25±0.015 准备

1. 量块 5 等 0.5～100mm83 块一盒。
2. 绸布一块。
3. 细纱手套一付。
4. 120 号航空汽油一瓶 1 L。
5. 清洗用塘瓷盘一个。
6. 工件尺寸见简图。

四、考场准备

1. 检定室要求:
(1)检定室室温在 20 ℃±5 ℃;
(2)检定室湿度在 20%～80%RH;
(3)检定室防尘、防振。

2. 检定室在计量测试、检定、修理室要设安全防范措施。

3. 计量测试、检定、修理室汽油存量一般不超过 1 L。

4. 检定室具有较好的光线，具有检验平板。

五、考核内容及要求

1. 测试、检、修中的操作技能不熟练，扣 5～8 分。

2. 对计量器具保养意识差，对修理、检定、测试后未作清洗保养的扣 8～10 分。

3. 修理、检定、测试工件后填写原始记录缺项、漏记，每一项扣 5～8 分。

4. 检定合格证填写错误，每发生一处扣 10 分。

5. 检测报告填写错误，每发生一处扣 10 分。

6. 游标卡尺弹力过小、过大的修理，检定游标卡尺 0～150 mm，立式光学计测量工件直径尺寸考核时限为 90 分钟。

7. 考核评分(表)

职业名称	长度计量工		考核等级	初级工	
试题名称	1. 游标卡尺弹力过小、过大的修理 2. 检定游标卡尺 0～150 mm 3. 立式光学计测量工件直径尺寸 ϕ25±0.015 mm		考核时限	90 分钟	
鉴定项目	考核内容	配分	评分标准	扣分说明	得分
按要求填写检修内容	填写工件的形位误差具体内容	0.5	填写错误不得分		
	填写测量几何量尺寸具体内容	1	填写错误不得分		
	掌握测量基准	1	不能够掌握测量基准不得分		
	执行标准理解	1	标准理解不得分		
	检定、修理内容详细了解	0.5	修理内容不清楚不得分		
	千分尺的检定、修理内容详细了解	1	修理内容不清楚不得分		
	百分表的检定、修理内容详细了解	1	修理内容搞不清楚不得分		
检修方案学习领会相关的技术资料	根据测试工件要求，选择测量仪器	3	选择测量仪器不准确不得分		
	根据量具检定、修理要求，选择检定仪器及量块	3	选择检定仪器及量块不准确不得分		
	立式光学计使用前，灯丝调整方法	3	不会调整灯丝不得分		
	立式光学计使用前，工作台的调整方法	4	不会调整工作台不得分		
	根据工件尺寸组合量块方法	3	量块组合尺寸不准确不得分		
测试工件检验	根据螺纹的螺距选最佳三针直径	10	不会选三针，不得分		
	测得 M 尺寸后计算中径	5	测量方法不准确，不得分		
	立式光学计使用前的调整工作台	10	不会调整不得分		
	根据标准量块组合方法	5	未掌握量块组合方法不得分		
游标卡尺的检定修理	游标卡尺测量面的修理	10	修理达不到要求，不得分		
	游标卡尺内量爪的修理	5	修理达不到要求，不得分		

续上表

鉴定项目	考核内容	配分	评分标准	扣分说明	得分
百分表的检定修理	百分表测杆不动的修理	10	修理达不到要求,不得分		
	百分表指针松动的修理	5	修理达不到要求,不得分		
千分尺的检定修理	外径千分尺使用中检定,并记录及出具合格证	5	出具合格证不准确不得分		
	压、离线故障的修理	5	修理方法不准确不得分		
进行数据处理	能够对数据处理规类整理	2	不会整理数据不得分		
	能够进行测量数据计算处理	2	不会对测量数据计算不得分		
	能够独立出具“检定合格证书”	4	出具“检定合格证书”结论错误不得分		
质量、安全、工艺纪律、文明生产等综合考核项目	考核时限	不限	每超时5分钟,扣10分		
	工艺纪律	不限	依据企业有关工艺纪律规定执行,每违反一次扣10分		
	劳动保护	不限	依据企业有关劳动保护管理规定执行,每违反一次扣10分		
	文明生产	不限	依据企业有关文明生产管理定执行,每违反一次扣10分		
	安全生产	不限	依据企业有关安全生产管理规定执行,每违反一次扣10分		

职业技能鉴定技能考核制件(内容)分析

职业名称	长度计量工
考核等级	初级工
试题名称	1. 游标卡尺弹力过小、过大的修理 2. 检定游标卡尺 0～150 mm 3. 立式光学计测量工件直径尺寸 $\phi25\pm0.015$ mm
职业标准依据	国家职业标准

试题中鉴定项目及鉴定要素的分析与确定

分析事项 \ 鉴定项目分类	基本技能“D”	专业技能“E”	相关技能“F”	合计	数量与占比说明
鉴定项目总数	5	6	3	14	专业技能满足2/3,鉴定要素满足60%的要求
选取的鉴定项目数量	2	4	1	7	
选取的鉴定项目数量占比	40%	67%	33%	50%	
对应选取鉴定项目所包含的鉴定要素总数	9	12	3	24	
选取的鉴定要素数量	7	8	3	18	
选取的鉴定要素数量占比	78%	67%	100%	75%	

所选取鉴定项目及相应鉴定要素分解与说明

鉴定项目类别	鉴定项目名称	国家职业标准规定比重(%)	《框架》中鉴定要素名称	本命题中具体鉴定要素分解	配分	评分标准	考核难点说明
D	按要求填写检修内容	6	填写工件所测量的形位误差及几何量尺寸	填写工件的形位误差具体内容	0.5	填写错误不得分	形位测量应用
				填写测量几何量尺寸具体内容	1	填写错误不得分	尺寸测量应用
			向委托方确认测量基准	掌握测量基准	1	不能够掌握测量基准不得分	掌握测量基准能力
			向委托方确认执行的标准	执行标准理解	1	标准理解不得分	掌握标准能力
			掌握游标卡尺、千分尺、百分表的状态	检定、修理内容详细了解	0.5	修理内容不清楚不得分	修理技能
				千分尺的检定、修理内容详细了解	1	修理内容不清楚不得分	修理技能
				百分表的检定、修理内容详细了解	1	修理内容搞不清楚不得分	修理技能
	检修方案学习领会相关的技术资料	16	测试工件、量具检定、修理初步方案	根据测试工件要求,选择测量仪器	3	选择测量仪器不准确不得分	选择测量仪器能力
				根据量具检定、修理要求,选择检定仪器及量块	3	选择检定仪器及量块不准确不得分	选择检定仪器能力
			立式光学计使用方法	立式光学计使用前,灯丝调整方法	3	不会调整灯丝不得分	调整仪器能力
				立式光学计使用前,工作台的调整方法,	4	不会调整工作台不得分	调整仪器能力
			比较测量用5等量块组合方法	根据工件尺寸组合量块方法	3	量块组合尺寸不准确不得分	量块组合能力

续上表

鉴定项目类别	鉴定项目名称	国家职业标准规定比重(%)	《框架》中鉴定要素名称	本命题中具体鉴定要素分解	配分	评分标准	考核难点说明
E	测试工件检验	70	用三针测量普通螺纹的中径	根据螺纹的螺距选最佳三针直径	10	不会选三针,不得分	计算公式应用
				测得M尺寸后计算中径	5	测量方法不准确,不得分	测量方法
			用立、卧式光学计检定五等量块	立式光学计使用前的调整工作台	10	不会调整不得分	修理技术
				根据标准量块组合方法	5	未掌握量块组合方法不得分	测量方法
	游标卡尺的检定修理		游标卡尺内、外量爪磨损的修理	游标卡尺测量面的修理	10	修理达不到要求,不得分	修理技术
			游标卡尺弹力过小、过大的修理	游标卡尺内量爪的修理	5	修理达不到要求,不得分	修理技术
	百分表的检定修理		百分表0～3 mm的检定	百分表测杆不动的修理	10	修理达不到要求,不得分	修理技术
			百分表长针和小针指针更换及修理	百分表指针松动的修理	5	修理达不到要求,不得分	修理技术
	千分尺的检定修理		外径千分尺0～100 mm以下的检定	外径千分尺使用中检定,并记录及出具合格证	5	出具合格证不准确不得分	数据处理能力
			外径千分尺压、离线的修理	压、离线故障的修理	5	修理方法不准确不得分	修理能力
F	进行数据处理	8	对测试记录进行一般的数据处理	能够对数据处理规类整理	2	不会整理数据不得分	数据处理能力
			对原始测量数据分析进行一般的计算处理	能够进行测量数据计算处理	2	不会对测量数据计算不得分	计算能力
			对检定结果符合,出具"检定合格证书"	能够独立出具"检定合格证书"	4	出具"检定合格证书"结论错误不得分	独立工作能力
质量、安全、工艺纪律、文明生产等综合考核项目				考核时限	不限	每超时5分钟,扣10分	
				工艺纪律	不限	依据企业有关工艺纪律规定执行,每违反一次扣10分	
				劳动保护	不限	依据企业有关劳动保护管理规定执行,每违反一次扣10分	
				文明生产	不限	依据企业有关文明生产管理定执行,每违反一次扣10分	
				安全生产	不限	依据企业有关安全生产管理规定执行,每违反一次扣10分	

长度计量工(中级工)技能操作考核框架

一、框架说明

1. 依据《国家职业标准》注,以及中国北车确定的“岗位个性服从于职业共性”的原则,提出长度计量工(中级工)技能操作考核框架(以下简称:技能考核框架)。

2. 本职业等级技能操作考核评分采用百分制。即:满分为100分,60分为及格,低于60分为不及格。

3. 实施“技能考核框架”时,考核制件(活动)命题可以选用本企业的加工件(活动项目),也可以结合实际另外组织命题。

4. 实施“技能考核框架”时,考核的时间和场地条件等应依据《国家职业标准》,并结合企业实际确定。

5. 实施“技能考核框架”时,其“职业功能”的分类按以下要求确定:

(1)“测试与修理”属于本职业等级技能操作的核心职业活动,其“项目代码”为“E”。

(2)“量具工件交接”、“准备工作”与“测试检修后工作”属于本职业等级技能操作的辅助性活动,其“项目代码”分别为“D”和“F”。

6. 实施“技能考核框架”时,其“鉴定项目”和“选考数量”按以下要求确定:

(1)按照《国家职业标准》有关技能操作鉴定比重的要求,本职业等级技能操作考核制件的“鉴定项目”应按“D”+“E”+“F”组合,其考核配分比例相应为:“D”占22分,“E”占70分,“F”占8分。

(2)依据中国北车确定的“核心职业活动选取2/3,并向上取整”的规定,在“E”类鉴定项目——“测试与修理”的全部10项中,至少选取6项。

(3)依据中国北车确定的“其余‘鉴定项目’的数量可以任选”的规定,“D”和“F”类鉴定项目——“量具工件交接”、“准备工作”与“测试检修后工作”中,至少分别选取1项。

(4)依据中国北车确定的“确定‘选考数量’时,所涉及‘鉴定要素’的数量占比,应不低于对应‘鉴定项目’范围内‘鉴定要素’总数的60%,并向上取整”的规定,考核制件的鉴定要素“选考数量”应按以下要求确定:

①在“D”类“鉴定项目”中,在已选定的2个或全部鉴定项目中,至少选取已选鉴定项目所对应的全部鉴定要素的60%项,并向上保留整数。

②在“E”类“鉴定项目”中,在已选的6个鉴定项目所包含的全部鉴定要素中,至少选取总数的60%项,并向上保留整数。

③在“F”类“鉴定项目”中,对应“测试检修后工作”的3个鉴定要素,至少选取1项;对应“进行数据处理”,选取所对应的全部3项鉴定要素。在已选定的1个或全部鉴定项目中,至少选取已选鉴定项目所对应的全部鉴定要素的60%项,并向上保留整数。

举例分析:

按照上述“第6条”要求，若命题时按最少数量选取，即：在“D”类鉴定项目中选取了“检、修测试、项目了解落实”、“检测修理用工具、量具、仪器的准备”2项，在“E”类鉴定项目中选取了“测试工件检验”、“检定仪器使用”、“游标卡尺检定、修理”、“杠杆百分表、检定、修理”、“千分表、检定、修理”、“杠杆千分尺检定、修理”6项，在“F”类鉴定项目中分别选取了“进行数据处理”1项，则：

此考核制件所涉及的“鉴定项目”总数为9项，具体包括：“检、修测试、项目了解落实”、“检测修理用工具、量具、仪器的准备”、“测试工件检验”、“检定仪器使用”、“游标卡尺检定、修理”、“杠杆百分表检定、修理”、“千分表检定、修理”、“杠杆千分尺检定、修理”、“进行数据处理”。

此考核制件所涉及的鉴定要素“选考数量”相应为18项，具体包括：“检、修测试、项目了解落实”鉴定项目2个鉴定要素，“检测修理用工具、量具、仪器的准备”鉴定项目3个鉴定要素，“测试工件检验”、“检定仪器使用”、“游标卡尺检定、修理”、“杠杆百分表检定、修理”、“千分表检定、修理”、“杠杆千分尺检定、修理”6个鉴定项目包括的全部18个鉴定要素中的11个鉴定要素，“进行数据处理”鉴定项目包含的2个鉴定要素。

7. 本职业等级技能操作需要两人及以上共同作业的，可由鉴定组织机构根据“必要、辅助”的原则，结合实际情况确定协助人员的数量。在整个操作过程中，协助人员只能起必要、简单的辅助作用。否则，每违反一次，至少扣减应考者的技能考核总成绩10分，直至取消其考试资格。

8. 实施“技能考核框架”时，应同时对应考者在质量、安全、工艺纪律、文明生产等方面行为进行考核。对于在技能操作考核过程中出现的违章作业现象，每违反一项(次)至少扣减技能考核总成绩10分，直至取消其考试资格。

注：按照中国北车规定，各《职业技能操作考核框架》的编制依据现行的《国家职业标准》或现行的《行业职业标准》或现行的《中国北车职业标准》的顺序执行。

二、长度计量工(中级工)技能操作鉴定要素细目表

职业功能	鉴定项目				鉴定要素		
	项目代码	名称	鉴定比重(%)	选考方式	要素代码	名称	重要程度
量具测试工件交接	D	检、修测试，项目了解落实	6	任选	001	主动、热情、认真地对量具、测试工件交接	Z
					002	对客户提出要求，认真地对待，做到有问必答	Z
					003	您填写一下委托检验书	X
检验准备工作		明确检定、修理、测试方案	16	任选	001	能对量具检定项目确定合理的检定方案	Y
					002	能对量具修理项目确定合理的检定方案	Y
					003	能对测试工件精度要求项目，确定合理的测试方案、能看懂复杂零件图、能看懂较复杂装配图	Y
		检测修理用工具、量具、仪器的准备			001	精密测量用光学仪器、机械量仪、智能测量装置的准备	Y
					002	检定孔径千分尺示值用校对环规的准备	Y
					003	使用量块、正弦规、三针准备规的准备	Y
					004	杠杆百分表修理拆解工具的准备	X

续上表

职业功能	鉴定项目				鉴定要素		
	项目代码	名称	鉴定比重(%)	选考方式	要素代码	名称	重要程度
测试与修理	E	测试工件检验	70	至少选择6项	001	使用投影仪测量样板、尺寸参数	X
					002	使用表面粗糙度仪测量 R_a、R_z 值	X
					003	使用万能工显微镜螺纹尺寸	Y
					004	使用渐开线齿轮仪测量齿轮参数径向跳、渐开线误差、周节误差	Y
		检定仪器使用			001	百分表检定器使用方法	X
					002	千分表检定仪使用方法	X
					003	投影光学计使用方法	Y3
		游标卡尺检定、修理			001	游标高度卡尺(使用中)的检定	X
					002	游标深度尺(使用中)的检定	Y
					003	游标高度尺底座工作面的修理	Y
		杠杆百分表、检定、修理			001	杠杆百分表检定	Y
					002	杠杆百分表齿轮啮合间隙大的修理	Y
					003	杠杆百分表示值不稳的修理	X
		千分表、检定、修理			001	千分表检定	X
					002	千分表测杆不动的修理	X
		杠杆千分尺检定、修理			001	杠杆千分尺的检定	Y
					002	杠杆千分尺压线的修理方法	X
					003	杠杆千分尺分解后组装	Y
		扭簧表检定、修理			001	扭簧表的检定	Y
					002	扭簧表示值不稳的修理方法	X
		扭簧比较仪检定、修理			001	刀口尺的检定	X
					002	平尺的检定	X
					003	刀口尺直线度修理方法	X
		量块检定、修理			001	用立式接触式干涉仪检定四等量块	Y
					002	四等量块的修理方法	X
		平板、平尺检定			001	平尺检定	X
					002	研磨平板、平板检定	Y
测试与检修后工作	F	进行数据处理	8	任选	001	测试的数据处理、检定数据修约	Y
					002	对计算方法及单位换算校对	X
					003	对原始数据分析、计算处理	Y
		校验原始记录、填写检测修理报告			001	原始数据校验、计算过程校对	X
					002	精密测量后，出具测试报告	Y
					003	量具出具检定合格证书	Y

长度计量工(中级工)
技能操作考核样题与分析

职 业 名 称：______________________

考 核 等 级：______________________

存 档 编 号：______________________

考核站名称：______________________

鉴定责任人：______________________

命题责任人：______________________

主管负责人：______________________

中国北车股份有限公司劳动工资部制

职业技能鉴定技能操作考核制件图示或内容

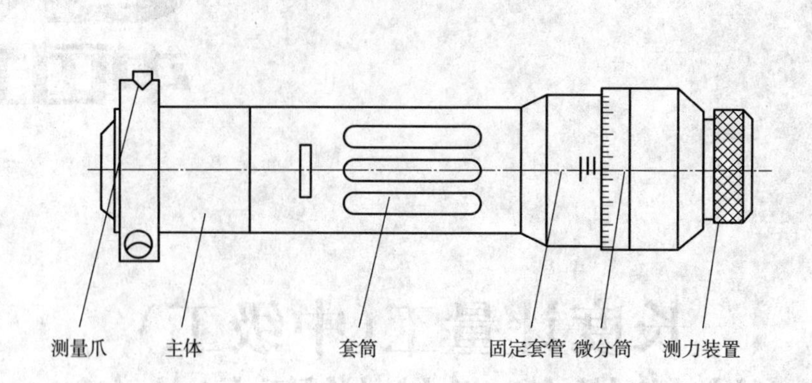

孔径千分尺

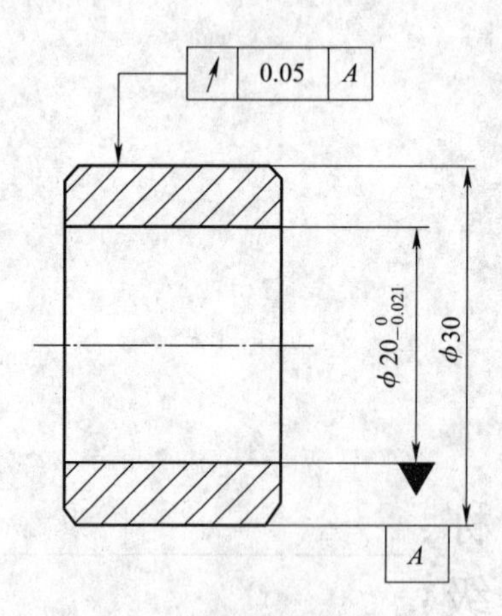

检测轴套简图

1. 技能操作考核孔径千分尺修理用时 50 分钟。
2. 孔径千分尺检定用时 40 分钟。
3. 孔径千分尺测量轴套孔径尺寸用时 30 分钟。

职业名称	长度计量工
考核等级	中级工
试题名称	1. 孔径千分尺修理 2. 孔径千分尺检定 3. 轴套孔径尺寸测量
材质等信息:工件材料　工具钢	

职业技能鉴定技能操作考核准备单

职业名称	长度计量工
考核等级	中级工
试题名称	1. 孔径千分尺修理 2. 孔径千分尺检定 3. 轴套孔径尺寸测量

一、材料准备

(一)孔径千分尺修理材料准备

1. 研磨材料准备;
2. 研磨用煤油准备;
3. 孔径千分尺配件准备。

(二)孔径千分尺检定用具检具准备

1. 严格按检定规程所需检定用量具、工具备齐;
2. 细纱手套一付;
3. 120 号航空汽油一瓶 1 L;
4. 清洗用搪瓷盘一个;
5. 绸布一块;
6. 标准检具清单:

序号	名　称	规　格	数　量	备　注
1	专用环规	15～25 mm	1台	一套
2	测力检具	0～15 N	1台	0.2 N
3	检验平板	400 mm×400 mm	1块	0级
4	量块	0.5～100 mm	1盒	1级

二、孔径千分尺测量工件尺寸准备

1. 细纱手套一付;
2. 120 号航空汽油一瓶 2 L;
3. 清洗用搪瓷盘一个;
4. 绸布一块;
5. 表架一个;
6. 工件轴套尺寸见简图(仅测量内尺寸)。

三、考场准备

1. 检定室要求:

(1)检定室室温在 20 ℃±5 ℃;

(2)检定室湿度在 20%～80%RH;

(3)检定室防尘、防振。

2. 检定室在清洗标准量仪及被检卡尺时所用汽油要设安全防范措施,检定室汽油存量一般不超过 2 L。

3. 检定室具有较好的光线，具有检定平台。

四、考核内容及要求

1. 测试、检、修中的操作技能不熟练，扣 5～8 分。
2. 对计量器具保养意识差，对修理、检定、测试后未作清洗保养的扣 8～10 分。
3. 修理、检定、测试工件后填写原始记录缺项、漏记，每一项扣 5～8 分。
4. 检定合格证填写错误，每发生一处扣 10 分。
5. 检测报告填写错误，每发生一处扣 10 分。
6. 孔径千分尺修理、检定、测量轴套孔径尺寸考核时限为 120 分钟。
7. 考核评分(表)

职业名称	长度计量工		考核等级	中级工	
试题名称	1. 孔径千分尺修理 2. 孔径千分尺检定 3. 轴套孔径尺寸测量		考核时限	120 分钟	
鉴定项目	考核内容	配分	评分标准	扣分说明	得分
检、修测试、项目了解落实	认真地对量具办理交接	1	未办理量具交接手续不得分		
	认真地对测试工件办理交接	1	未办交接手续不得分		
	耐心解答客户提出的要求	1	不耐心解答客户提出的要求不得分		
	详细填写委托检验书，并进行逐项核对	3	填写不详而影响计量检测内容不得分		
检测修理用工具、量具、仪器的准备	万能工具显微镜、测长仪、测长机、接触式干涉仪的准备	2	光学仪器适用工件测量项目不清楚不得分		
	测微计、扭簧比较仪、渐开线齿轮仪的准备	2	机械量仪适用工件测量项目不清楚不得分		
	电感量仪的准备	2	电感量仪应用场合不清楚不得分		
	校对环规的准备	4	校对环规主要用途不详不得分		
	检定量块的的准备	2	量块等和级关系不清不得分		
	正弦尺检验锥度规的准备	2	正弦尺检验锥度规不了解不得分		
	三针选择原则	2	三针测量方法不准确不得分		
测试工件检验	投影仪测量阶梯样板尺寸	4	测量方法不准确不得分		
	投影仪测量孤面样板尺寸	4	测量方法不准确不得分		
	表面粗糙度仪测量 R_a 方法	4	测量方法不准确不得分		
	表面粗糙度仪测量 R_z 计算方法	4	测量方法不准确不得分		
测试工件检验	测量螺纹半角方法	4	测量方法不准确不得分		
	测量螺纹的螺距方法	4	测量方法不准确不得分		
检定仪器使用	检定百分表时，百分表检定器使用、调整方法	4	使用、调整方法不准确不得分		
	检定千分表时，千分表检定仪使用、调整方法	4	使用、调整方法不准确不得分		

续上表

鉴定项目	考核内容	配分	评分标准	扣分说明	得分
游标卡尺检定、修理	游标高度卡按使用中全项目检定，原始记录，出具合格证	4	检定方法不准确和缺项扣3分		
	游标高度卡尺底座工作面修理方法	4	修理方法不准确，不得分		
杠杆百分表、检定、修理	杠杆百分表按使用中全项目检定，原始记录，出具合格证	4	检定方法不准确和缺项扣3分		
	杠杆百分表示值不稳调整修理的故障排除	4	修理方法不准确，不得分		
千分表、检定、修理	千分表使用中的项目检定	4	不准缺项，缺项不得分		
	测杆不动分解清洗的修理	10	修理方法不准确，不得分		
杠杆千分尺检定、修理	杠杆千分尺使用中的项目检定	4	检定方法不准确和缺项扣3分		
	压线故障排除	4	修理方法不准确，不得分		
进行数据处理	原始数据修约方法	2	数据修约方法不准确，不得分		
	计算方法及单位换算方法	1	单位换算方法不准确，不得分		
	掌握原始检测数据分析方法	1	分析方法不准确不得分		
填写检测修理报告	独立校验、原始数据及计算过程	1	校验不准确，不得分		
	独立出具测试报告	1	出具测试报告不准确，不得分		
	独立出具检定合格证书	2	检定合格证书不准确，不得分		
质量、安全、工艺纪律、文明生产等综合考核项目	考核时限	不限	每超时5分钟，扣10分		
	工艺纪律	不限	依据企业有关工艺纪律规定执行，每违反一次扣10分		
	劳动保护	不限	依据企业有关劳动保护管理规定执行，每违反一次扣10分		
	文明生产	不限	依据企业有关文明生产管理定执行，每违反一次扣10分		
	安全生产	不限	依据企业有关安全生产管理规定执行，每违反一次扣10分		

职业技能鉴定技能考核制件(内容)分析

职业名称	长度计量工				
考核等级	中级工				
试题名称	1. 孔径千分尺修理 2. 孔径千分尺检定 3. 轴套孔径尺寸测量				
职业标准依据	国家职业标准				
试题中鉴定项目及鉴定要素的分析与确定					
鉴定项目分类 / 分析事项	基本技能“D”	专业技能“E”	相关技能“F”	合计	数量与占比说明
鉴定项目总数	3	10	2	13	
选取的鉴定项目数量	2	6	2	7	E项按2/3选取
选取的鉴定项目数量占比	67%	67%	67%	67%	
对应选取鉴定项目所包含的鉴定要素总数	7	18	3	28	
选取的鉴定要素数量	6	13	2	21	选取数量占总数的60%以上,并向上取整
选取的鉴定要素数量占比	86%	72%	67%	75%	选取数量占比率在60%以上

所选取鉴定项目及相应鉴定要素分解与说明

鉴定项目类别	鉴定项目名称	国家职业标准规定比重(%)	《框架》中鉴定要素名称	本命题中具体鉴定要素分解	配分	评分标准	考核难点说明
D	检、修测试、项目了解落实	6	主动、热情、认真地对量具、测试工件交接	认真地对量具办理交接	1	未办理量具交接手续不得分	计量管理
				认真地对测试工件办理交接	1	未办交接手续不得分	计量管理
			对客户提出要求,认真地对待,做到有问必答	耐心解答客户提出要求	1	不耐心解答客户提出要求不得分	窗口服务
			您填写一下委托检验书	详细填写委托检验书,并进行逐项核对	3	填写不详而影响计量检测内容不得分	计量管理
	检测修理用工具、量具、仪器的准备	16	精密测量用光学仪器、机械量仪、智能测量装置的准备	万能工具显微镜、测长仪、测长机、接触式干涉仪的准备	2	光学仪器适用工件测量项目不清楚不得分	测量技术
				测微计、扭簧比较仪、渐开线齿轮仪的准备	2	机械量仪适用工件测量项目不清楚不得分	测量技术
				电感量仪的准备	2	电感量仪应用场合不清楚不得分	主动测量应用
			检定孔径千分尺示值用校对环规的准备	校对环规的准备	4	校对环规主要用途不详不得分	检定技能
			使用量块、正弦规、三针准备规的准备	检定量块的的准备	2	量块等和级关系不清不得分	量块等和级关系
				正弦尺检验锥度规的准备	2	正弦尺检验锥度规不了解不得分	测量技术
				三针选择原则	2	三针测量方法不准确不得分	测量技术

续上表

鉴定项目类别	鉴定项目名称	国家职业标准规定比重(%)	《框架》中鉴定要素名称	本命题中具体鉴定要素分解	配分	评分标准	考核难点说明
E	测试工件检验	70	使用投影仪测量样板、尺寸参数	投影仪测量阶梯样板尺寸	4	测量方法不准确不得分	测量技术
				投影仪测量孤面样板尺寸	4	测量方法不准确不得分	测量技术
			使用表面粗糙度仪测量 R_a、R_z 值	表面粗糙度仪测量Ra方法	4	测量方法不准确不得分	测量技术
				表面粗糙度仪测量Rz计算方法	4	测量方法不准确不得分	测量技术
			使用万能工显微镜螺纹尺寸	测量螺纹半角方法	4	测量方法不准确不得分	测量技术
				测量螺纹的螺距方法	4	测量方法不准确不得分	测量技术
	检定仪器使用		百分表检定器使用方法	检定百分表时,百分表检定器使用、调整方法	4	使用、调整方法不准确不得分	检定技术
			千分表检定仪使用方法	检定千分表时,千分表检定仪使用、调整方法	4	使用、调整方法不准确不得分	检定技术
	游标卡尺检定、修理		游标高度卡(使用中)的检定	游标高度卡按使用中全项目检定,原始记录,出具合格证	4	检定方法不准确和缺项扣3分	检定技术
			游标高度尺底座工作面的修理	游标高度卡尺底座工作面修理方法	4	修理方法不准确,不得分	修理技术
	杠杆百分表、检定、修理		杠杆百分表检定	杠杆百分表按使用中全项目检定,原始记录,出具合格证	4	检定方法不准确和缺项扣3分	检定技术
			杠杆百分表示值不稳的修理	杠杆百分表示值不稳调整修理的故障排除	4	修理方法不准确,不得分	修理技术
	千分表、检定、修理		千分表检定	千分表使用中的项目检定	4	不准缺项,缺项不得分	检定技术
			千分表测杆不动的修理	测杆不动分解清洗的修理	10	修理方法不准确,不得分	修理技术
	杠杆千分尺检定、修理		杠杆千分尺的检定	杠杆千分尺使用中的项目检定	4	检定方法不准确和缺项扣3分	检定技术
			杠杆千分尺压线的修理方法	压线故障排除	4	修理方法不准确,不得分	修理技术
F	进行数据处理	8	测试的数据处理、检定数据修约	原始数据修约方法	2	数据修约方法不准确,不得分	数据处理
			对计算方法及单位换算校对	计算方法及单位换算方法	1	单位换算方法不准确,不得分	基础知识能力
			对原始数据分析、计算处理	掌握原始检测数据分析方法	1	分析方法不准确,不得分	管理能力

续上表

鉴定项目类别	鉴定项目名称	国家职业标准规定比重(%)	《框架》中鉴定要素名称	本命题中具体鉴定要素分解	配分	评分标准	考核难点说明
F	校验原始记录，填写检测修理报告	8	原始数据校验、计算过程校对	独立校验、原始数据及计算过程	1	校验不准确，不得分	校验能力
			精密测量后，出具测试报告	独立出具测试报告	1	出具测试报告不准确，不得分	校验能力
			量具出具检定合格证书	独立出具检定合格证书	2	检定合格证书不准确，不得分	校验能力
质量、安全、工艺纪律、文明生产等综合考核项目				考核时限	不限	每超时5分钟，扣10分	
				工艺纪律	不限	依据企业有关工艺纪律规定执行，每违反一次扣10分	
				劳动保护	不限	依据企业有关劳动保护管理规定执行，每违反一次扣10分	
				文明生产	不限	依据企业有关文明生产管理定执行，每违反一次扣10分	
				安全生产	不限	依据企业有关安全生产管理规定执行，每违反一次扣10分	

长度计量工(高级工)技能操作考核框架

一、框架说明

1. 依据《国家职业标准》注,以及中国北车确定的"岗位个性服从于职业共性"的原则,提出长度计量工(高级工)技能操作考核框架(以下简称:技能考核框架)。

2. 本职业等级技能操作考核评分采用百分制。即:满分为100分,60分为及格,低于60分为不及格。

3. 实施"技能考核框架"时,考核制件(活动)命题可以选用本企业的加工件(活动项目),也可以结合实际另外组织命题。

4. 实施"技能考核框架"时,考核的时间和场地条件等应依据《国家职业标准》,并结合企业实际确定。

5. 实施"技能考核框架"时,其"职业功能"的分类按以下要求确定:

(1)"测试与修理"属于本职业等级技能操作的核心职业活动,其"项目代码"为"E"。

(2)"量具工件交接"、"准备工作"与"测试检修后工作"属于本职业等级技能操作的辅助性活动,其"项目代码"分别为"D"和"F"。

6. 实施"技能考核框架"时,其"鉴定项目"和"选考数量"按以下要求确定:

(1)按照《国家职业标准》有关技能操作鉴定比重的要求,本职业等级技能操作考核制件的"鉴定项目"应按"D"+"E"+"F"组合,其考核配分比例相应为:"D"占25分,"E"占67分,"F"占8分。

(2)依据中国北车确定的"核心职业活动选取2/3,并向上取整"的规定,在"E"类鉴定项目——"测试与修理"的全部8项中,至少选取5项。

(3)依据中国北车确定的"其余'鉴定项目'的数量可以任选"的规定,"D"和"F"类鉴定项目——"量具工件交接"、"准备工作"与"测试检修后工作"中,至少分别选取1项。

(4)依据中国北车确定的"确定'选考数量'时,所涉及'鉴定要素'的数量占比,应不低于对应'鉴定项目'范围内'鉴定要素'总数的60%,并向上取整"的规定,考核制件的鉴定要素"选考数量"应按以下要求确定:

①在"D"类"鉴定项目"中,在已选定的2个或全部鉴定项目中,至少选取已选鉴定项目所对应的全部鉴定要素的60%项,并向上保留整数。

②在"E"类"鉴定项目"中,在已选的5个鉴定项目所包含的全部鉴定要素中,至少选取总数的60%项,并向上保留整数。

③在"F"类"鉴定项目"中,对应"测试检修后工作"的2个鉴定要素,至少选取1项;对应"进行数据处理",选取所对应的全部3项鉴定要素。在已选定的1个或全部鉴定项目中,至少选取已选鉴定项目所对应的全部鉴定要素的60%项,并向上保留整数。

举例分析:

按照上述"第6条"要求,若命题时按最少数量选取,即:在"D"类鉴定项目中的选取了"接待咨询”、“选择检修仪器表准备工作”2 项，在“E”类鉴定项目中选取了“测试绘图”、“判断量仪故障”、“精密仪器应用”、“带表卡尺卡尺检定、修理”、“检测仪器检定、修理”5 项，在“F”类鉴定项目中分别选取了“分析测试工件量具检修中产生不合格的原因”1 项，则：

此考核制件所涉及的“鉴定项目”总数为 8 项，具体包括：“接待咨询”、“选择检修仪器表准备工作”、“测试绘图”、“判断量仪故障”、“精密仪器应用”、“带表卡尺卡尺检定、修理”、“检测仪器检定、修理”、“分析测试工件量具检修中产生不合格的原因”。

此考核制件所涉及的鉴定要素“选考数量”相应为 18 项，具体包括：“接待咨询”鉴定项目 2 个鉴定要素，“选择检修仪器表准备工作”鉴定项目 3 个鉴定要素，“测试绘图”、“判断量仪故障”、“精密仪器应用”、“带表卡尺卡尺检定、修理”、“检测仪器检定、修理”5 个鉴定项目包括的全部 16 个鉴定要素中的 11 个鉴定要素，“分析测试工件量具检修中产生不合格的原因”鉴定项目包含的 2 个鉴定要素。

7. 本职业等级技能操作需要两人及以上共同作业的，可由鉴定组织机构根据“必要、辅助”的原则，结合实际情况确定协助人员的数量。在整个操作过程中，协助人员只能起必要、简单的辅助作用。否则，每违反一次，至少扣减应考者的技能考核总成绩 10 分，直至取消其考试资格。

8. 实施“技能考核框架”时，应同时对应考者在质量、安全、工艺纪律、文明生产等方面行为进行考核。对于在技能操作考核过程中出现的违章作业现象，每违反一项(次)至少扣减技能考核总成绩 10 分，直至取消其考试资格。

注：按照中国北车规定，各《职业技能操作考核框架》的编制依据现行的《国家职业标准》或现行的《行业职业标准》或现行的《中国北车职业标准》的顺序执行。

二、长度计量工(高级工)技能操作鉴定要素细目表

职业功能	鉴定项目				鉴定要素		
	项目代码	名　称	鉴定比重(%)	选考方式	要素代码	名　称	重要程度
量具测试工件交接	D	接待咨询	5	必选	001	解决送检量具检定、修理中的疑难问题	Y
					002	解决检测试工件技术条件、图纸中的疑难问题	X
					003	解决量具、测试工件在交接过程的疑难问题	Y
检验准备工作		选择检修仪器表准备工作	20	任选	001	计量光学仪器、机械仪器的准备	Y
					002	检验平板、电子水平、合像水平仪准备	Y
					003	粗糙度测量仪的准备	Y
					004	三坐测量机、圆度仪、标准量块的准备	Y
		选择检修工具量具准备工作			001	百分表检定仪、千分表检定仪、量具测仪的准备	Y
					002	卡尺内、外量爪挤压器准备	Y
					003	千分尺研磨器、卡尺研磨器准备	Y
					004	量具测力仪	Y
		选择修理用的材料、辅料			001	研磨材料、油石的准备	Y
					002	研磨器修理用 100 mm×100 mm 研磨平板的准备	Y
					003	研磨材料时用煤油、汽油的准备	Y

续上表

职业功能	鉴定项目				鉴定要素		
	项目代码	名　称	鉴定比重(%)	选考方式	要素代码	名　称	重要程度
测试与修理	E	测试绘图	67	至少选择5项	001	编制长度量值传递系统图	Y
					002	绘制复杂零件和装配图	Y
		判断量仪故障			001	折装光学仪器及机械量仪的一般故障	X
					002	判断和消除光学、电感、气动量仪的一般故障	X
					003	常用百分表检定仪、千分表检定仪、量具测力仪的故障排除	X
		测量形状复杂的工件			001	测量形状复杂的工件、夹具和模具	Y
					002	灵活应用杠杆千分表测量对称度	Y
					003	应用自动测量在计量技术中应用	Y
		精密仪器应用			001	激光干涉仪的应用	X
					002	圆度仪的应用	X
					003	三坐标测量机的应用	X
					004	自动周节仪、光栅测量的应用	Y
					005	渐形线圆柱齿轮仪的应用	X
		解决测试技术			001	小孔径的测量	X
					002	曲面坐标的测量	X
					003	圆度的测量	X
		带表卡尺卡尺检定、修理			001	带表卡尺的检定	X
					002	带表卡尺的修理	X
		千分尺检定、修理			001	孔径千分尺的检定、修理	X
					002	内则千分尺的检定、修理	X
					003	杠杆千分尺的检定、修理	X
		检测仪器检定、修理			001	立式光学计的检定、修理	X
					002	万能工具显微镜的检定、修理	X
					003	万能测长仪的检定、修理	X
					004	水平仪的检定、修理	X
测试检修后工作	F	测试检修后原始记复检	8	任选	001	审核原始记录所填写内容与检定规程相符	Y
					002	审核检定环境条件满足要求是否正确	Y
					003	审核检验依据是否现行、适用是否正确	Y
					004	审核检验结论判定是否正确	Y
					005	审核检验计量合格证填写是否正确	Y
		分析测试工件量具检修中产生不合格的原因			001	仪器测量的精度与被测试工件误差分析	Y
					002	标准器的精度与被检定量具示值误差的分析	Y
					003	量具修理后最大误差分析	Y

长度计量工（高级工）
技能操作考核样题与分析

职 业 名 称：____________________

考 核 等 级：____________________

存 档 编 号：____________________

考核站名称：____________________

鉴定责任人：____________________

命题责任人：____________________

主管负责人：____________________

中国北车股份有限公司劳动工资部制

职业技能鉴定技能操作考核制件图示或内容

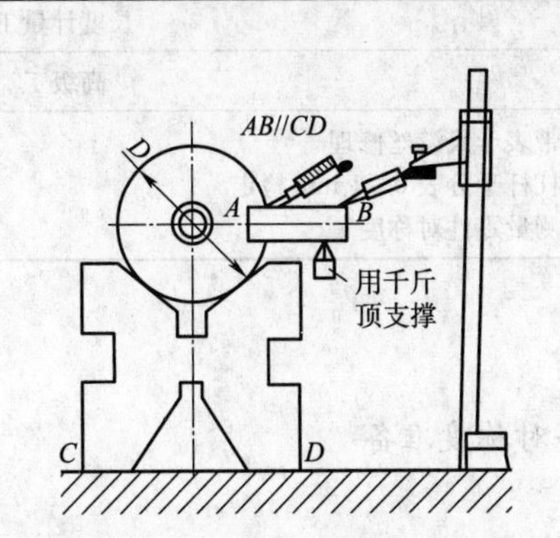

杠杆千分表测量轴类零件键槽对称度简图

测量轴类零件键槽对称度步骤：

1. 定位块嵌入键槽内；
2. 转轴的轴线与测量平板工作面平行；
3. 旋转轴定位块平面与测量平板工作面平行即 $AB/\!/CD$；
4. 测出轴向 a_1、a_2 的差值 Δa。

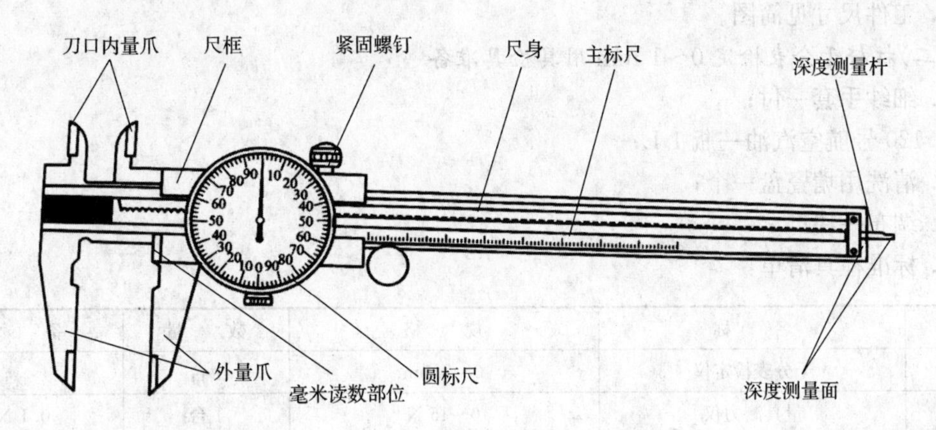

带表卡简图

职业名称	长度计量工
考核等级	高级工
试题名称	1. 带表卡尺游丝修理 2. 杠杆千分表 0～1 mm 检定 3. 测量零件对称度
材质等信息：工件材料　工具钢	

职业技能鉴定技能操作考核准备单

职业名称	长度计量工
考核等级	高级工
试题名称	1. 带表卡尺游丝修理 2. 杠杆千分表 0～1 mm 检定 3. 测量零件对称度

一、材料准备

(一)杠杆千分表检测零件对称度准备

1. 检验平板 00 级一块;
2. 微型千斤顶 1 个;
3. 测量轴类零件键槽定位块;
4. V 型支架 1 个;
5. 表架 1 个;
6. 绸布一块,细纱手套一付;
7. 120 号航空汽油一瓶 1 L;
8. 清洗用塘瓷盘一个;
9. 工件尺寸见简图。

(二)杠杆千分表检定 0～1 mm 用具检具准备

1. 细纱手套一付;
2. 120 号航空汽油一瓶 1 L;
3. 清洗用塘瓷盘一个;
4. 绸布一块;
5. 标准检具清单:

序号	名　称	规　格	数　量	备　注
1	千分表检定仪	0～2 mm	1 台	
2	量具测力仪	0～15 N	1 台	0.1 N

二、带表卡尺 0～150 mm 修理工具准备

1. 清洗毛涮及绸布准备;
2. 清洗用的器皿;
3. 小改锥及镊子;
4. 清洗用的航空汽油准备;
5. 仪表锤子及砧子。

三、考场准备

1. 检定室要求:

(1)检定室室温在 20 ℃±5 ℃。

(2)检定室湿度在20%～80%RH。

(3)检定室防尘、防振。

2. 检定室在清洗标准量仪及被检卡尺时所用汽油要设安全防范措施,计量测试、检定、修理室汽油存量一般不超过2 L。

3. 检定室具有较好的光线,具有检验平板。

四、编制计量仪器的安全操作规程

1. 制计量仪器的操作规程;
2. 编制计量仪器作业指导书;
3. 编制计量仪器作业指导书;
4. 编制精大稀检验仪器安全操作规程。

五、培训与指导

对精密测试、量具的检修、仪器调试方面培训与指导传授。

六、考核内容及要求

1. 测试、检、修中的操作技能不熟练,扣5～8分。
2. 对计量器具保养意识差,对修理、检定、测试后未作清洗保养的扣8～10分。
3. 修理、检定、测试工件后填写原始记录缺项、漏记,每一项扣5～8分。
4. 检定合格证填写错误,每发生一处扣10分。
5. 检测报告填写错误,每发生一处扣10分。
6. 带表卡尺游丝修理、杠杆千分表0～1 mm检定、测量零件对称度考核时限为180分钟。提前完成不加分。
7. 考核评分(表)

职业名称	长度计量工		考核等级	高级工	
试题名称	1. 带表卡尺游丝修理 2. 杠杆千分表0～1 mm检定 3. 测量零件对称度		考核时限	180分钟	
鉴定项目	考核内容	配分	评分标准	扣分说明	得分
接待咨询	送检量具检定、修理疑难问题解答	3	不会解答疑难问题,不得分		
	技术条件、图纸理解	1	看不懂图纸,不得分		
	测试工件疑难问题解答	1	不会解答疑难问题,不得分		
选择检修仪器表准备工作	检验平板方法	2	测量方法选择错误,不得分		
	电子水平、合像水平仪使用	5	不会使用仪器,不得分		
选择检修仪器表准备工作	粗糙度测量仪测量前用粗糙度样扳校准	3	不会校准,不得分		
	三坐测量机测量前校准	5	不会校准,不得分		
	圆度仪测量前校准	5	不会校准,不得分		

续上表

鉴定项目	考核内容	配分	评分标准	扣分说明	得分
测试绘图	角度量值传递系统图	5	不会编制量值传递系统图,不得分		
	绘制零件和装配图	3	不会编制,不得分		
判断量仪故障	立式光学计工作台的调整	4	不会调整,不得分		
	齿轮渐开线测头的调整	3	不会调整测头,不得分		
	电感量仪的故障排除	3	找不故障,不得分		
	气动量仪故障排除	3	找不故障,不得分		
	百分表检定仪、千分表检定仪的故障排除	3	找不故障,不得分		
	量具测力仪的故障排除	3	找不故障,不得分		
精密仪器应用	平直度的测量	3	不会操作,不得分		
	工件圆度误差的测量	3	不会操作,不得分		
	工件形位误差测量	4	不会操作,不得分		
带表卡尺卡尺检定、修理	检定带表卡尺全部项目,做记录及出具检定合格证	4	不准缺项,缺项不得分		
	卡尺内、外测量的修理	2	修理达不到要求,不得分		
	游丝预紧修理	6	不会游丝预紧修理,不得分		
检测仪器检定、修理	立式光学计的检定,记录原始数据出具合格证书	3	检定缺项,不得分		
	立式光学计的修理	3	不会修理,不得分		
	万能工具显微镜的检定	3	检定缺项,不得分		
	万能工具显微镜的修理	3	不会修理,不得分		
	钳工、框式、合像水平仪的检定	3	检定缺项,不得分		
	水平仪零位的修理	3	不能排除故障,不得分		
分析不合格的原因	测量结果误差的分析	4	不会误差的分析,不得分		
	量具修理后所产生原理、系统误差的分析	4	不会误差的分析,不得分		
质量、安全、工艺纪律、文明生产等综合考核项目	考核时限	不限	每超时5分钟,扣10分		
	工艺纪律	不限	依据企业有关工艺纪律规定执行,每违反一次扣10分		
	劳动保护	不限	依据企业有关劳动保护管理规定执行,每违反一次扣10分		
	文明生产	不限	依据企业有关文明生产管理定执行,每违反一次扣10分		
	安全生产	不限	依据企业有关安全生产管理规定执行,每违反一次扣10分		

职业技能鉴定技能考核制件(内容)分析

职业名称	长度计量工				
考核等级	高级工				
试题名称	1. 带表卡尺游丝修理 2. 杠杆千分表 0～1 mm 检定 3. 测量零件对称度				
职业标准依据	国家职业标准				
试题中鉴定项目及鉴定要素的分析与确定					
分析事项 \ 鉴定项目分类	基本技能“D”	专业技能“E”	相关技能“F”	合计	数量与占比说明
鉴定项目总数	4	8	2	13	
选取的鉴定项目数量	2	5	2	7	E 项按 2/3 选取
选取的鉴定项目数量占比	50%	75%	75%	75%	
对应选取鉴定项目所包含的鉴定要素总数	7	16	3	26	
选取的鉴定要素数量	6	13	3	22	选取数量占总数的60%以上,并向上取整
选取的鉴定要素数量占比	86%	81%	100%	85%	选取数量占比率在60%以上

所选取鉴定项目及相应鉴定要素分解与说明

鉴定项目类别	鉴定项目名称	国家职业标准规定比重(%)	《框架》中鉴定要素名称	本命题中具体鉴定要素分解	配分	评分标准	考核难点说明
D	接待咨询	5	解决送检量具检定、修理中的疑难问题	送检量具检定、修理疑难问题解答	3	不会解答疑难问题,不得分	疑难问题解答能力
			解决检测试工件技术条件、图纸中的疑难问题	技术条件、图纸理解	1	看不懂图纸,不得分	图纸理解能力
			解决测试工件在交接过程的疑难问题	测试工件疑难问题解答	1	不会解答疑难问题,不得分	疑难问题解答能力
	选择检修仪器表准备工作	20	检验平板、电子水平、合像水平仪准备	检验平板方法	2	测量方法选择错误,不得分	精测技能
				电子水平、合像水平仪使用	5	不会使用仪器,不得分	精测技能
			粗糙度测量仪的准备	粗糙度测量仪测量前用粗糙度样扳校准	3	不会校准,不得分	校准技能
			三坐测量机、圆度仪、标准量块的准备	三坐测量机测量前校准	5	不会校准,不得分	校准技能
				圆度仪测量前校准	5	不会校准,不得分	校准技能

续上表

鉴定项目类别	鉴定项目名称	国家职业标准规定比重(%)	《框架》中鉴定要素名称	本命题中具体鉴定要素分解	配分	评分标准	考核难点说明
E	测试绘图	67	编制长度量值传递系统图	角度量值传递系统图	5	不会编制量值传递系统图，不得分	量值知识
			绘制复杂零件和装配图	绘制零件和装配图	3	不会编制，不得分	机械基础
	判断量仪故障		拆装光学仪器及机械量仪的一般故障	立式光学计工作台的调整	4	不会工作台调整，不得分	光学基础
				齿轮渐开线测头的调整	3	不会调整测头，不得分	机械基础
			判断和消除电感、气动量仪的一般故障	电感量仪的故障排除	3	找不故障，不得分	电感测量技术
				气动量仪故障排除	3	找不故障，不得分	气动测量技术
			常用百分表检定仪、千分表检定仪、量具测力仪的故障排除	百分表检定仪、千分表检定仪的故障排除	3	找不故障，不得分	故障排除能力
				量具测力仪的故障排除	3	找不故障，不得分	故障排除能力
	精密仪器应用		激光干涉仪的应用	平直度的测量	3	不会操作，不得分	测量技术
			圆度仪的应用	工件圆度误差的测量	3	不会操作，不得分	测量技术
			三坐标测量机的应用	工件形位误差测量	4	不会操作，不得分	测量技术
	带表卡尺卡尺检定、修理		带表卡尺的检定	检定带表卡尺全部项目，做记录及出具检定合格证	4	不准缺项，缺项不得分	检定技术
			带表卡尺的修理	卡尺内、外测量的修理	2	修理达不到要求，不得分	修理技术
				游丝预紧修理	6	不会游丝预紧修理，不得分	修理技术
	检测仪器检定、修理		立式光学计的检定、修理	立式光学计的检定，记录原始数据，出具合格证书	3	检定缺项，不得分	检定技术
				立式光学计的修理	3	不会修理，不得分	修理能力
			万能工具显微镜的检定、修理	万能工具显微镜的检定	3	检定缺项，不得分	检定技术
				万能工具显微镜的修理	3	不会修理，不得分	修理能力
			水平仪的检定、修理	钳工、框式、合像水平仪的检定	3	检定缺项，不得分	测量技术
				水平仪零位的修理	3	不能排除故障，不得分	修理能力

续上表

鉴定项目类别	鉴定项目名称	国家职业标准规定比重(%)	《框架》中鉴定要素名称	本命题中具体鉴定要素分解	配分	评分标准	考核难点说明
F	分析测试工件量具检修中产生不合格的原因	8	标准器的精度与被检定量具示值误差的分析	测量结果误差的分析	4	不会误差的分析,不得分	误差理论
			量具修理后最大误差分析	量具修理后所产生原理、系统误差的分析	4	不会误差的分析,不得分	误差理论
质量、安全、工艺纪律、文明生产等综合考核项目				考核时限	不限	每超时5分钟,扣10分	
				工艺纪律	不限	依据企业有关工艺纪律规定执行,每违反一次扣10分	
				劳动保护	不限	依据企业有关劳动保护管理规定执行,每违反一次扣10分	
				文明生产	不限	依据企业有关文明生产管理定执行,每违反一次扣10分	
				安全生产	不限	依据企业有关安全生产管理规定执行,每违反一次扣10分	